특허출원 10-0843763
커트가 쉬워요
곡면분할에 의한 커트방법

C.C.C. 디자인커트

국제헤어디자인연구회

- 집필위원 -

김영미 · 강명주 · 강미영 · 곽형심 · 국지연 · 권태신 · 김계순 · 김만태
김순희 · 김춘일 · 김혜정 · 배 호 · 손지연 · 심선녀 · 왕혜자 · 유현주
윤수용 · 이대천 · 이부형 · 이수경 · 이재숙 · 이정례 · 이혜정 · 이효숙
장미라 · 장진미 · 전선정 · 정경숙 · 정년구 · 정미숙 · 정민자 · 정숙희
조성태 · 지정훈 · 진용미 · 최소영 · 최연희 · 최영희 · 함미영 · 황 현

청구문화사

머리말

씨쓰리 디자인 커트는 헤어디자이너를 꿈꾸는 미용학과 학생들과 현장에서 근무하는 헤어디자이너들에게 커트의 교본이 될 수 있도록 집필한 헤어커트의 지침서라고 할 수 있습니다. 헤어스타일을 만들기 위한 두상 곡면 분할에서 부터 디자인을 하기 위한 방법까지 짧은 시간에 습득할 수 있도록 하였으며 이 책의 내용대로 길이의 변화와 시술각의 변화를 반복해서 시술해보면 고객의 헤어스타일을 쉽고, 빠르고, 정확하게 모델에게 시술이 가능하도록 구성하였습니다.

똑같은 도해도를 사용한다하더라도 두상의 조건과 길이변화에 따라 헤어스타일이 다르게 표현되므로 헤어스타일을 표현해주는 두상의 조건과 형태선을 만드는 방법을 도형을 이용해서 쉽게 만들 수 있도록 하였으며, 형태선에 따른 술라이스를 뜨는 방법들을 이론으로 설명한 후에 테크닉을 시연하여 이해하기 쉽도록 하였습니다.

지난 몇 년 동안 전력을 다해 씨쓰리 기초커트, 남성커트, 업스타일, 헤어드라이, 컬러디자인, 퍼머넨트웨이브, 실전커트에 이어 씨쓰리 디자인 커트를 출간하게 되었습니다.

그간 여러분들께서 베풀어 주신 분에 넘치는 각별한 사랑과 성원에 감사드리면서 앞으로도 최선의 노력을 기울여 관련 분야의 교재를 시리즈로 엮어 나갈 예정입니다.

부디 이 한 권의 책이 기술 경쟁력을 갖춘 미용인이 되는데 조금이나마 도움이 되었으면 하는 기대를 가져보며 끊임없는 노력과 항상 최선을 다하는 미용인이 될 것을 약속 드립니다.

본 교재의 완성을 위해 여러번의 원고 수정을 통하여 현장감 있는 내용과 최고의 테크닉을 구사한다고 노력하였으나 정리를 끝내고 나니 아직도 미흡한 부분이 많음을 절감합니다. 이런 미흡한 부분에 대해서는 앞으로 계속 다듬고 수정하여 지속적으로 보완할 것을 약속드리면서 여러분의 따뜻한 애정과 관심을 기대합니다.

끝으로 이 책의 완성을 위해 물심양면으로 지원을 아끼지 않은 청구문화사 이상태 사장님과 임직원 여러분, 그리고 촬영을 위해 수고 하신 문기종 선생님께 진심으로 감사드립니다.

2011년 8월
저자일동

목 차

1장. 두상을 곡면 분할하는 방법

1) 두상의 지점

커트는 형태에 변화를 줄 수 있는 길이, 시술각도, 슬라이스, 라인, 베이스의 변화를 이용하여 원하는 헤어스타일의 토대를 만든다. 이것을 사용하여 예쁜 커트 스타일을 디자인 하려면 먼저 두상의 지점을 먼저 정확히 알아야 한다.

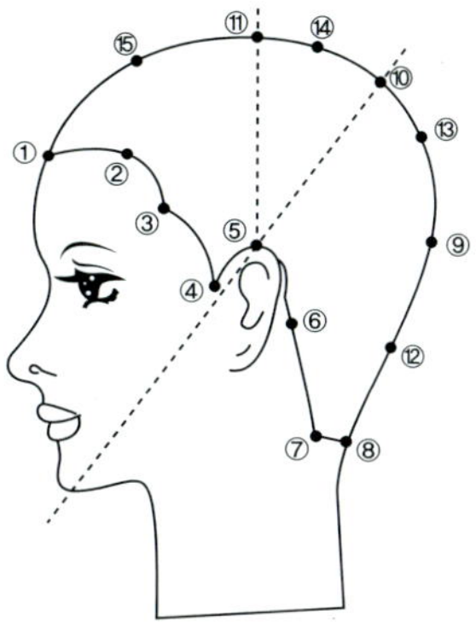

▲ 두상의 지점 설명

번호	명 칭		지 점 설 명
1	CP	센터포인트 (Center Point)	이마 중앙의 끝과 두피 시작선이 만나는 가장 중앙의 지점
2	FSP	프론트 사이드 포인트 (Front Side Point)	눈썹 2/3지점에서 수직으로 올라가 만나는 두피끝선의 지점
3	SP	사이드 포인트 (Side Point)	관자놀이 위의 두피끝선이 튀어나온 지점
4	SCP	사이드 코너 포인트 (Side Corner Point)	귀밑에서 머리가 나기 시작점
5	EP	이어 포인트 (Ear Point)	귀의 가장 높은 부분의 두피끝선(Hemline)과 만나는 지점
6	EBP	이어 백 포인트 (Ear Back Point)	귀중간의 뒷부분에 두피끝선(Hemline)과 만나는 지점
7	NSP	네이프 사이드 포인트 (Nape Side Point)	목뒷선(Nape Line)의 양쪽 끝 지점
8	NP	네이프 포인트 (Nape Point)	목뒷선(Nape Line)의 중앙 지점
9	BP	백 포인트 (Back Point)	E.P를 수평으로 연결하여 정중선과 만나는 지점
10	GP	골덴 포인트 (Golden Point)	T.P와 B.P의 중간 지점, 옆에서 T.P와 E.P, B.P를 직각으로 연결하고 E.P에서 사선45˚로 선을 연결하여 정중선과 만나는 지점
11	TP	탑 포인트 (Top Point)	두상에서 가장 높은 곳이며 E.P에서 수직으로 선을 이어 정중선과 만나는 지점
12	GNMP	백 네이프 미디엄 포인트 (Back Nape Medium Point)	B.P와 N.P의 중간 지점
13	GBMP	골덴 백 미디엄 포인트 (Golden Back Medium Point)	G.P와 B.P의 중간 지점
14	TGMP	탑 골덴 미디엄 포인트 (Top Golden Medium Point)	T.P와 G.P의 중간 지점
15	CTMP	센터 탑 미디엄 포인트 (Center Top Medium Point)	C.P와 T.P의 중간 지점

두상영역나누기 : 두상의 지점

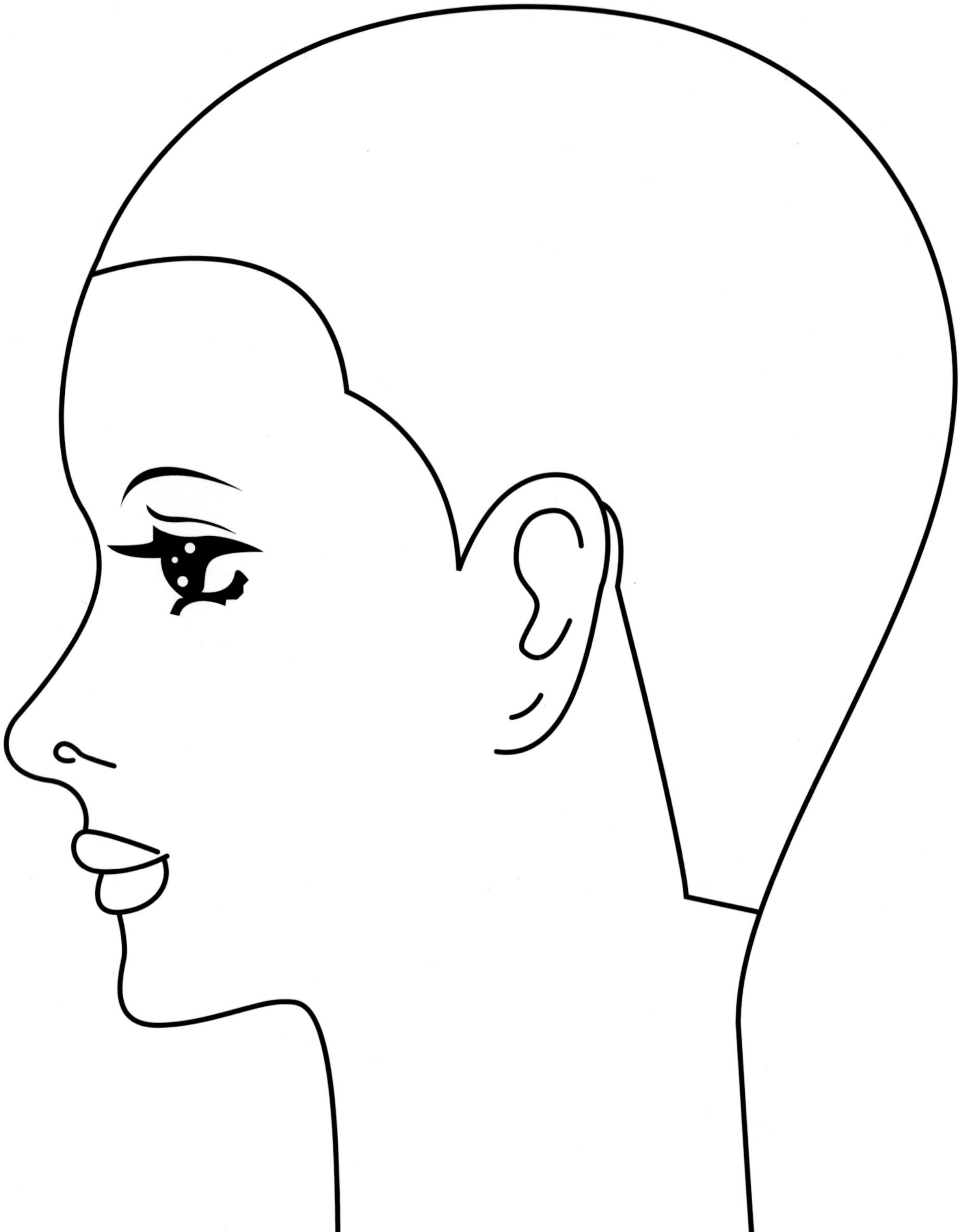

2) 두상의 5개 구역(Section) 분할과 명칭

커트 스타일을 만들어서 표현하는 것은 두상이다. 그러므로 쉽고 빠르게 커트하여 스타일을 연출하기 위해서는 두상을 골격대로 나누어서 표현하는 것이 좋다. 또한 두상을 5개의 구역으로 분할하여 커트하면 디자인을 쉽게 표현할 수 있다.

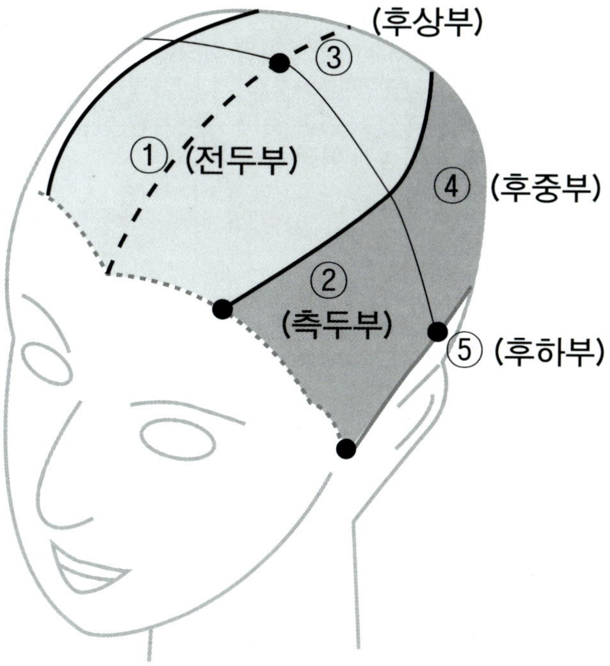

▲ 두상의 5개 구역 분할과 명칭

번 호	영 역	구 획 설 명
1	전두부	앞머리 표정 만드는 영역, 얼굴형과 밀접한 관계로 얼굴의 전체적인 균형에 영향을 준다. 선과 길이의 이미지에 따라 결정된다.
2	측두부	옆선 만드는 영역, 옆선의 이미지가 결정되는 곳, 남성은 이곳을 강조한다.
3	후상부	두상에서 가장 높은 위치의 영역, 헤어스타일에서 높이와 볼륨감을 주는 곳이다.
4	후중부	두상에서 가장 넓은 영역, 돌출된 부분으로 헤어스타일의 질감이나 움직임에 관여하고 형태를 결정짓는다.
5	후하부	두상에서 가장 낮은 위치에 있으며 커트의 형태선이 결정된다.

①번영역(전두부)에 대한 설명

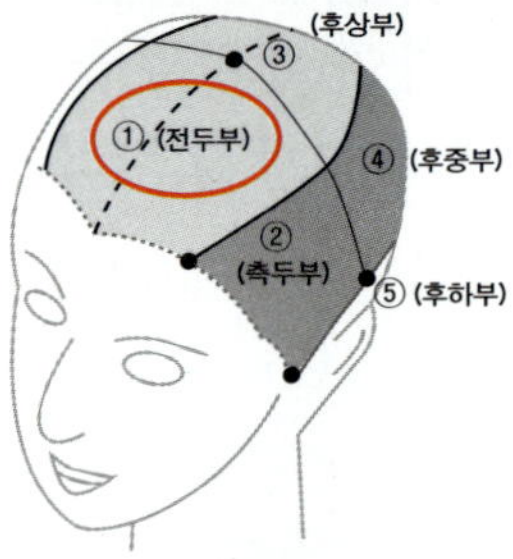

전두부

- 앞머리 표정 만드는 곳
- F.S.P – F.S.P – C.P를 곡선으로 연결한 곳이다.
- 앞머리 이미지를 결정하기 위한 곳이다.
(이곳은 모발의 겹침이 적기때문에 길이설정만 하고 선의 느낌은 슬라이스를 이용하여 시술하면 된다)

직 선

- 평화, 정지를 나타내고 안정감을 나타낸다.
- 길이가 짧고 길어짐에 따라 이미지가 달라진다.
- 길이가 짧으면 어린 느낌이 들고 길어지면 성숙된 이미지를 표현할 수 있지만 모류의 방향과 모발의 특성에 따라 손질이 편한 10cm를 선호 한다.

사 선

- 동적이고, 불안정한 느낌을 주지만 사용에 따라 강한 표현을 나타낸다.
- 사선의 시작점을 어디에서 시작하느냐에 따라 느낌이 달라진다.
3:7로 나누는 경우, 8:2로 나누는 경우 등 이미지를 표현하고자 하는 곳에서 시작한다.

곡 선

- 우아, 매력, 모호, 유연, 복잡함을 상징으로 여성적인 표정의 섬세하고 동적인 표정을 나타낸다.
- 곡선을 표현하고자 하는 앞머리는 곡률을 주는 비율에 따라 얼굴형을 보정할 수도 있다.
- 곡률을 많이 주게 되면 얼굴을 더 길어 보이게 할 수 있다.

층사선

- 동적이고, 불안정한 느낌을 주지만 사용에 따라 강한 표현을 나타낸다.
모발의 겹침을 이용하여 강한 표현과 부드러운 표현을 조절할 수 있다.
- 눈의 기능성 때문에 눈보다 모발이 긴 경우에는 이 방법을 이용하여 시술한다.
이 경우 가르마의 위치에 따라서 이미지가 달라지기도 한다.

절 선

- 절선의 정도에 따라 강함과 부드러움을 조절할 수 있다.
요즈음의 대부분의 앞머리는 절선을 이용하여 머리카락의 표정 만들기를 한다.

②번영역(측두부)에 대한 설명

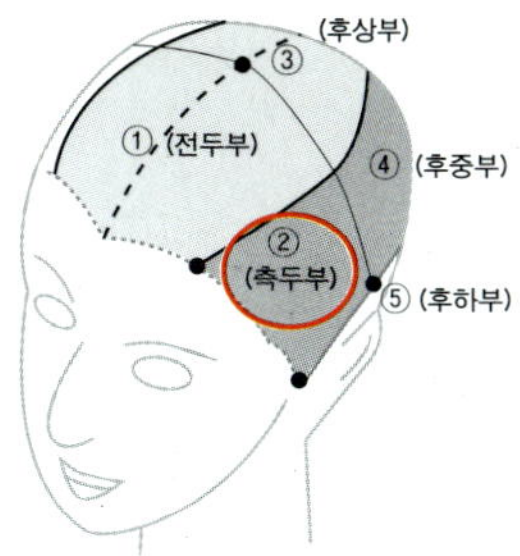

측두부

- 옆선의 이미지를 표현 하는 것
- F.S.P – S.C.P – E.P를 나눈 영역이다.
- 옆선의 이미지를 결정하기 위한 영역이다. (이곳은 모발이 떨어지는 겹침에 적기 때문에 길이설정만 하면 선의 표현은 슬라이스를 이용하면 된다)

앞내림 사선

- 뒷모발이 짧은 경우에서 많이 사용하고 경사도에 따라서 이미지를 표현한다.

사 선

- 동적이고, 불안정한 느낌이 강한 표현을 나타낸다.
- 앞내림 사선 : 뒷모발이 짧은 경우에서 사용하고 경사도에 따라서 이미지를 표현한다.
- 모발의 겹침의 정도에 따라서도 강하고 부드러움을 표현하고 길이설정하고 시술하는 것이 옆선을 자신 있게 표현할 수 있다. 턱선까지의 길이는 S.C.P에서 12cm의 길이이다.

앞올림 사선

- 뒷모발이 길어지는 모발에 사용한다.
- 경사도에 따라 이미지가 결정되고 길이가 짧아지면 어리게 표현되기도 하지만 모발이 떨어지는 모류나 길이를 설정하고 시술하는 것이 좋다.

직 선

- 평화, 정지를 나타내고 안정감을 나타낸다.
- 길이가 짧고 길어짐에 따라 이미지가 달라진다.
- 손질하기 편한 길이가이드는 턱선의 길이 S.C.P에서 12cm, 10cm의 길이이다.

혼 합

- 앞내림사선과 앞올림사선 혼합
- 옆선의 이미지를 강하게 표현하고 싶을 때
- 얼굴형을 수정하고 싶을때는 옆선의 이미지로 수정이 가능하다.

③번영역(후상부)에 대한 설명

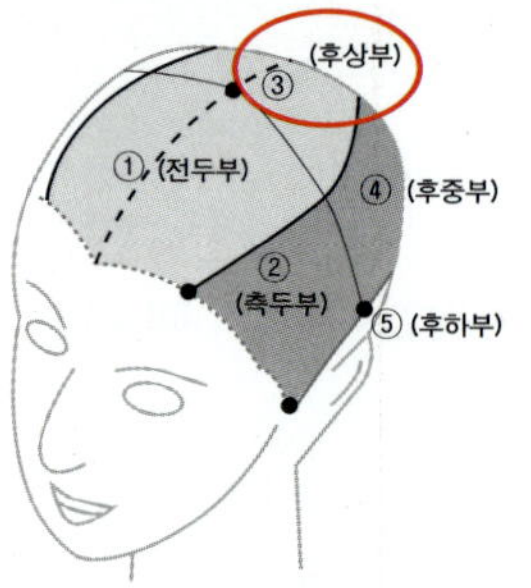

후상부

- 헤어스타일의 볼륨과 높이를 결정하는 곳
- T.P – G.P를 곡선으로 연결한 영역이다.
- 시술각을 조절하여 모발의 길이를 결정한다.
- 아래의 헤어스타일은 G.P아래 까지는 일직선의 선이 동일하게 주어진 상태에서 시술각에 달라진 헤어스타일이다.

G.P – T.P까지 자연시술각 0°, 일반시술각 45°로 시술하면, T.P의 길이가 길어져서 무겁게 표현되며, 모발의 길이를 20cm 이상이 되면 볼륨은 없고 선만 나타난 헤어스타일이 된다.

G.P – T.P까지 일반시술각 90°로 시술하면, T.P의 길이와 G.P의 길이가 동일하게 떨어져서 손질이 편하고 여기에서는 마지막의 큰 볼륨이 표현된 헤어스타일이다.

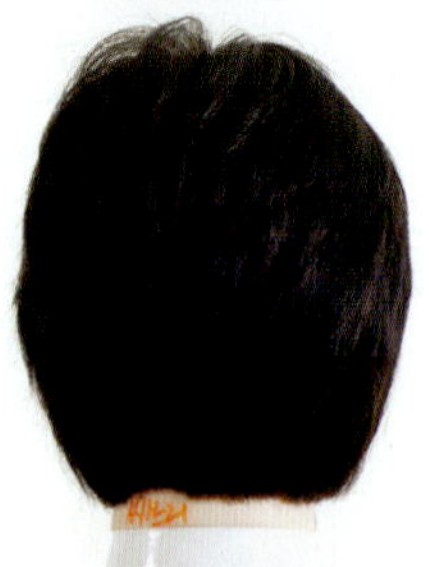

G.P – T.P까지 일반시술각 up 45°, 자연시술각 90°, 스퀘어 상태로 시술하면, T.P의 길이가 짧아져서 볼륨을 형성한다. 곡면이 들어간 만큼 길이가 채워져서 가르마의 갈라짐을 방지할 수 있다.

G.P – T.P까지의 후상부를 동일하게 일반시술각 90°로 시술을 하더라도 길이변화에 따라 다른 헤어스타일의 형태가 표현되므로 모발이 두상 어디에 떨어지는지를 생각하면서 시술한다. (후상부의 길이가 20cm 이상일 때)

G.P – T.P까지의 후상부를 동일하게 일반시술각 90°로 시술을 하더라도 길이변화에 따라 다른 헤어스타일의 형태가 표현되므로 모발이 두상 어디에 떨어지는지를 생각하면서 시술한다. (후상부의 길이가 14cm일 때)

④번영역(후중부)에 대한 설명

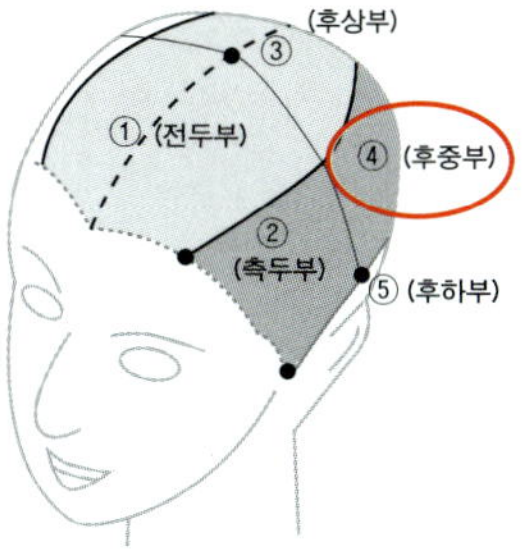

후중부

- 두상이 넓은 영역, 모발의 겹침이 많은 곳
- B.P – G.P를 연결한 영역이다.
- 모발의 겹침이 되기 때문에 시술각의 혼합을 베이스, 슬라이스를 이용해서 시술각을 이용하는 곳이다.

후중부 영역을 온더베이스로 두상의 곡면의 모발을 그대로 시술하고 슬라이스는 모발의 겹침이 많은 곳까지는 세로 슬라이스를 시술하고 겹치지 않는 곡면의 함몰된 곳은 사선슬라이스로 시술하여야 곡선이 예쁘게 표현된다.

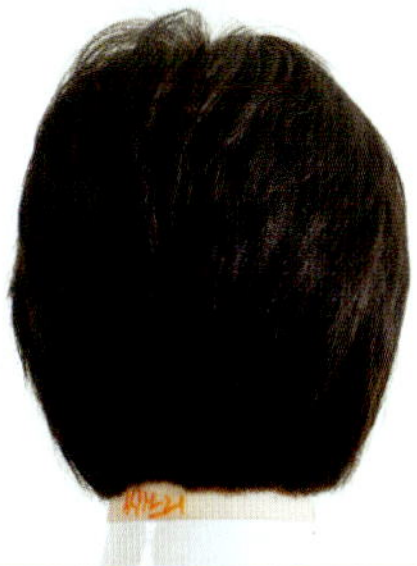

후중부 영역을 온더베이스로 시술하고 슬라이스는 일직선이 표현되므로 슬라이스는 세로슬라이스로 모두 시술하면 된다.

- 후중부 영역을 센터쪽으로 사이드베이스로 당겨서 중심부는 시술각을 높게 하고 양쪽끝부분은 시술각을 낮추어 모발의 길이를 길게 할때 사용한다.
- 슬라이스는 모발의 겹침이 많은 곳까지는 세로 슬라이스를 시술하고 겹치지 않는 곡면이 함몰된 곳은 사선슬라이스로 시술하여야 곡선이 예쁘게 표현된다.

베이스를 중심부로 당겨서 시술하고 곡면이 함몰된 부분은 다시 한번 베이스를 정리한다.

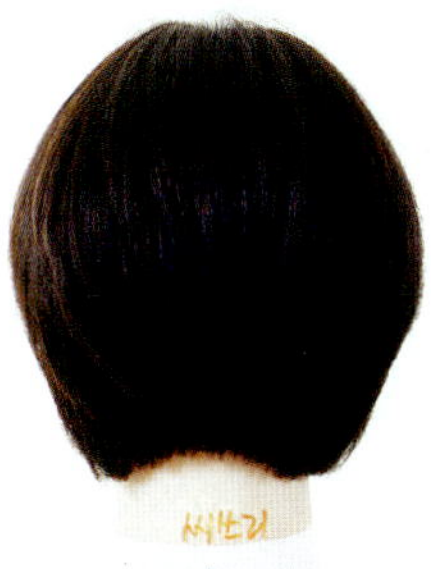

베이스를 중심부로 조금씩만 당겨서 시술하고 곡면이 함몰된 부분은 다시한번 정리한다.
얼마나 베이스를 당기느냐에 따라 형태가 변한다.

⑤번영역(후하부)에 대한 설명

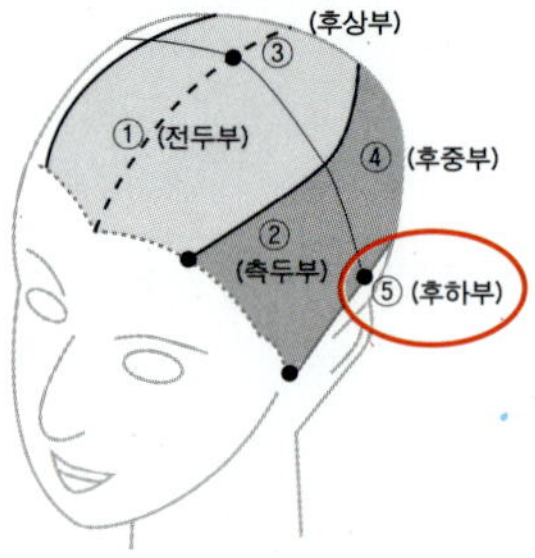

후하부

- 뒷선의 이미지를 결정하는 곳
- B.P – N.P를 연결한 영역이다.
- 헤어커트의 형태선이 결정되는 영역이다.
- 뒷 선의 이미지가 모발의 길이를 결정하게 되고 이곳이 형태선을 결정하기 때문에 모발이 떨어지는 대로 선 만들기가 자유로워야 한다.

- 네이프에 A라인을 시술 후, B.P에서 가이드를 찾아보면 5cm 이하에서 시작되므로 미디움 길이의 그래쥬에이션에서 많이 활용되고 있다.
- 후하부의 선이 시작되면 이것이 형태선이 되므로 선의 이미지에서 길이가 결정되어 버린다.

네이프에서 일직선을 시술 후, B.P에서 길이가이드를 찾아보면 10cm 이상의 길이가이드가 시작되는 경우가 많아진다. 일직선을 N.P에서 어떻게 선택하였느냐에 따라 이미지가 달라진다. 이곳은 모발의 겹침이 많은 곳으로 위로 진행할수록 길이가 길어져 후상부에서 20cm 이상으로 모발이 길어지면 후상부에 볼륨이 없어진다.

네이프에서 U라인을 시술 후, B.P에서 길이가이드를 찾아보면 20cm 이상의 길이가이드가 시작되는 경우가 많아 롱헤어의 경우 대부분이 후하부에 U라인을 시술한다.
이곳의 길이가이드가 형태선을 좌우하므로 후하부만 선 만들기를 하여도 절반은 커트를 한 것이 된다. (U라인의 기울기에 따라 이미지가 다르다.)

네이프에서 U라인을 시술 후, B.P에서 길이가이드를 찾아보면 20cm 이상의 길이가이드가 시작되는 경우가 많아 롱헤어의 경우 대부분이 후하부에 U라인을 시술한다.
이곳의 길이가이드가 형태선을 좌우하므로 후하부만 선 만들기를 하여도 절반은 커트를 한 것이 된다. (U라인의 기울기에 따라 이미지가 다르다.)

네이프에서 U라인을 짧게 시술하면 긴 경우보다 완만한 U라인을 만들어야 한다.
이곳의 길이가이드가 형태선을 좌우하므로 후하부만 선 만들기를 하여도 절반은 커트를 한 것이 된다. (U라인의 기울기에 따라 이미지가 다르다.)

두상영역나누기 : 5분할

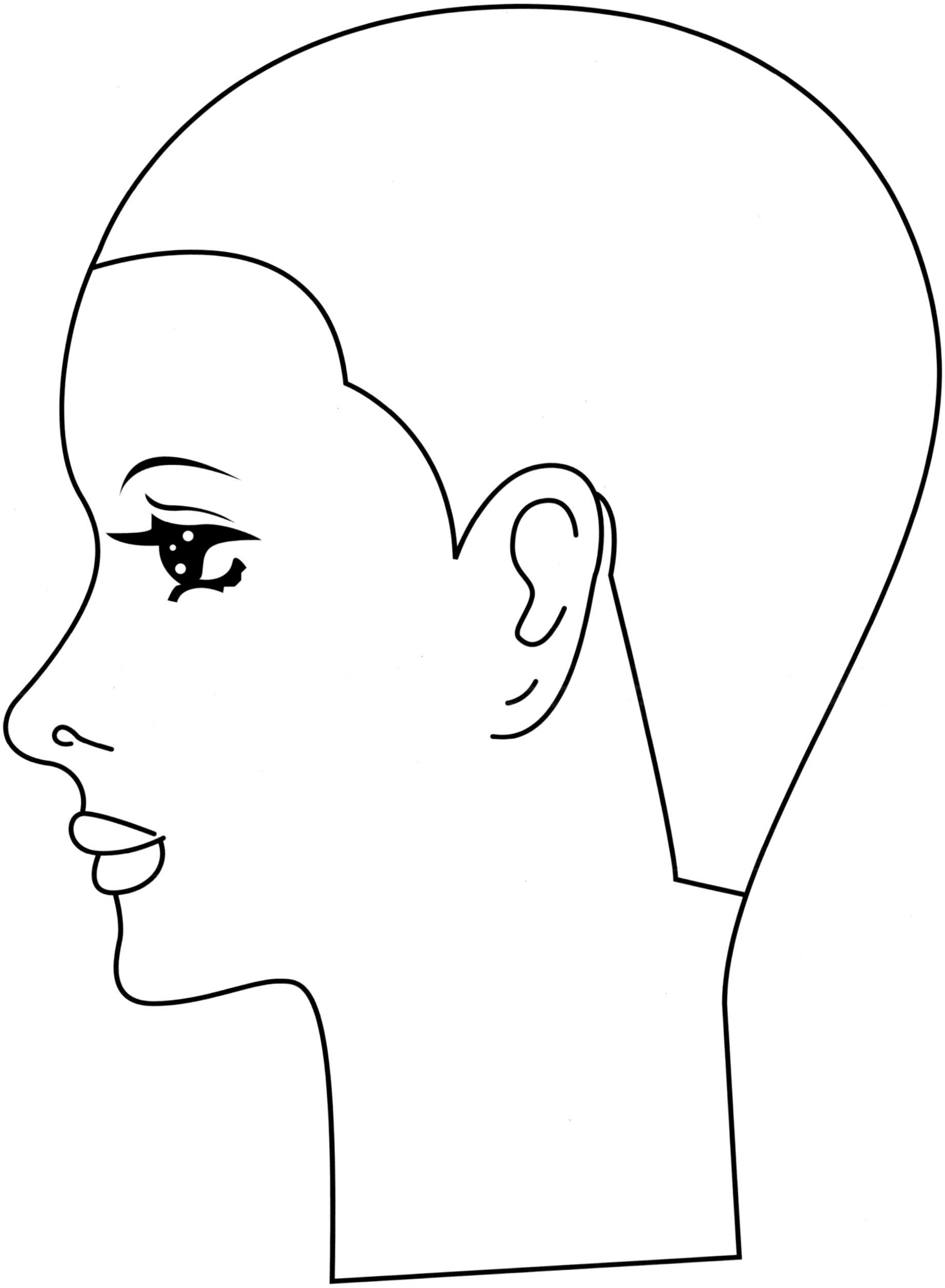

3) 두상의 세로 방향 분할

모발이 떨어지는 위치에서 형태선의 스타일이 결정되므로 세로 존으로 나누어서 커트하면 원하는 스타일이 쉽고 빠르게 표현된다. 이 때, 때에 따라서는 두상 연장선상의 U라인을 시술 할 때도 사용 된다. 빗이나 손가락의 기울기에 따라 형태선이 완만하거나 경사지게 표현된다.

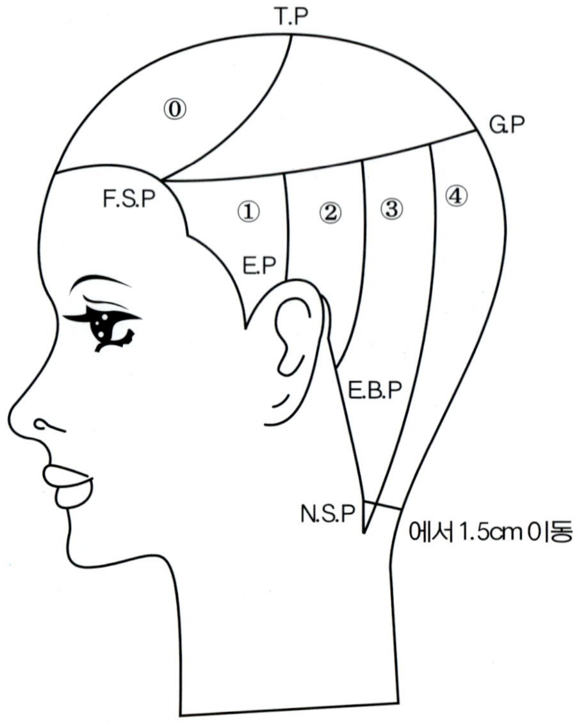

번호	영 역	구 획 설 명
⓪번	앞머리 표정 만들기	앞머리 영역은 별도의 영역이기에 0번이라 칭한다.
①번	옆선 만들기	비스듬히 모발이 앞을 향하는 존, 얼굴의 이미지를 결정한다.
②번	커트에서 제일 크레임이 생기기 쉬운 존	앞에서 볼 때 폼, 아웃라인을 형성한다.
③번	선이 결정되는 영역	T.P에서 N.P까지 모발의 겹침을 이용해 볼륨감과 입체감을 낼 수 있는 곳이다.
④번	커트의 중심을 잡아주는 존	두상 속에서 가장 면적이 크고 커튼 시술시 중심을 잡아주는 곳이다.

두상영역나누기 : 세로존

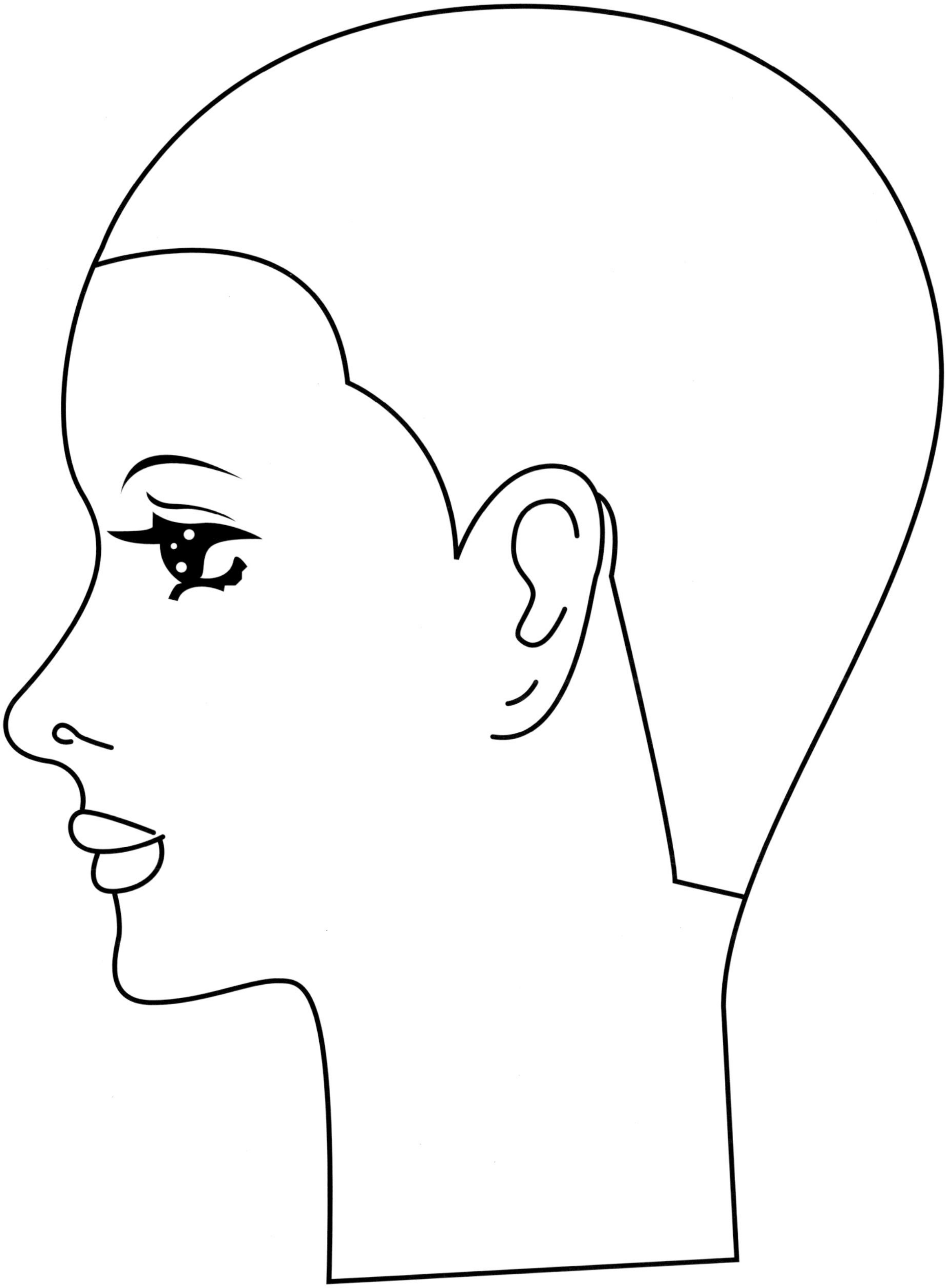

2장. 헤어커트 스타일의 구성 요소

헤어커트의 구성 요소는 고객과 헤어디자이너와의 최종 결과를 위에 중요한 요인이다. 커트 디자인에서 고객의 첫인상파악, 길이결정, 베이스, 시술각도, 질감처리 등은 커트 스타일의 구성요소로써 고객이 원하는 스타일을 아름답고 조화롭게 형태를 창조하고 디자인하기 위한 요인이 된다.

1) 고객의 첫인상 파악

헤어커트 디자인을 할 때 먼저 선행되어야 할 것이 고객의 첫인상 파악이다. 고객의 신장, 체형, 얼굴형, 모류방향, 모발의 상태, 모량 두상의 구조, 이마의 형태, 목의 두께, 직업, 성격 등 첫인상 파악 및 소재의 요소들을 파악하고 진단하는 것이 스타일 선정에 중용한 요인으로 작용한다. 이와 같이 소재가 되는 모발의 정확한 진단과 고객의 요구를 파악하는 것, 그리고 원하는 스타일이 가능한지에 대한것 등을 파악하여 헤어커트디자인에 반영하는 것이 중요하다.

2) 길이 결정

헤어커트는 모발길이의 변화에 따라 헤어스타일이 달라지며 실루엣과 이미지, 느낌이 달라진다. 모발의 길고 짧음이 자유롭게 구성되며 길이 변화에 따라 실루엣의 이미지가 결정된다. 커트 진행시 희망하는 길이를 cm로 확인하며 시술한다.
헤어스타일에서 길이는 짧은 커트(Short cut), 짧은 중간커트(Medium short cut), 미디움 커트(Medium cut), 긴 커트(Long cut)등 으로 구분된다.

3) 선 결정

점들이 모인 선은 최종 디자인 선을 결정지으며, 스타일을 결정짓는 주된 요인이 작용된다. 헤어커트시의 선은 실루엣과 형태선(Outline line)이 나뉘며, 이 선의 모양을 결정짓는 것은 슬라이스라인이다. 슬라이스라인은 헤어스타일을 결정짓는 기본요소 중의 하나이며 이것에 의해 다양한 커트 디자인을 만들 수 있다. 커트에서 슬라이스라인은 섹션을 나눌 때 선의 형태를 말하며, 그러므로 섹션라인(Section line)이라고도 한다. 이것은 아웃라인(형태선)과 층진 부분의 실루엣에 영향을 미친다.
실루엣과 아웃라인을 결정하는 선은 직선, 곡선, 직곡선, 무거운 선, 가벼운 선 등으로 구분되며, 슬라이스 라인은 평행선(Parallel line), 전대각선(A Line, concave), 후대각선(U Line, convex)으로 분류된다.

4) 길이와 슬라이스 라인에 따른 커트 스타일 변화

슬라이스 라인에 의해 나뉜 부분의 영역은 하나의 섹션이 된다. 섹션은 두상을 여러 개로 분할하는 단위의 하나로 베이스의 집합체이다. 슬라이스 라인에 의해 원하는 디자인을 쉽게 연출할 수 있다.

(1) 평행선(Parallel line) : 가로 슬라이스

① 일직선(원렝스)이라고도 한다.
② 헤어커트 시에 형태선이나 실루엣을 직선형으로 만들고자 할 때 사용한다.
③ 강하고 분명하며 차분한 이미지를 표현한다.
④ 강약이 없는 무겁고, 가로로 퍼진 형태가 되기 쉽다.
⑤ 율동은 나타나지 않고, 두께가 있는, 무거운 모속감이 나타난다.
⑥ 헤어커트 스타일의 형태선이 바닥면과 평행한 평행선(Paralle line) 형태가 된다. 이것은 바닥면과 평행한 슬라이스 라인의 영향으로 헤어스타일의 형태 선도 평행선이 된다.

[그림1] 가로 슬라이스로 시술된 평행보브

가로 슬라이스	완성된 헤어스타일
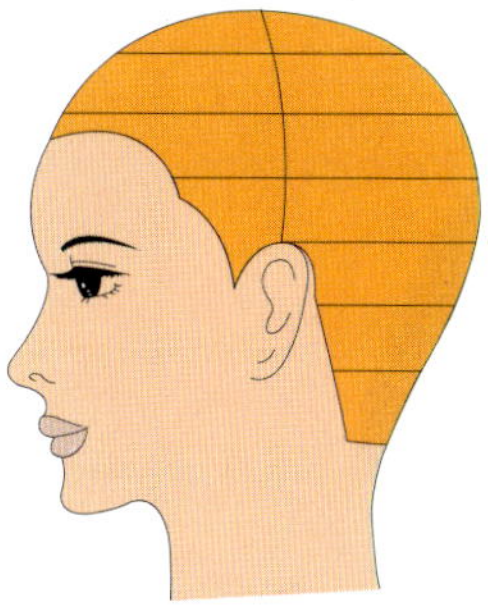	

(2) 전대각 섹션 (A line, Concave)

① 뒷(back) 중앙에서 얼굴 쪽의 방향으로 길어지는 헤어스타일이다.
② 선의 기울기에 따라 형태선과 실루엣이 달라진다.
③ 샤프하고 세련된 이미지를 연출할 수 있다.
④ 긴 머리 헤어스타일에는 사용하지 않는다.
⑤ 둥글고, 곡선적인 형태로 만들기 쉽다.
⑥ 길이를 네이프 포인트에서 8~9cm로 정하고, 슬라이스 라인을 전대각 섹션으로 한 후, 슬라이스 라인과 평행하게 원랭스 커트하였다.

[그림2] 전대각 슬라이스로 시술된 스파니엘

전대각 슬라이스	완성된 헤어스타일
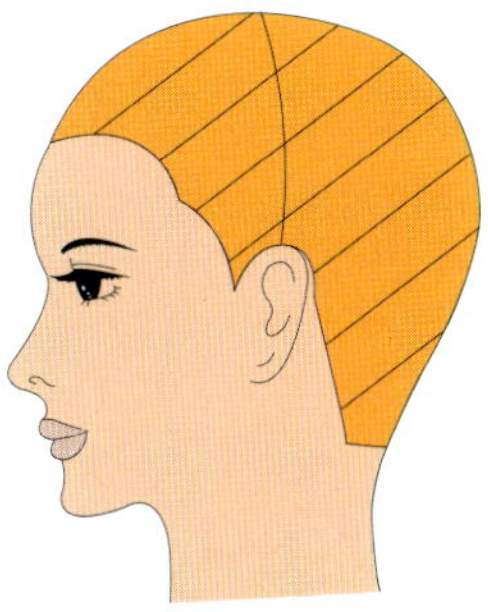	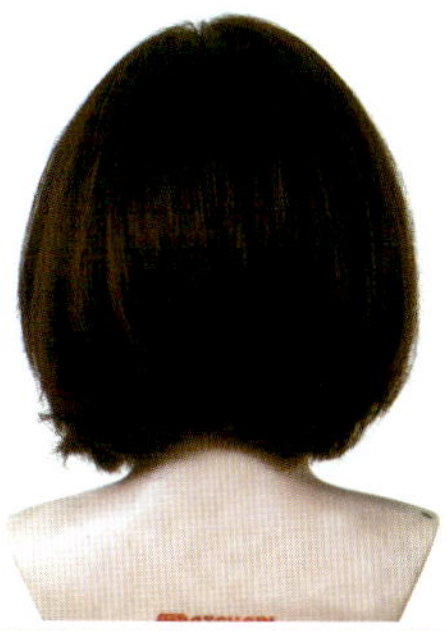

(3) 후대각 섹션 (U line, Convex)

① 뒷(back) 중앙에서 얼굴 쪽의 방향으로 짧아지는 헤어스타일이다.
② 선의 기울기에 따라 형태선과 실루엣이 달라진다.
③ 부드러움과 여성스러운 이미지를 연출할 수 있다.
④ 길거나 짧은 헤어스타일에 폭넓게 사용한다.
⑤ 길이를 N.P에서 8cm로 정하고, 슬라이스 라인을 U라인으로 한 후, 슬라이스 라인과 평행하게 원렝스 커트하였다. 커트 스타일의 형태선이 컨벡스(Convex)가 되며, 앞으로 갈수록 길이가 짧아지는 앞 올림형의 형태가 된다. 이것은 슬라이스 라인에 의한 영향으로 그 기울기에 따라 길이가 달라지며 형태선의 볼록한 컨벡스 모양도 변화된다.

[그림3] U라인으로 시술된 이사도라

후대각 슬라이스	완성된 헤어스타일
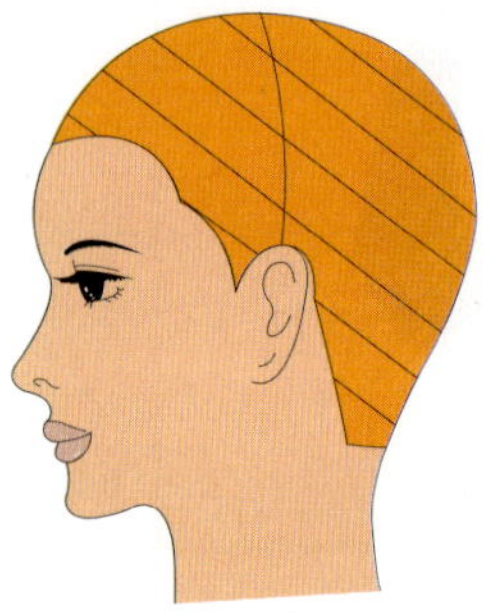	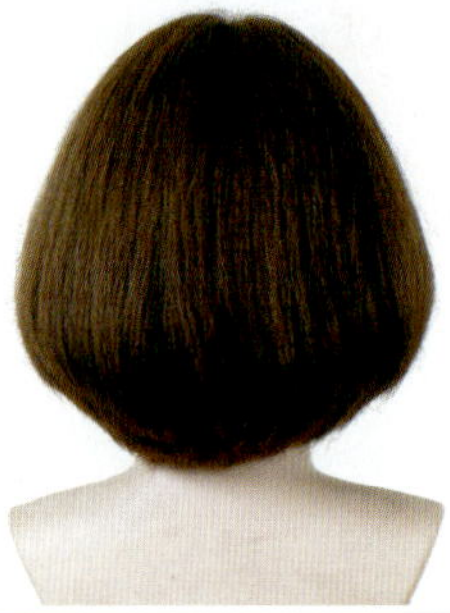

5) 베이스

베이스는 커팅을 하기 위해 갈라 잡은 최종의 모발단(panel)의 두피부분의 일정영역을 말하며, 그 모발단에 대한 베이스 안과 밖의 당김새를 나타낸다. 선택된베이스의 종류에 따라 모발의 길이와 형태선에 영향을 미치며, 커트에서 가장 기본이면서 헤어스타일의 실루엣에 결정적인 역할을 하므로 일정한 베이스로 진행되어야 정확한 헤어 커트가 된다.
헤어 커트의 형태를 조절하고 변화시키기 위해서는 베이스의 종류와 당김새에 따른 변화를 이해하고 알아야 한다.
베이스는 가로(Horizontal), 사선(Diagonal), 세로(Vertical)로 설정 할 수 있으며 그 종류로는 온더 베이스(On the base), 사이드 베이스(Side base), 프리 베이스(Free base), 오프더 베이스(Off the base), 트위스트 베이스(Twist base)가 있다.

(1) 온더 베이스 (On the base)

① 모발단을 베이스 중심에 직각이 되도록 모아 잡아서 커트한다.
② 같은 길이로 커트하고자 할 때 사용한다.
③ 베이스 폭을 일정한 간격(2~3cm)으로 잡는 것이 좋다.
④ 지나치게 베이스 폭이 넓어지면 길이의 장단이 생길 수 있다.

[그림4] 온더 베이스

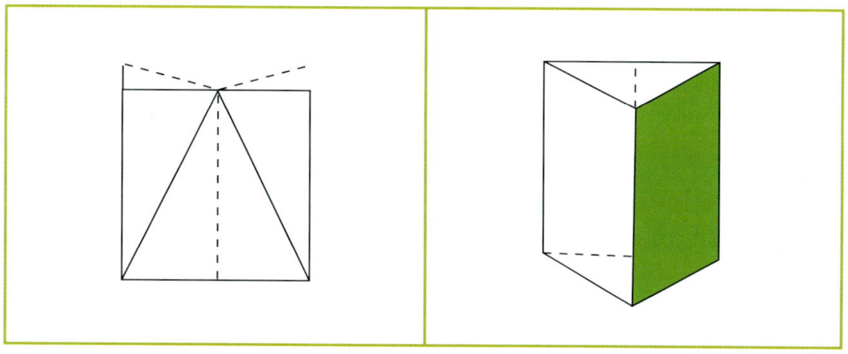

(2) 사이드 베이스 (Side base)

① 모발단을 베이스 한쪽이 직각이 되도록 모아 잡아서 커트한다.
② 길이가 길어지거나 짧아지는 효과가 있다.
③ 숏 미디엄이나 미디엄 길이에서는 스파니엘 라인에 활용된다.
④ 롱 길이에서는 U라인에 주로 응용된다.
⑤ 전방 사이드 베이스, 후방 사이드 베이스, 업 사이드 베이스, 다운 사이드 베이스로 구분된다.

[그림5] 사이드 베이스

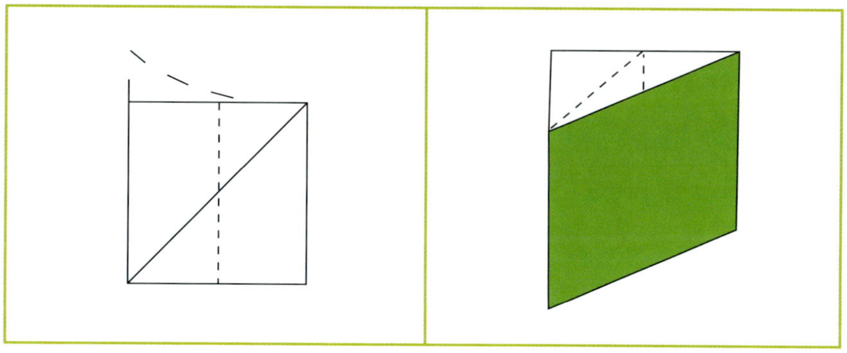

(3) 프리 베이스 (Free base)

① 모발단을 베이스 안에서 2/3지점이 직각이 되도록 모아서 커트한다.
② 길이가 점점 길어지거나 짧아지는 효과가 있다.
③ 숏 미디엄이나 미디엄의 길이에서는 스파니엘 라인에 응용된다.
④ 롱 길이에서는 U라인에 응용된다.
⑤ 전방 프리 베이스, 후방 프리베이스, 업 프리 베이스, 다운 프리 베이스로 구분된다.

[그림6] 프리 베이스

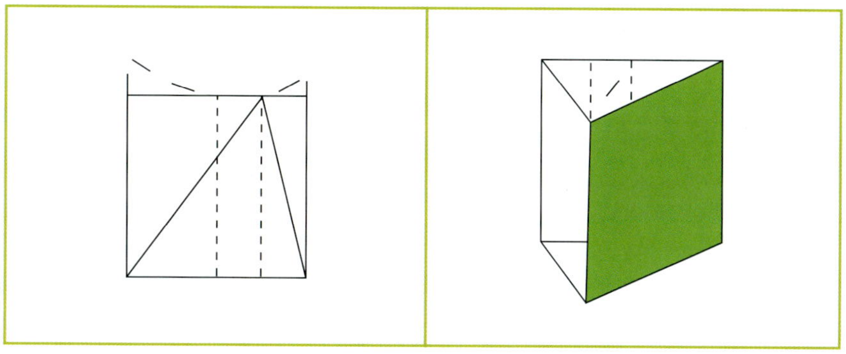

(4) 오프더 베이스 (Off the base)

① 모발단을 베이스 밖으로 벗어나게 빗어 모아 잡아서 커트한다.
② 얼마나 당기느냐에 따라서 심한 사선라인을 만들 수 있다.
③ 급격한 변화를 주고자 할 때 사용한다.
④ 긴 머리 옆선에서 많이 사용한다.
⑤ 오버다이렉션(Over direction) 이라고도 한다.

[그림7] 오프더 베이스

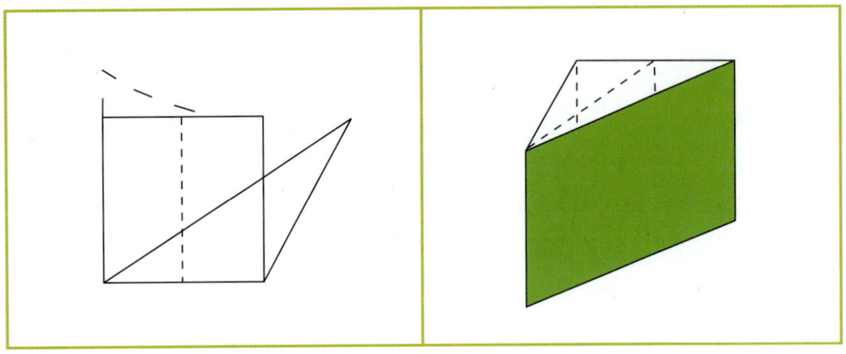

(5) 트위스트 베이스 (Twist base)

① 베이스의 모발단을 비틀어 모아 잡아서 커트한다.
② 가로, 세로, 사선을 자연스럽게 연결할 때 사용된다.
③ 절단면이 곡선으로 연출되며 길이의 급격한 변화가 가능한다.
④ 스타일에 급격한 변화를 주고자 할 때 사용한다.

[그림8] 트위스트 베이스

6) 시술각도

시술각도란 헤어 커트시에 두상으로부터 모발을 들어 올려 시술하는 각도를 말한다. 커트에 있어서 볼륨감, 무게감, 입체감을 결정하는 중요한 요소이다.
자연시술각도와 일반시술각도로 구분된다.

(1) 자연 시술각도

① 중력에 의해 모발이 자연스럽게 떨어지는 각도 0°가 기준이 된다.
② 베이스 모발단의 맨 아래쪽 모발길이가 가이드(guide)가 된다.
③ 면에 의한 각도이다.
④ 천체 축에 의한 각도가 사용된다.
⑤ 자연시술각의 예시 : 그래쥬에이션(Graduation) 커트형이다.
그래쥬에이션은 미세한 커트선이 붙여진 형태로 아래 길이가 짧고 위쪽이 길어지는 스타일이다. 시술각도로 길이를 정하여 가며 낮은 층(단차)으로 인하여 모발 겹쳐짐이 만들어져 무거움과 볼륨이 입체적으로 나타난다. 인레이어라고도 하며 가로로 확장되어 보이는 특징이 있다. 그래쥬에이션 커트 시술 시에는 일반 시술각도와 자연 시술각도 모두를 커트 디자인에 사용할 수 있지만 미용사 자격증 시험 볼 때 보는 이 그래쥬에이션 커트 시는 자연시술가 45°만 활용하는 시술이다.

[그림9] 그래쥬에이션 커트

[그림10] 그래쥬에이션 커트 도해도

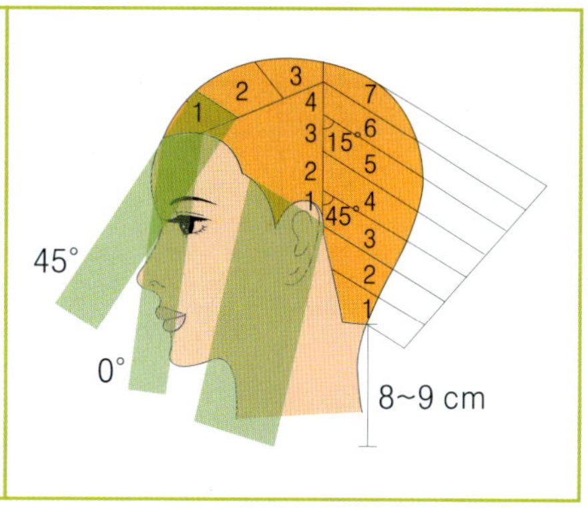

(2) 일반 시술각도

① 두상 시술각도라고도 한다.
② 모발을 두상에서 들어 올려 펼쳐졌을 때 나타나는 각도이다.
③ 베이스 중앙의 모발길이가 가이드(guide)가 된다.
④ 두상의 둥근 접점이 기준이 된다.
⑤ 일반시술각 예시 : 유니폼 레이어형
유니폼레이어는 모발의 길이가 전체적으로 동일하게 잘려진 상태를 말한다. 길이를 정하여 가며 일반 시술각도(두상 시술각도) 90°로 시술하며 이로 인하여 모발 끝이 표면으로 들어나고 곡면의 생긴 모양이 그대로 표현된다.

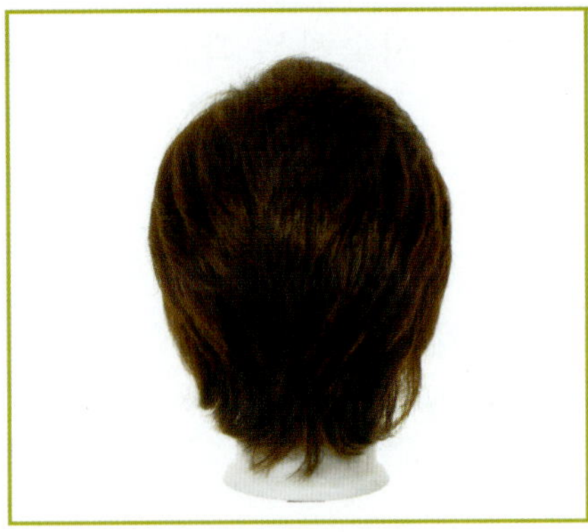

[그림11] 유니폼 레이어 커트

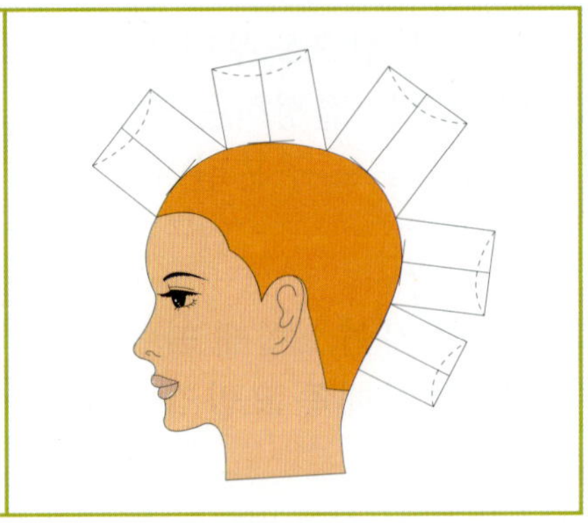

[그림12] 유니폼 레이어 커트 도해도

7) 질감(Texture)처리

질감처리는 커트가위, 틴닝가위, 레이저 등의 도구를 사용하여 모발을 원하는 만큼 쳐내기를 하는 것을 말하며, 그에 따라 양감조절, 질감조절이 가능하다. 헤어커트에서 형태를 변화시키는데 크게 영향을 미치지는 않으나, 헤어스타일의 방향성과 움직임을 주고자할 때와 무게감과 볼륨감을 조절할 때 사용한다.

[그림13] 모발의 길이를 다르게 하여 조합하는 방법

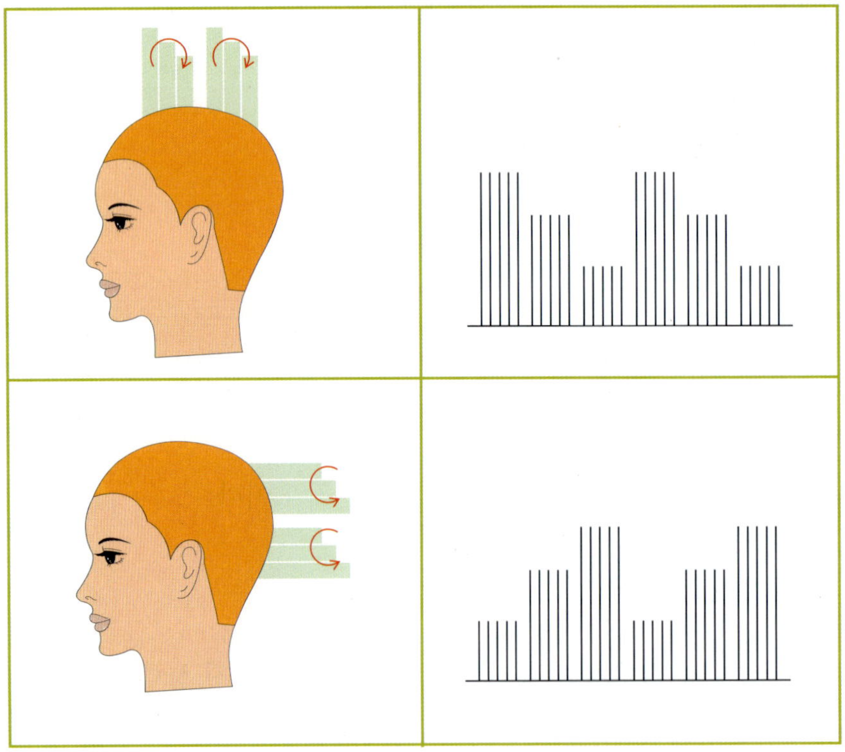

3장. 헤어커트의 종류

1) 헤어커트의 정의

헤어커트는 헤어스타일의 기초과정이 되며, 아름다운 스타일링을 위하여 정확한 커트기술이 요구된다. 헤어커트란 자를 수 있는 도구를 이용하여 모발을 자르는 행위로서 헤어스타일을 결정하는 기초과정이 되며, 모발의 길이나 형태 등의 머리모양에 변화를 주는 것이다. 더불어서 숱을 정비하고 단순하게 자르는 것에 그치지 않고 인체의 외적 특징과 심미적 상태까지를 고려하여 마무리를 짓는다.

2) 헤어커트의 종류

헤어커트의 종류는 대표적으로 원렝스 커트(One length cut), 그래쥬에이션(Graduation cut), 레이어 커트(Layer cut)로 분류할 수 있다.
이것은 헤어 커트에서 가장 기본이 되는 기초 커트를 헤어 커트시의 시술각도로 구분한 것이다. 복잡한 헤어커트 디자인이라도 이 3가지 베이직 구조로 모두 이해할 수 있으며, 분석이 가능하다.

(1) 원렝스 커트(One length cut)

원렝스 커트는 솔리드(Solid cut)커트라고도 한다. 전체에 단차가 없으면서 일직선상에서 같은 길이가 되는 스타일이다. 이것은 스파니엘 커트(Spaniel cut), 평행 보브커트(Parallel bob cut), 이사도라 커트(Isadora cut), 머쉬룸 커트(Mushroom cut)등이 있다. 이는 형태선의 모양에 따라 명명되어졌으며, 전체의 형태면에 단차가 없으므로 끊어짐이 없어 매끄러우며 모발의 길이 변화로 다양한 헤어커트 스타일을 만들 수 있다.

특징

가. 모든 길이가 한 레벨에 떨어진다.
나. 잘린 머리끝이 보이지 않는다.
다. 무게감이 최대이다.
라. 잘린 단면이 보이지 않기 때문에 건강한 모발처럼 보인다.

① 스파니엘 커트(Spaniel cut)

가. 앞내림형으로 형태선이 컨케이브(concave)이다.
나. 자연 시술각도 0° 로 시술한다.
다. 커트선이 앞으로 갈수록 길어지게 내려간 헤어스타일이다.
라. 층(단차)이 없다.

② **평행 보브 커트(Parallel bob cut)**

가. 스트레이트 밥 커트(Stright bob cut)라고도 한다.
나. 커트된 형태선이 바닥면과 수평이된 헤어스타일이다.
다. 자연시술각 0°로 시술한다.
라. 층(단차)이 없다.

③ **이사도라 커트(Isadora cut)**

가. 앞올림형으로 형태선이 컨벡스(convex)이다.
나. 자연시술각 0°로 시술한다.
다. 커트된 형태선이 앞쪽으로 갈수록 짧아진 헤어스타일이다.
라. 층(단차)이 없다.

(2) 그래쥬에이션 커트(Graduation cut)

그래쥬에이션은 두상골격에 대해서 아래가 짧고 위가 길게 자른 것을 말하며, 점진적으로 머리길이에 단차를 붙여서 변화를 주는 커트 방법이다. 그래쥬에이션은 시술각도에 따라 로우 그래쥬에이션(Low graduation), 미디엄 그래쥬에이션(Medium graduation), 하이 그래쥬에이션(High graduation)으로 분류한다. 커트를 디자인할 때 길이, 선, 베이스, 시술각도를 서로 조합하여 다양한 커트 스타일 창작이 가능하며, 얼굴형이나 후두부형의 단점을 보완하고 보정할 수 있는 헤어커트 디자인이 가능하다.

특징

가. 아래가 짧고 위쪽이 길어진다.
나. 시술각도로 길이를 정하여 간다.
다. 낮은 커트 층(단차)으로 무거운 느낌이다.
라. 층(단차)이 적음으로 인한 모발 겹쳐짐에 의한 볼륨이 입체적으로 나타난다.
마. 인 레이어이다.
바. 가로로 확장되어 보인다.

① 로우 그래쥬에이션(Low graduation)

가. 무거운 층의 헤어스타일이 표현된다.
나. 약간의 무게선과 볼륨이 생겨 입체적이다.
다. 낮은 시술각도가 낮은 층(단차)의 경사선을 만든다.
라. 커트된 머릿결이 적게 보인다.
마. 모발이 겹쳐진 곳에 무게선이 만들어진다.

② 미디엄 그래쥬에이션(Medium graduation)

가. 중간정도 층의 무게와 볼륨감이 생긴다.
나. 중간층의 경사선이 만들어진다.
다. 커트된 머릿결의 보이는 부분이 로우 그래쥬에이션보다 많다.
라. 모발이 겹쳐진 곳에 선명한 무게선이 만들어진다.

③ 하이 그래쥬에이션(High graduation)

가. 무게는 적어지고 볼륨감이 커진다.
나. 높은 층의 경사선이 만들어진다.
다. 커트된 머릿결의 보이는 부분이 점차적으로 많아진다.
라. 모발이 겹쳐진 곳에 볼륨이 만들어진다.

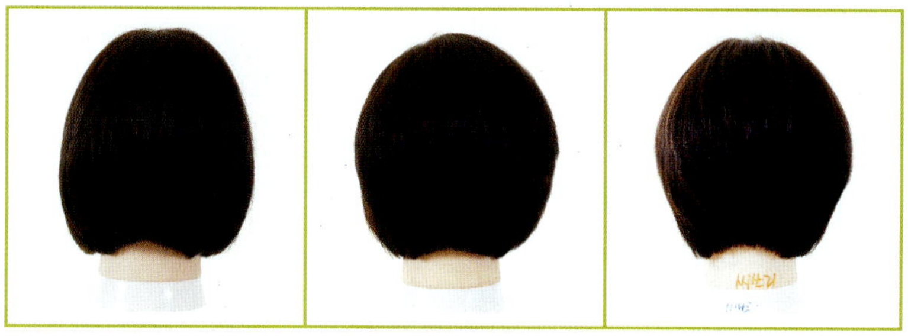

로우 그래쥬에이션 미디엄 그래쥬에이션 하이 그래쥬에이션

(3) 레이어 커트(Layer cut)

레이어는 두상골격에 대해서 위가 짧게 되도록 자른 것을 말하며, 모발의 길이에 단차를 주어 커트하는 방법이다. 보통 모발을 두피로부터 90° 이상 들어 올려 커트하며, 짧은 머리나 긴 머리 스타일에 두루 사용할 수 있어 그 응용 범위가 넓다. 레이어는 커트시의 시술각도에 따라 유니폼레이어(Uniform layer, Same layer)와 인크리스 레이어(Increase layer, High layer)로 구분된다. 커트를 디자인 할 때, 길이, 선, 베이스, 시술각도를 서로 조합하여 다양한 커트 스타일 창작이 가능하며, 두상과 얼굴형의 단점을 보완하고 보정할 수 있는 헤어 커트 디자인이 가능하다.

특징

가. 아래가 길고 위쪽이 짧아진다.
나. 커팅라인과 시술각도가 길이를 정하여 간다.
다. 일반 시술각도(두상 시술각도) 90° 이상이다.
라. 큰층(단차)이 나며 이로 인해 가볍다.
마. 모발 끝이 표면으로 들어나 거친 느낌이다.
바. 움직임과 흐름이 자유롭다.
사. 세로로 흐르는 느낌이 강하다.

① **인크리스 레이어(Increase layer, High layer)**

가. 하이 레이어라고도 한다.
나. 아래가 길고 위쪽으로 갈수록 짧아지는 스타일이다.
다. 일반 시술각도 90° 이상으로 시술한 스타일
라. 커팅라인과 시술각도가 길이를 정해가는 스타일
마. 전체적으로 큰 층(단차)이 난다.
바. 가볍고 거친 느낌과 세로로 확장되어 보인다.

② **유니폼레이어(Uniform layer, Same layer)**

가. 두상에 따라서 일정한 길이로 커트한다.
나. 정확하게 커트하는 방법은 두상의 곡면을 알아야 한다. 곡선이 심한 부분은 본인도 모르는 사이에 각도가 틀여져버려 주의해야 한다.
다. 두상에서 일정한 길이로 커트하며, 길고 짧음에 따라 스타일이 변화한다.
라. 모발의 잘린 단면이 보이고, 두상의 생긴 모양의 연장이다.
마. 12cm 미만의 경우 두상이 그대로 표현되며 그보다 길어지게 되면 두상모양이 드러나는 형태와 같이 되지 않는다.

4장. 모발의 길이에 따른 모발의 특성

1) 두상에 따른 모류모발

두상에 따른 모류모발은 자른 위치보다도 아래로 떨어지므로 모발이 두상 어디에서 떨어지느냐에 따라 머리카락 끝의 단차가 생기게 되고 머리다발은 안쪽으로 밀리거나 밖으로 말리므로 두상과 모류방향을 알고 헤어스타일은 연출해야 한다.

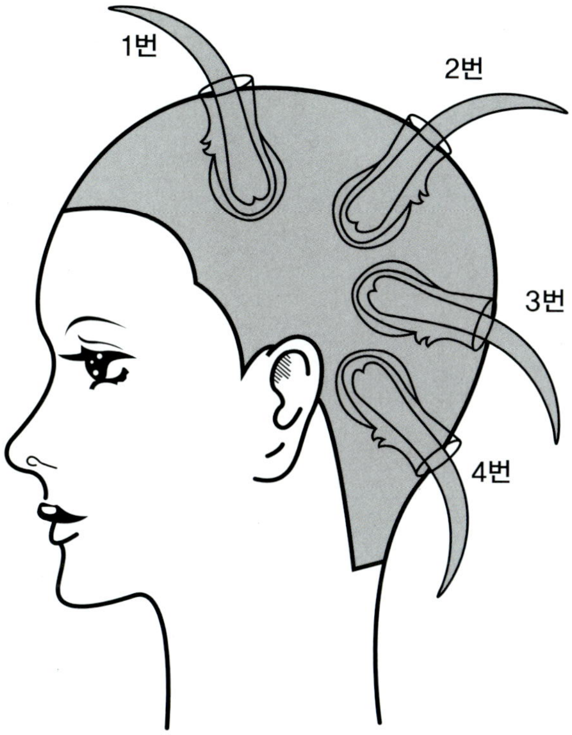

▲ 골격에 따른 모류의 방향

(1) 1번에 해당되는 이곳은 모공의 방향이 앞쪽으로 흐르는 경우가 많지만 사람마다 다르고, 앞이마의 튀어나온 정도에 따라 모류방향이 결정된다.

(2) 2번에 해당하는 이곳은 두상이 튀어나온 부분이기 때문에 큰 포물선을 그리면서 모발이 떨어진다.

(3) 3번에 해당하는 이곳부터 모공의 방향이 아래로 흐르거나 옆으로 흐르는 사람이 많아지고 아래로 떨어지면서 모발이 아래로 말리거나 밖으로 말린다.

(4) 4번에 해당하는 이곳의 대부분은 모공의 방향이 아래로 45°로 떨어지고 특별한 경우에는 위로 솟구쳐서 나는 경우가 있기 때문에 이곳의 모류를 잘 파악할 수 있어야만 짧은 스타일을 원하는 대로 연출할 수 있다.

2) 두상과 모류 방향

사람의 두상은 골격의 형태에 따라 구체의 모양이 약간씩은 다르다. 이 구체의 모양이 모류의 방향을 결정하는 것에 밀접한 관계가 있는 것으로 알려져 있다. 머리 전체에 퍼지는 모공의 배열이 모류 방향을 결정지어지므로 모발이 떨어지는 방향에 영향을 준다.
모공에는 여러 방향이 있음을 알 수 있지만 모발진단기로 모발이 나는 방향을 보면 튀어나왔는지 함몰되었는지에 따라 위와 아래의 45° 기울기로 자라남을 알 수 있다. 그러나 모발이 가늘거나 특별한 경우에는 모발의 기울기가 심한 경우를 볼 수도 있다.

▲ 두상 부위에 따른 모류의 방향

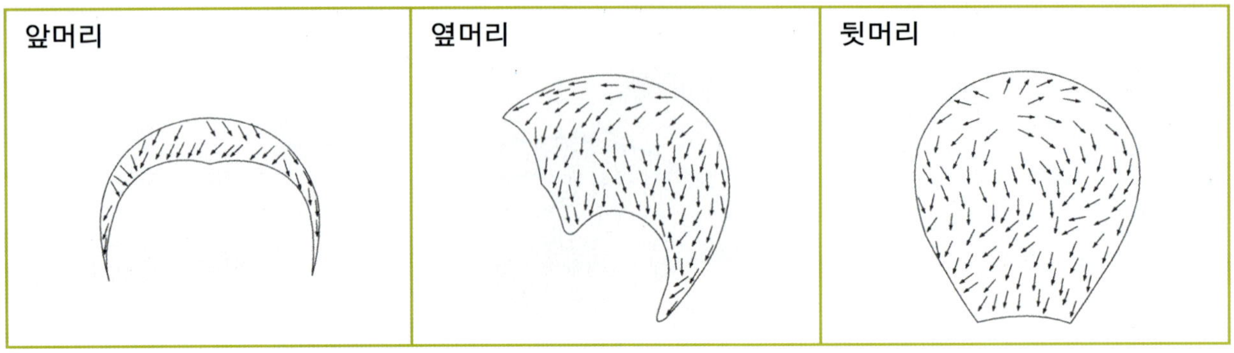

3) 모발의 길이와 모류

10cm 이하의 모발을 커트하고자 할 때에는 모발의 방향이 어디로 흐르는지 모류방향을 잘 파악해야만 헤어스타일을 망치지 않는다. 모발진단기로 모공을 확대하여 보면 모발은 45°에서 15° 정도로 휘면서 모류 방향이 결정된다. 모발에 무게가 없으면(길이가 짧으면) 모류가 흐르는 쪽으로 모발이 흘러버린다. 스포츠형 커트 시 분명히 빗을 대고 일직선으로 수평상태에서 시술하지만 커트가 끝나서 보면 스퀘어 상태가 되어 있지 않은 상태가 이 원리이다. 커트를 시술 후에 스타일링제를 발라 모류를 잡아주면 스퀘어 상태가 되는 것이 이 원리인 것이다.

▲ 모발의 특성에 따른 모류의 방향

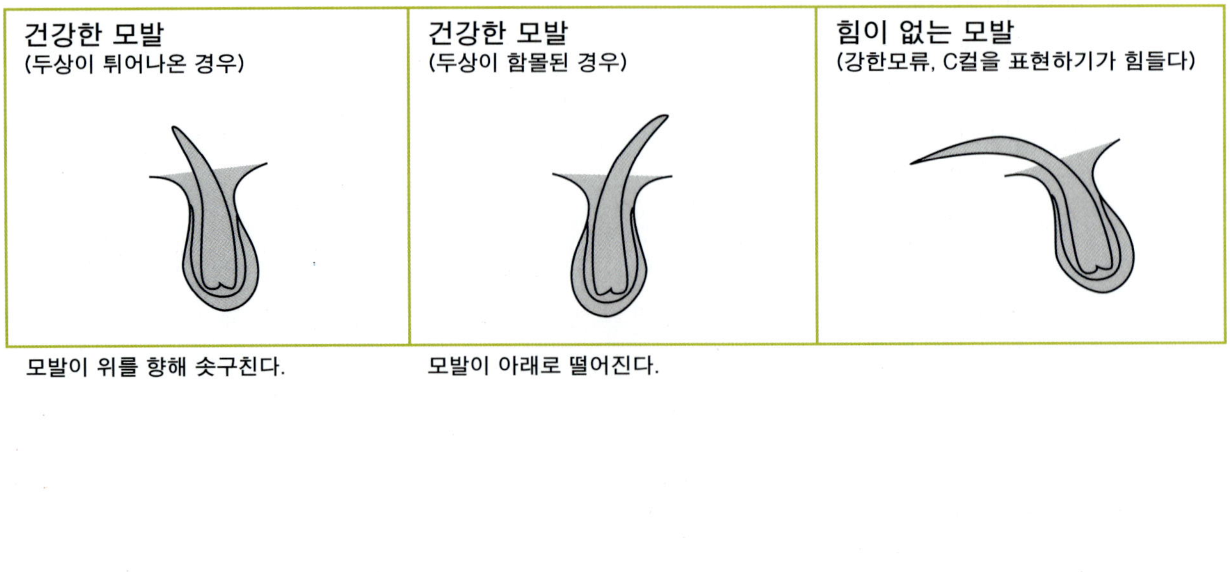

모발이 위를 향해 솟구친다.

모발이 아래로 떨어진다.

4) 모발의 길이에 따른 모발의 힘

모발의 힘은 길이에 따라 다르다. 이 원리를 이용해서 두상을 곡면분할하여 원하는 이미지를 표현하면 능숙하게 커트할 수 있다. 긴 모발에 짧은 모발을 섞어 놓으면 공간이 생겨 헤어스타일이 예쁘게 표현된다.

▲ 모발의 특성에 따른 모발의 성질

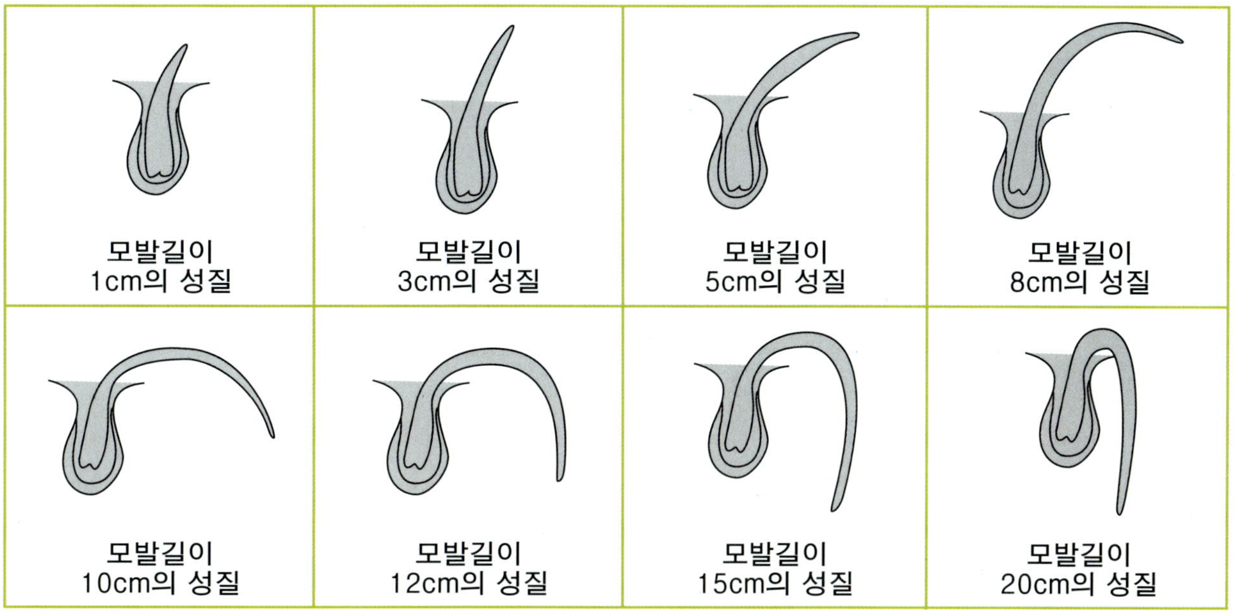

(1) 모발길이 1cm

모류 방향을 무시하고 일어서려고 하는 성질이 강하고, 무게가 없어 중력의 영향을 받는 일이 없기 때문에 이 길이의 커트 시술은 일반시술각으로만 커트하는 것이 좋다.

(2) 모발길이 3cm

모류 방향으로 조금은 휘어지지만 일어서려고 하는 성질이 강하고 이 길이 역시 무게가 없어 중력의 영향을 받는 일이 없기 때문에 길이가 짧아 두상 아래로 떨어지지 않기 때문에 일반 시술각으로만 커트하는 것이 좋다.

(3) 모발길이 5cm

이 길이의 모발은 모발에 무게가 생기기 시작하여 중력의 영향을 받기 시작하고 모류가 흐르는 방향으로 곡선을 그리기 시작한다.

(4) 모발길이 8cm

중력의 영향을 받아 모류방향으로 곡선을 그리기 시작하여 곡선 윗부분에서 C커브를 그리면서 모발이 휘어지기 시작한다. 8cm 길이는 질감처리 할 때 모발을 세우고자 하는 볼륨 만들기 표현에 사용하면 효과를 나타낼 수 있다.

(5) 모발길이 10cm

모류방향으로 늘어지려는 힘과 모발의 무게로 인한 중력으로 떨어지는 성질에 의해 모발은 급격하게 휘면서 아래로 떨어져서 C커브를 이루게 되고 이 원리 때문에 유니폼 레이어 커트를 10cm 시술하게 되면 두상이 그대로 표현된다.

(6) 모발길이 12cm

이 길이부터는 모류방향에 역행해서 모발이 떨어지게 할 수 있고 무게가 생겨 아래쪽을 향해서 더 강한 곡선을 그리기 시작한다. 모류방향이 역행될 경우 멀리 C커브를 그리기 때문에 볼륨이 강하고 예쁘게 C커브를 만들 수 있다.

(7) 모발길이 15cm

이 길이의 모발은 중력에 의해 안쪽으로 들어가려고 하는 성질이 생기고 모류에 역행하여 떨어질 경우 큰 포물선을 그리면서 볼륨이 강한 C커브가 생긴다.
모류 방향이 역행될 경우 미리 C커트를 그리기 때문에 볼륨이강하고 예쁘다.
15cm일 경우에 역행되는 C커브가 제일 자연스럽게 형성되는 길이이다.

(8) 모발길이 20cm

모발길이가 길어지면 C컬을 그리던 머리끝이 모발의 무게와 중력에 의해 똑바로 떨어지기 시작하고 롱헤어의 모근이 가라앉아 볼륨이 생기지 않으므로 볼륨이 있는 스타일보다는 길이의 변화와 선의 변화로 스타일을 연출 하는 것이 좋다.
이 길이는 T.P에서 설정하는 길이가 된다면 모류를 역행하는 경우에 마지막으로 볼륨이 자연스럽게 형성하는 길이이다.
하지만 G.P에서 떨어지면 곧바로 일직선을 그리면서 떨어지므로 볼륨은전혀 생기지 않는다.

길이 변화에 따른 유니폼레이어

	헤어스타일	모발의 성질 (모발의 길이)	도해도	모발이 떨어진 모습
① 머리길이 5cm 유니폼레이어 커트		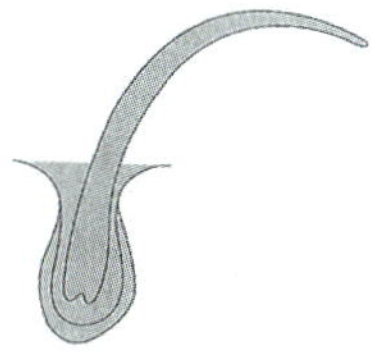 모류가 흐르는 방향으로 곡선을 그리기 시작한다.	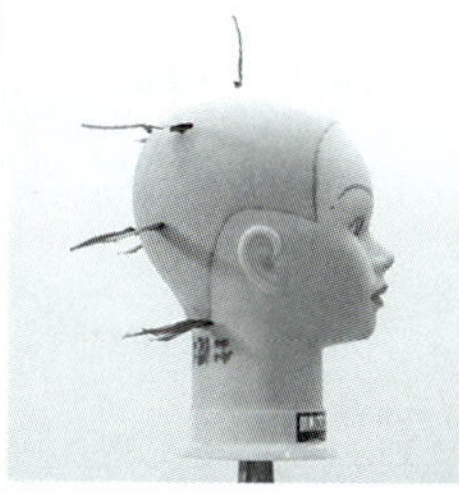	
② 머리길이 10cm 유니폼레이어 커트		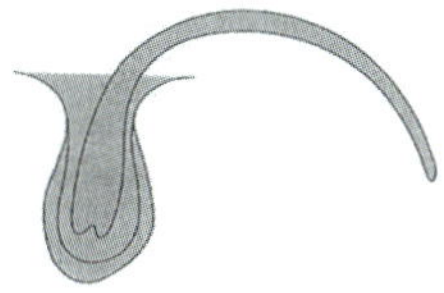 모발무게에 의해 모발이 두피면에 닿는다.	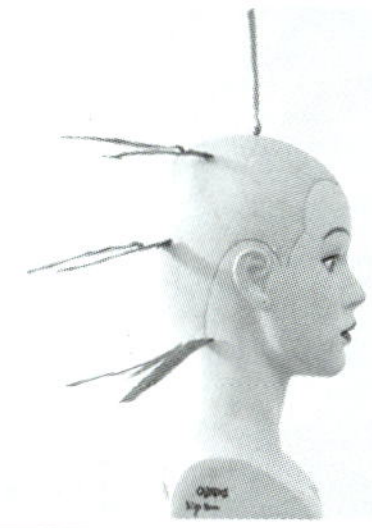	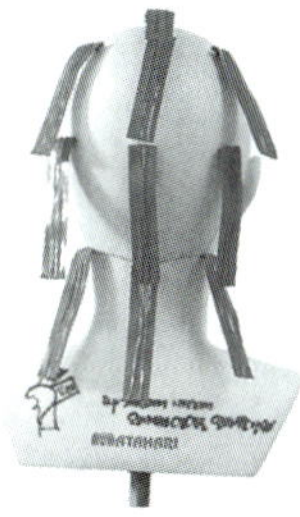
③ 머리길이 15cm 유니폼레이어 커트		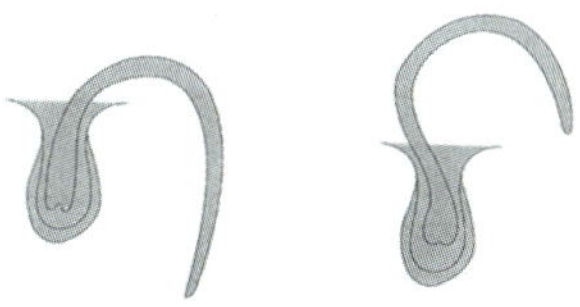 무게가 생겨 안쪽으로 곡선이 생긴다.		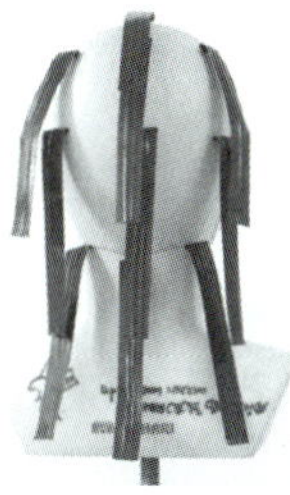
④ 머리길이 20cm 유니폼레이어 커트		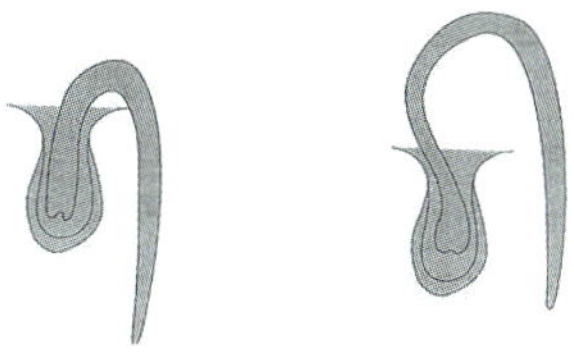 볼륨은 없어지고 선의 변화로 스타일 연출	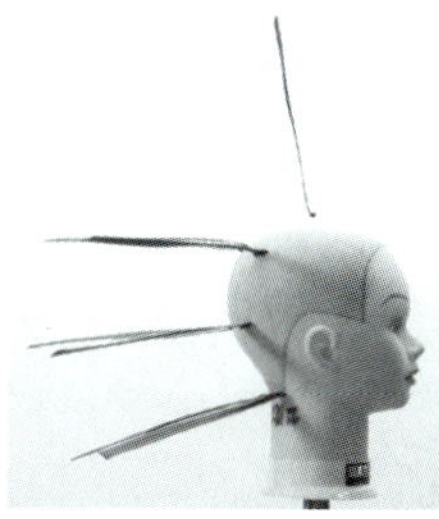	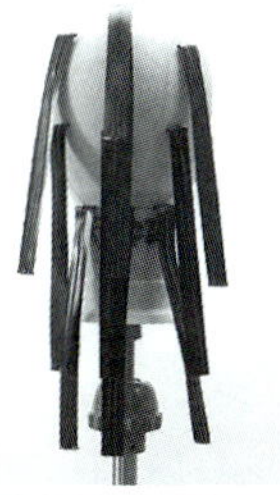
⑤ 머리길이 25cm 유니폼레이어 커트		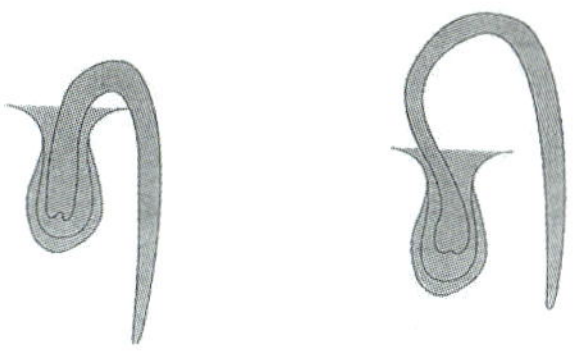 볼륨은 없어지고 선의 변화로 스타일 연출	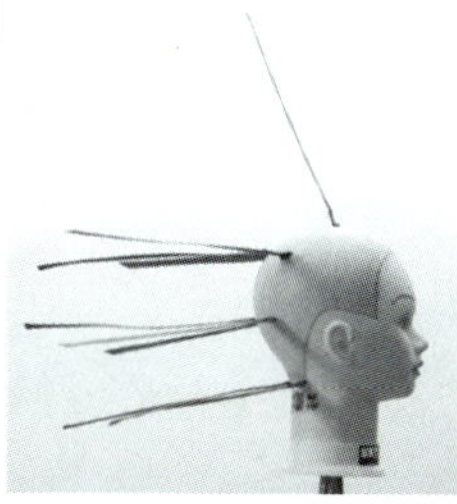	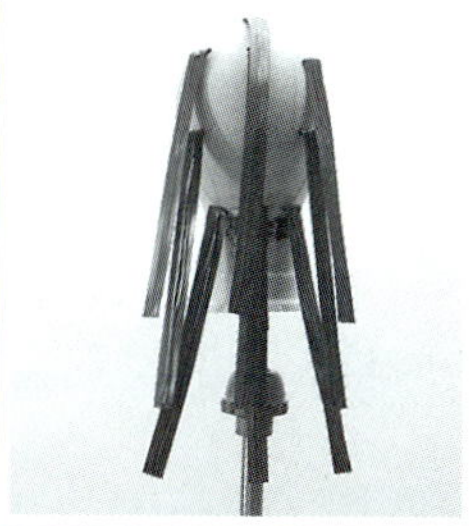
⑥ 머리길이 30cm 유니폼레이어 커트		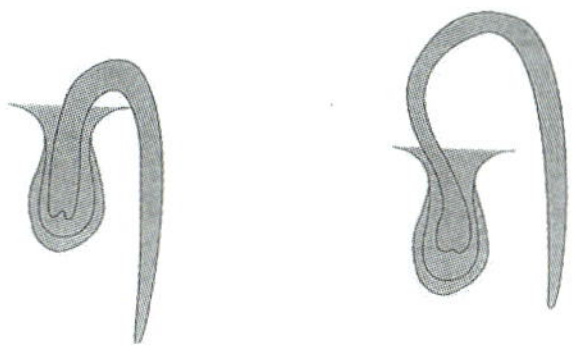 볼륨은 없어지고 선의 변화로 스타일 연출	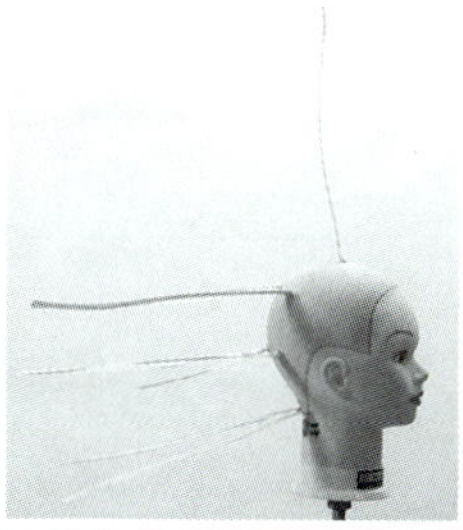	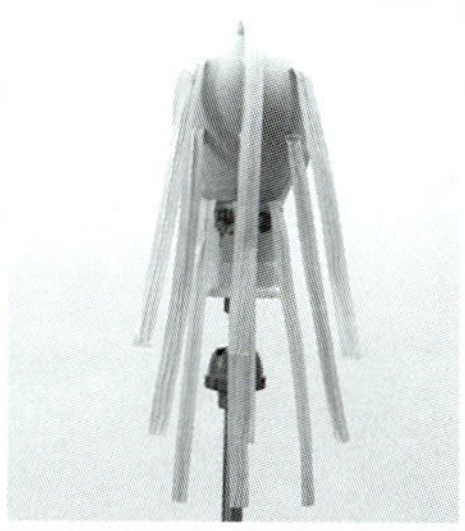

5장. 디자인커트 실습

1) 원형 - 인크리스레이어

- 길이의 변화
- U라인 만드는 빗질방법과 손의 모양
- 기울기에 따른 형태변화

2) 사각형 - 솔리드

- 시술각의 변화
- 수평라인을 만드는 빗질방법과 손의 모양
- 두상영역에 따른 시술각의 변화

3) 역삼각형 - 혼합형

- 길이의 변화 + 시술각의 변화
- 레이어와 그라데이션의 조합방법
- 후중부에 자연각도와 두상각도의 차이에 따른 헤어스타일

4) 삼각형 - 그래쥬에이션

- 베이스와 슬라이스의 변화
- ∩라인을 만드는 빗질방법과 손의 모양
- 줌마스타일 (골격, 모류를 보정하여 예쁜 스타일 만들기)

5) 별모양 - 유니폼레이어변형

- 골격보정과 디스커넥션
- 앞머리, 옆머리, 뒷선의 변화로 헤어스타일 이미지 만들기

원형 - 1. 인크리스레이어

Increase Layer 1

인크리스레이어 1

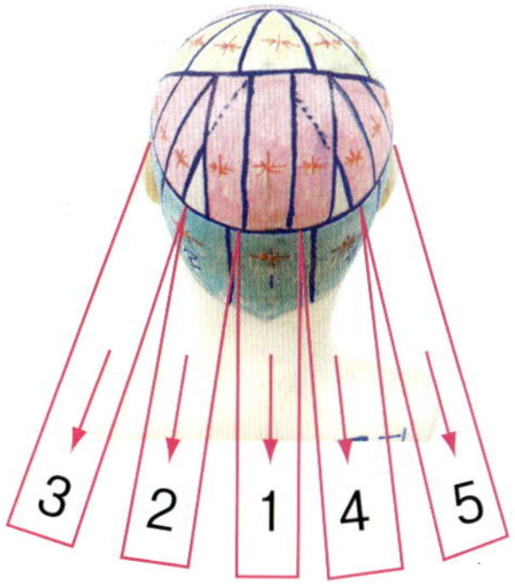

N.P길이 30cm
손가락 기울기 45도

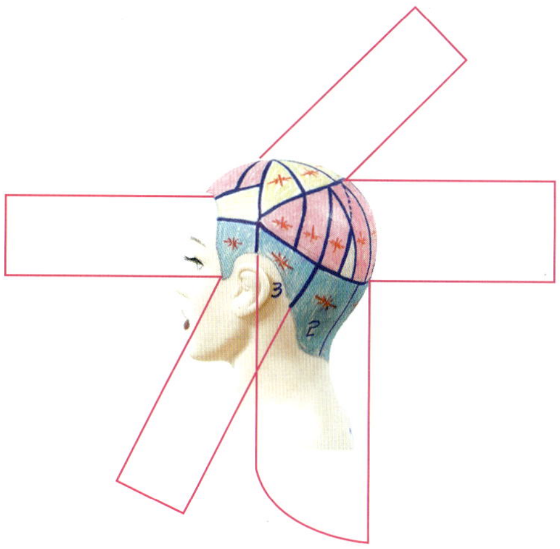

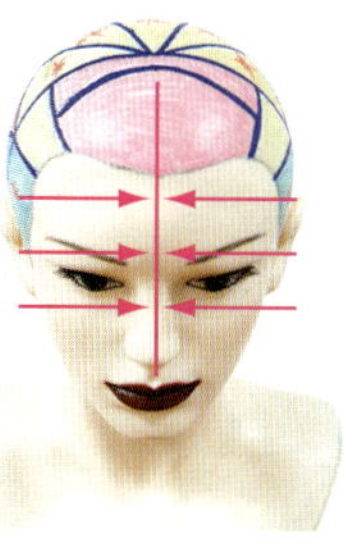

시술방법

1) 후하부 – 형태선 만들기 : U라인
   ① 중심에서 4cm를 수직으로 빗질하여 가이드를 설정한다.
   ② 중심가이드에서 2cm는 당기고 1cm를 옮겨 사선으로 빗질하여 시술한다.
   ③ 5번으로 나누어서 몸을 베이스의 중심에 맞추어서 시술한다.

2) 후중부 – 시술각 : 자연시술각 90°
   ① G.P~B.P 자연시술각 90° 온더베이스로 시술한다.
   ② G.P~B.P 슬라이스는 세로 2번, 사선 3번으로 시술한다.

3) 후상부 – 시술각 : 일반시술각 90°
   ① G.P~T.P 방사형 섹션으로 떠서 일반시술각 90° 로 시술한다.
   ② G.P~T.P를 일반시술각 90° 롤 시술한다.

4) 측두부 – 길이 : 후대각 슬라이스
   ① 먼저 E.P와 S.C.P 사이를 후대각 슬라이스로 시술한다.
   ② S.C.P와 F.S.P를 자연시술각 90° 로 시술한다.

5) 전두부
   ① F.S.P에서 가이드를 중심으로 빗질하여 손가락이 일자가되게 시술한다.
   ② 모발이 없는만큼 베이스를 당겨서 시술한다.

6) 질감처리
   모류보정, 골격보정, 머리카락 표정만들기를 위한 쳐내기를 시술한다.

인크리스레이어 1

01

02

03

04

05

01. 후하부의 형태선을 시술하기 위한 파팅을 나눈다.
02. 중심부 1선에서 길이가이드를 설정한다.
03. 슬라이스에 맞추어 사선으로 빗질하고 중심부 1cm에서 가이드를 가져와서 사선으로 시술하여 후하부의 U라인의 형태선을 시술한다.
04. 후중부의 영역을 시술하기 위해 세로로 한판넬을 뜬다.
05. B.P에 가드에 후중부의 영역은 자연시술각 90˚로 시술한다.

06

07

08

09

10

06. 두상이 함몰된 영역은 세로로 슬라이스를 떠서 시술해야 U형태선이 연결된다.
07. 세로로 슬라이스를 떠서 낫칭으로 시술한다.
08. 후하부의 선을 이용하여 측두부의 선을 시술할 섹션을 뜬다.
09. 슬라이스와 평행하게 빗질한다.
10. 손가락의 기울기가 45˚가 되게 시술한다.

11
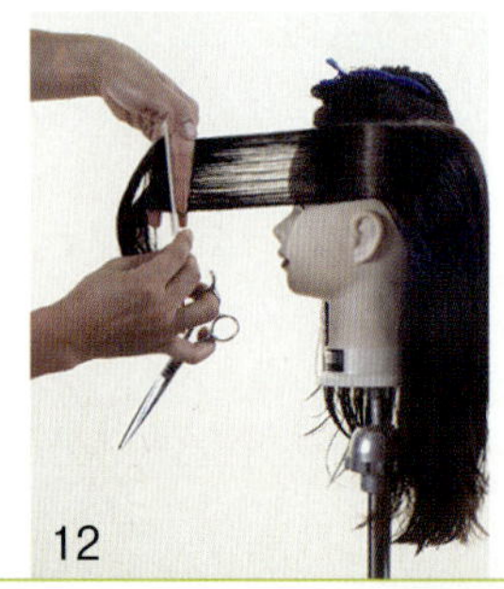
12
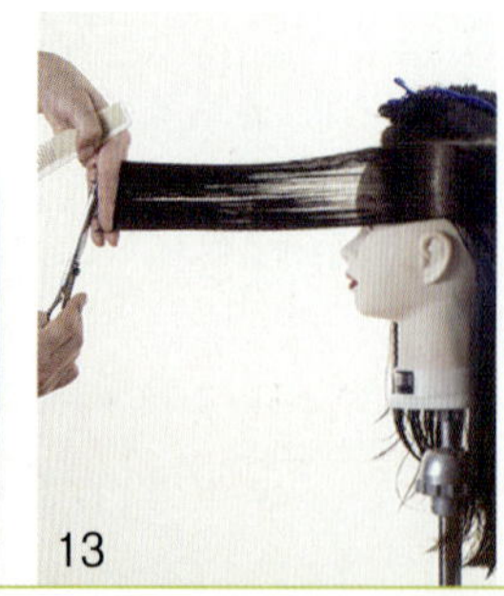
13

14

15

11. 측두부의 모발이 얼굴선을 벗어나 짧게 표현하고 싶어서 다시한번 측두부에 해당하는 모발만 자연시술각 90˚가 되게 빗을 댄다.
12. 측두부의 모발을 자연시술각 90˚가 되게 빗질한다.
13. 측두부의 모발을 얼굴에 판넬을 밀착시켜 자연시술각 90˚가 되게 시술한다.
14. 반대편도 후중부의 모발을 자연시술가 90˚가 되게 판넬을 뜬다.
15. 후중부의 모발을 자연시술각 90˚가 되게 시술한다.

Increase Layer 1

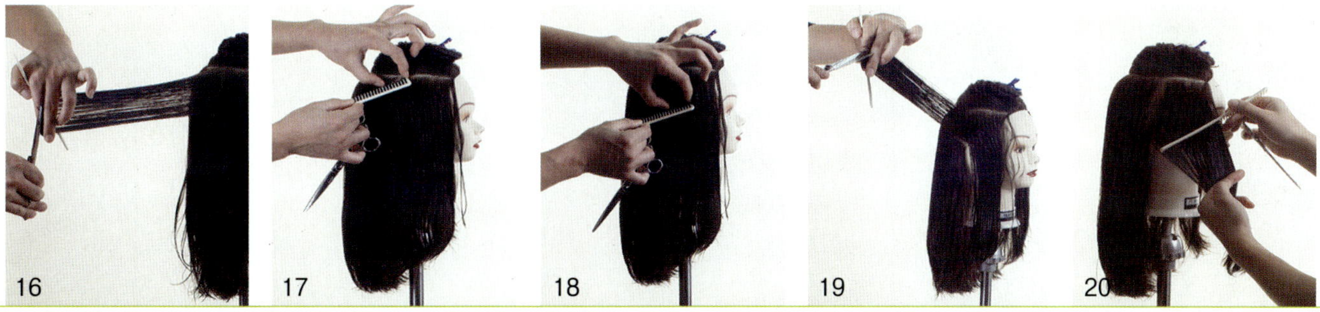

16. 후중부의 모발을 B.P에서 자연시술각 90°가 되게 시술한다.
17. 두상이 함몰된 부분은 사선으로 슬라이스를 뜬다
18. 빗이 먼저 지나가고 손가락이 빗질하는 모발을 잡는다.
19. 이곳은 모질도 두껍고 모류가 강하므로 낫칭으로 시술한다.
20. 후하부의 형태선을 연결하여 측두부의 선을 시술하기 위해 자연시술각 45°로 시술한다

21. 반대편에 측두부도 손가락의 기울기가 자연시술각 45°가 되게 시술한다.
22. 측두부에 해당하는 모발만 자연시술각 90°가 되게 빗질한다.
23. 얼굴에 모발을 밀착시켜 자연시술각 90°가 되게 시술한다.
24. 측두부의 모발을 자연시술각 90°가 되게 시술한다.
25. 후상부의 모발을 방사형섹션으로 뜬다.

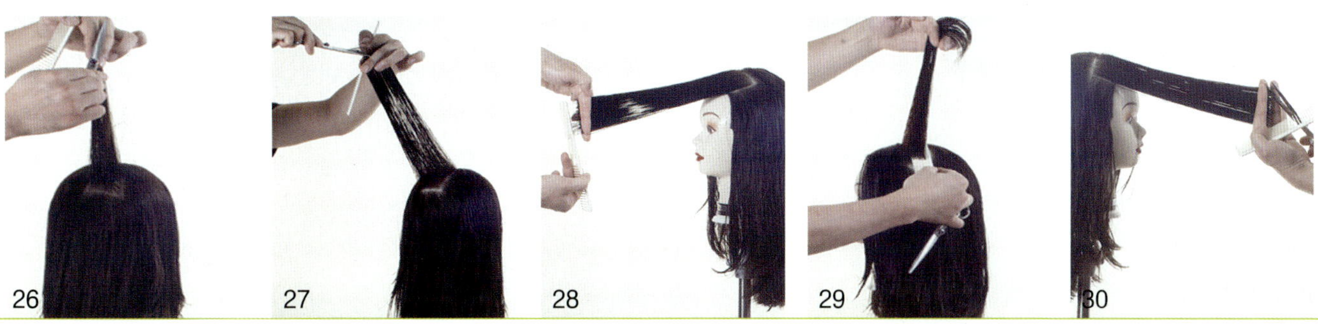

26. 후상부의 모발을 방사형섹션으로 떠서 일반시술각 90°가 되게 시술한다.
27. 후상부의 모발은 판넬을 뜬대로 시술하면 정확한 커트를 시술할 수 있다.
28. 전두부의 모발을 앞쪽으로 끌어내어 코선에서 일자가 되게 시술한다.
29. 전두부와 측두부에 연결되지 않은 모발을 다시한번 확인하여 시술한다.
30. 반대편의 전두부의 모발도 코선으로 끌어내어 일자로 시술하고 빠진 부분은 다시한번 확인하여 시술한다.

실습날짜 :	요점정리

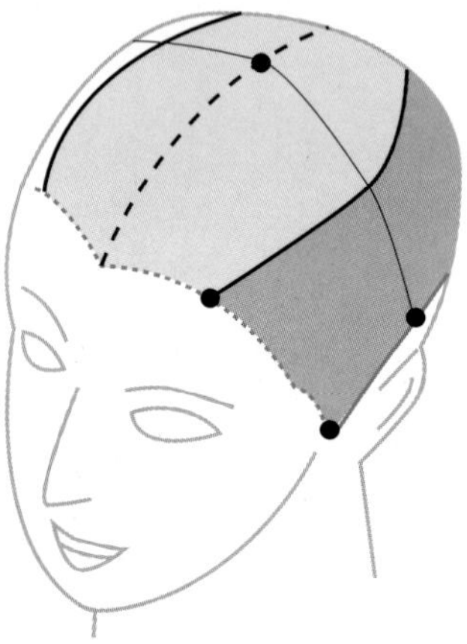

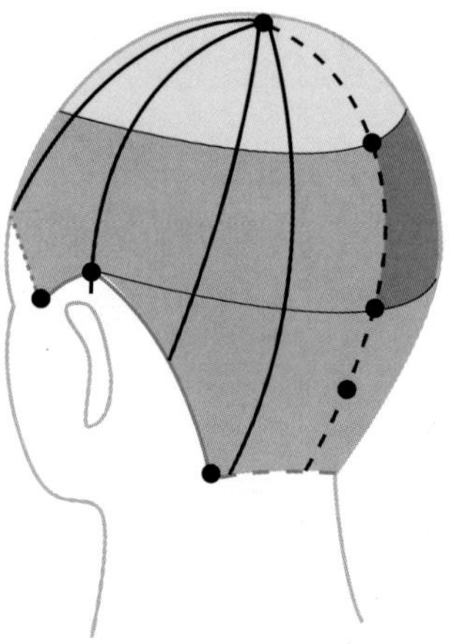

★ 나의 작품 뽐내보기 ★

원형 - 2. 인크리스레이어

Increase Layer 2

인크리스레이어 2

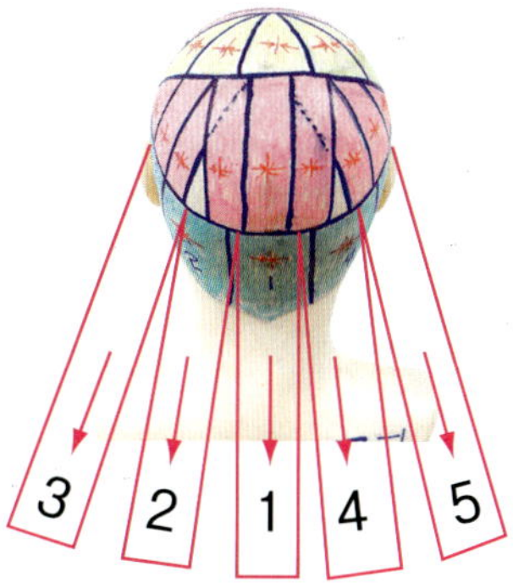

N.P길이 20cm
손가락 기울기 30도

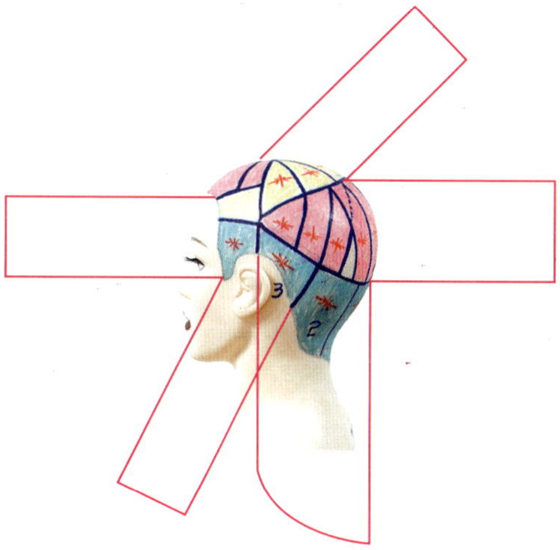

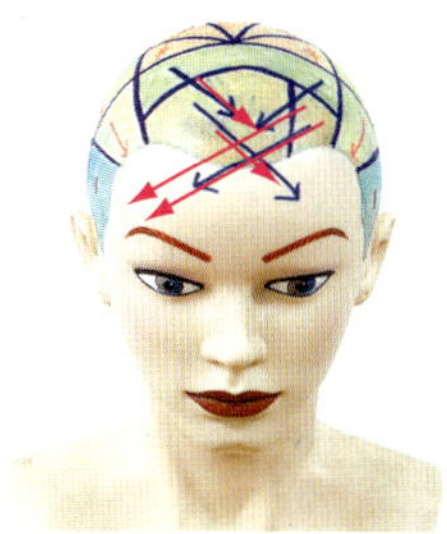

7:3 가르마

시술방법

1) 후하부 – 형태선 만들기 : U라인
   - ① 중심에서 4cm를 수직으로 빗질하여 가이드를 설정한다.
   - ② 중심가이드에서 2cm는 당기고 1cm를 옮겨 사선으로 빗질하여 시술한다.
   - ③ 5번으로 나누어서 몸을 베이스의 중심에 맞추어서 시술한다.

2) 후중부 – 시술각 : 자연시술각 90°
   - ① G.P~B.P 자연시술각 90° 온더베이스로 시술한다.
   - ② G.P~B.P 슬라이스는 세로 2번, 사선 3번으로 시술한다.

3) 후상부 – 시술각 : 일반시술각 90°
   - ① G.P~T.P 방사형 섹션으로 떠서 일반시술각 90° 로 시술한다.
   - ② G.P~T.P를 일반시술각 90° 롤 시술한다.

4) 측두부 – 길이 : 후대각 슬라이스
   - ① 먼저 E.P와 S.C.P 사이를 후대각 슬라이스로 시술한다.
   - ② S.C.P와 F.S.P를 자연시술각 90° 로 시술한다.

5) 전두부 – 앞머리 표정 만들기
   - ① 7:3 가르마를 타서 오른쪽은 왼쪽으로 당겨서 슬라이스와 평행하게 시술한다.
   - ② 반대쪽은 오른쪽으로 당겨서 가이드에 맞추어 시술한다.
   - ③ 남긴 모발은 먼저 시술한 가이드에 맞추어서 시술한다.

6) 질감처리
   모류보정, 골격보정, 머리카락 표정만들기를 위한 쳐내기를 시술한다.

인크리스레이어 2

01. 시술전의 모발상태이다.
02. 후하부에 U라인의 형태선을 시술하기 위한 브록킹을 시술한다.
03. 슬라이스와 동일하게 사선으로 빗질하여 U라인의 형태선을 시술한다.
04. 슬라이스와 손가락이 평행하게 하여 낫칭으로 시술한다.
05. 후중부에는 B.P에서 자연시술각 90° 가 되게 빗질을 먼저 시술한다.

06. 후중부에 자연시술각 90° 온더베이스로 시술한다.
07. 두상이 함몰된 영역은 사선으로 슬라이스를 뜬다.
08. 이곳은 모질이 두껍고 모류가 강하기 때문에 낫칭으로 시술한다.
09. 측두부의 선은 후하부의 형태선에서 연결한다.
10. 슬라이스와 빗질이 평행하게 하고 손가락이 자연시술각 45° 가 되게 시술한다.

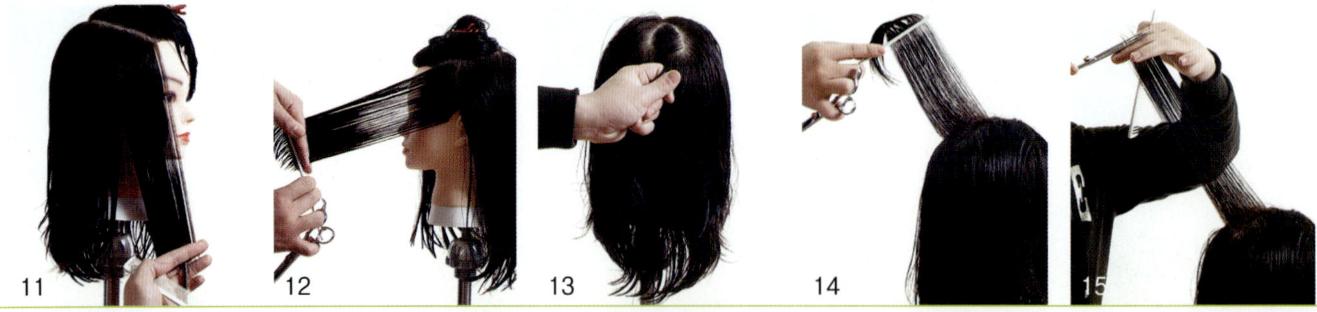

11. 측두부의 선을 낫칭으로 시술하고 손가락의 각도가 자연시술각 45° 가 되게 시술한다.
12. 측두부의 선이 자연시술각 70° 가 되게 다시한번 시술한다.
13. 후상부의 역역은 방사형으로 섹션을 뜬다.
14. 후상부역역은 일반시술각 90° 가 되게 시술한다.
15. 두상의 곡면과 평행하게 시술한다.

Increase Layer 2

16. 전두부의 앞머리표정을 시술하기 위하여 옆가르마를 탄다.
17. 슬라이스와 평행하게 하기위해 반대쪽으로 모발을 당긴다.
18. 반대편도 서로 교차하여 시술한다.
19. 앞머리에 모발의 자연스러운 융합을 위해 라인틴닝을 시술한다.
20. 모발끝에서 12cm안쪽에서 시작하고 틴닝을 사선으로 넣어 길이를다르게 하여 시술한다.

21. 바깥에는 틴닝을 한번만 넣고 안쪽으로 들어갈수록 틴닝을 횟수를 많이하여 C컬의 볼륨을 만든다.
22. 틴닝을 넣어서 드라이한 것처럼의 모발의 융합을 표현한다.
23. 골격보정을 위하여이너레이어틴닝을 넣는다.
24. 윗모발이 짧고 아래모발이 길어지게 틴닝을 넣어 모발이 떨어지는 자연스러움을 표현한다.
25. 후상부에 이너그라데이션틴닝을 넣는다.모발의 12cm안쪽의 길이에 넣어 표현한다.

26. 모발끝부분에 라인틴닝을 넣는다.
27. 다음모발도 동일한 방법으로 라인틴닝을 넣는다.
28. 두상이 함몰된 곳은 루트틴닝과 이너레이어틴닝을 넣는다.
29. 틴닝을 서선으로 넣어 모발의 길이를 다르게 하여 모발의 방향성을 제시한다.
30. 두상이 함몰된 곳은 모발의 방향성을 제시하기 위하여 틴닝을 넣는다.

실습날짜 :	요점정리

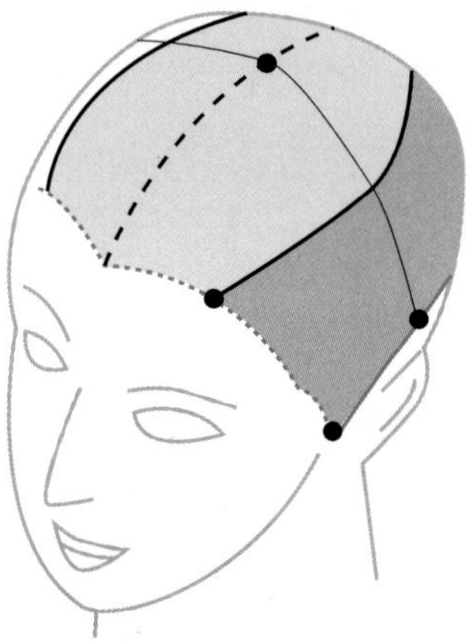

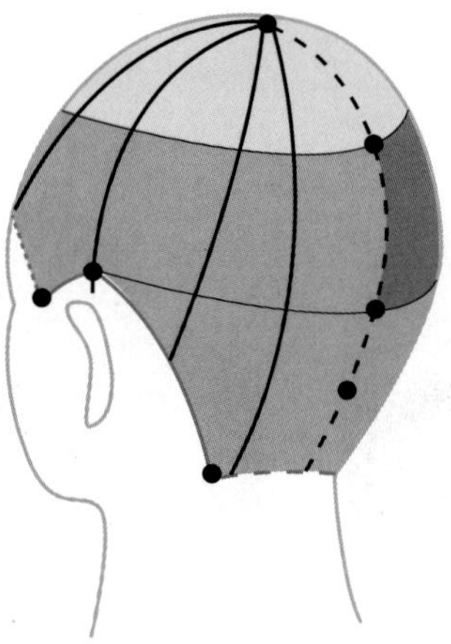

★ 나의 작품 뽐내보기 ★

얼굴선의 둥근라인으로 여성스러움을 표현한다

원형 - 3. 머쉬룸

Mushroom 1

얼굴선의 둥근라인을 따라 형태선을 만들어 볼륨이 있는 둥근라인이 예쁘게 표현되고 손질이 편리하여 젊음을 가진 건강한 모발을 지닌 사람이면 누구나가 어울린다.

머쉬룸 1

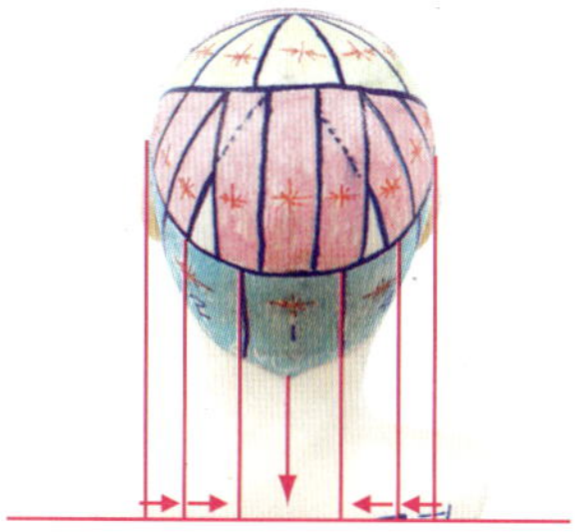

시술방법

1) 후하부 – 형태선 만들기 : 일직선을 먼저 시술한후 U라인
   ① 라운드 브록킹을 먼저 시술한다.
   ② 일직선으로 먼저 가이드를 잡는다.

2) 전두부 – 길이 설정하고 후하부와 연결
   ① 후하부에서 길이를 설정했던 가이드보다 5cm 길게 C.L으로 빗질하여 판넬을 잡은 안쪽에서 일직선으로 시술한다.

3) 측두부 – 전두부에서 나온 길이가이드에서 측두부를 연결
   ① 빗질을 슬라이스라인을 따라 빗질하고 손가락도 슬라이스라인에 맞추어서 시술한다.

4) 연결선 – 측두부와 후하부의 선을 연결한다.
   ① 빗질을 슬라이스라인을 따라 빗질하고 후하부에서온 일직선에 가이드와 맞춘다.
   ② G.P 아래부분은 다시 한번 빗질하여 안에 떨어진 길이가이드와 나칭으로 연결한다.

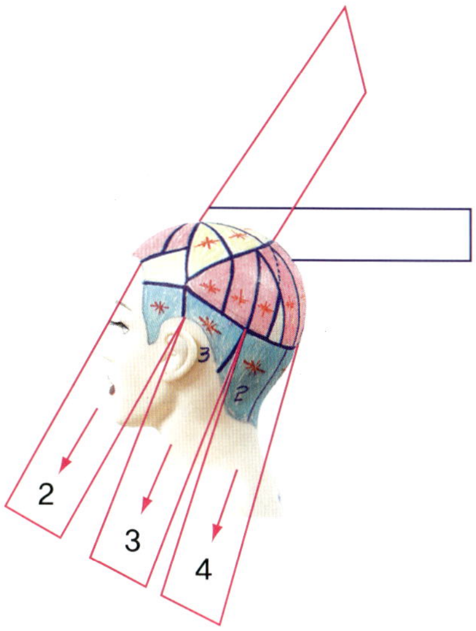

5) 후상부 – 밑에온 선을 무겁게 연결한다.
   ① 면에 대해 수평으로 빗질하여 밑의 가이드에 맞추어서 시술한다.
   G.P~T.P 일반시술각 45°

6) 질감처리
   형태감을 상실하지 않게 라인틴닝으로 시술한다.

머쉬룸 1

01. 시술하기 위한 마네킹을 준비한다.
02. 라운드 브로킹을 타서 중심부에서 길이가이드를 설정한다.
03. 후하부에 형태선을 먼저 길이가이드에 맞추어 일직선으로 시술한다.
04. 중심부로 베이스를 틀어서 일직선의 형태선을 시술한다.
05. 반대편도 동일한 방법으로 중심부를 향하여 베이스를 틀어서 일직선을 시술한다.

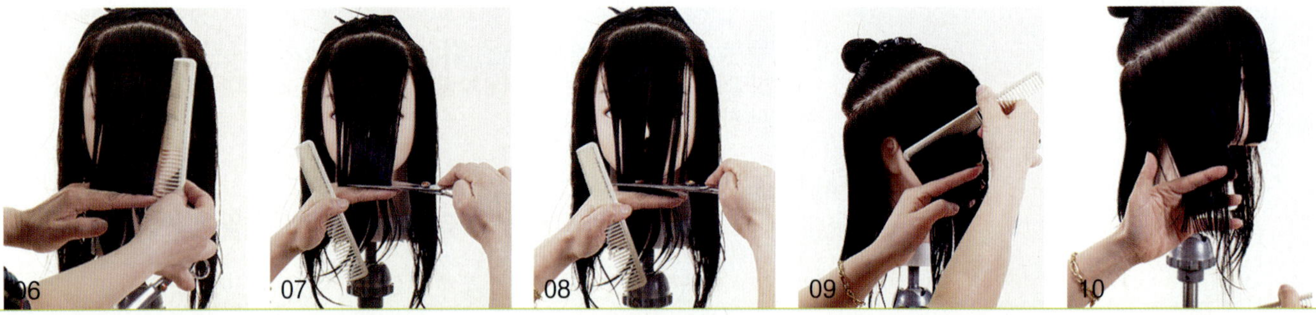

06. 후하부에서 길이를 설정했던 가이드보다 전두부에서 5cm를 길게 하여 중심부로 당겨서 일직선으로 시술하기 위한 판넬을 잡는다.
07. 모발을 당겨서 일직선을 시술하고 손가락의 각도와 가위의 각도도 수평을 이루어 시술한다.
08. 판넬 안쪽에서 일직선으로 시술하면 시술각의 0˚가 정확하게 커트된다.
09. 손가락의 기울기가 45˚가 되게 빗질한다. E.P까지 시술한다.
10. E,B,P까지 빗질하여 다음 시술을 손가락 기울기가 위와 동일하게 45˚로 시술한다.

11. 이곳의 모류가 강하고 모질이 두꺼우므로 나칭으로 시술한다.
12. 다음 시술도 45˚로 빗질하여 후하부에 먼저 정해진 길이 가이드와 연결한다.
13. 떨어져서 선을 결정하는 강한 모발은 나칭으로 시술한다.
14. 다시 한번 선을 확인하여 U라인의 형태선을 잡는다.
15. 반대쪽도 손가락의 기울기가 45˚가 되게 빗질한다. E.P까지 시술한다.

Mushroom 1

16. 슬라이스와 손가락의 기울기를 시술한 다른쪽을 생각하면서 시술한다.
17. E.B.P까지 빗질하여 다음 시술을 손가락 기울기가 위와 동일하게 45˚로 시술한다.
18. 다음 시술도 45˚로 빗질하여 후하부에 먼저 정해진 길이 가이드와 연결한다.
19. 먼저 정해진 형태선의 가이드에 맞추어서 수평으로 빗질한다.
20. 면에 대해 자연시술각 90˚가 되게 시술한다.

21. 다음 판넬도 형태선의 가이드에 맞추어서 시술한다.
22. 형태선을 시술할 때의 빗질 방향으로 빗질하여 형태선의 가이드에 맞추어서 시술한다.
23. 반대쪽도 형태선을 시술할 때의 빗질 방향으로 빗질하여 형태선의 가이드에 맞추어서 시술한다.
24. 형태선의 빗질 방향으로 빗질하고 손가락의 가이드에 맞추어서 손가락의 기울기를 잡는다.
25. 형태선을 시술할 때의 빗질 방향으로 빗질하여 형태선의 가이드에 맞추어서 시술한다.

26. 전두부의 영역을 손질이 편하게 길이를 다르게 하여 질감처리 한다.
27. 겉모발은 자르지 않고 속모발만 C컬을 그리면서 틴닝가위가 빠져 나오면서 시술한다.
28. 다음 판넬도 위와 동일한 방법으로 시술한다.
29. 측두부에 해당하는 모발도 겉모발은 자르지 않고 속모발만 C컬을 그리면서 틴닝가위가 빠져 나오면서 시술한다.
30. 후중부,후하부에 해당하는 모발도 겉모발은 자르지 않고 속모발만 C컬을 그리면서 틴닝가위가 빠져 나오면서 시술한다.

실습날짜 :	요점정리

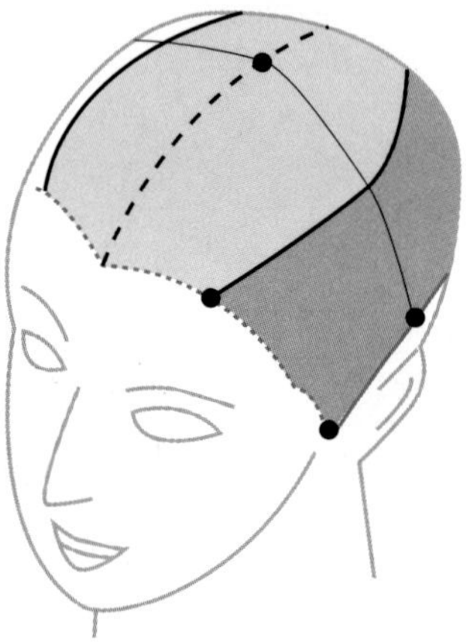

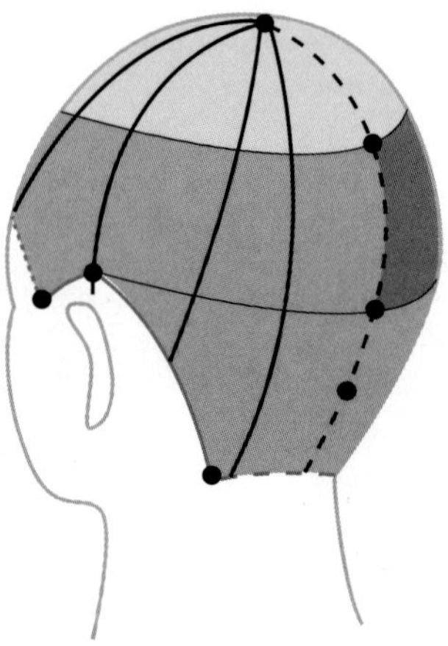

★ 나의 작품 뽐내보기 ★

얼굴선의 둥근라인으로 여성스러움을 표현한다

원형 - 4. 머쉬룸

Mushroom 2

20-30대의 젊은이들이 선호하는 헤어스타일로 얼굴선의 둥근라인을 시술하여 얼굴선의 머리가 매력적이다.
손질이 편리하고 젊음을 가진 건강한 모발을 지닌 사람이면 누구나가 어울린다.

머쉬룸 2

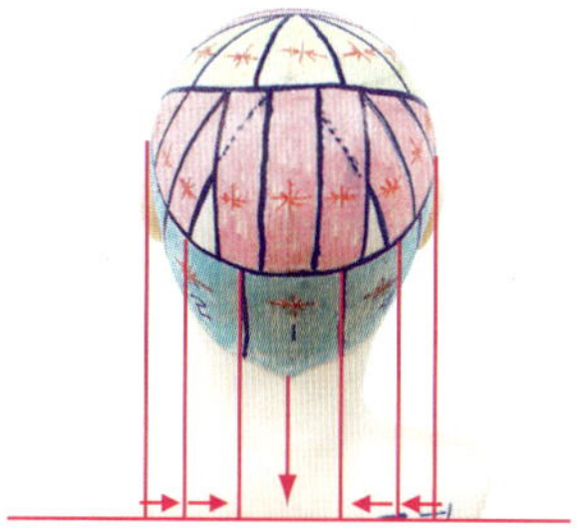

시술방법

1) 후하부 – 형태선 만들기 : 일직선을 먼저 시술한후 U라인
   ① 라운드 브록킹을 먼저 시술한다.
   ② 일직선으로 먼저 가이드를 잡는다.

2) 전두부 – 길이 설정하고 후하부와 연결
   ① 후하부에서 길이를 설정했던 가이드보다 5cm 길게 C.L으로 빗질하여 판넬을 잡은 안쪽에서 일직선으로 시술한다.

3) 측두부 – 전두부에서 나온 길이가이드에서 측두부를 연결
   ① 빗질을 슬라이스라인을 따라 빗질하고 손가락도 슬라이스라인에 맞추어서 시술한다.

4) 연결선 – 측두부와 후하부의 선을 연결한다.
   ① 빗질을 슬라이스라인을 따라 빗질하고 후하부에서온 일직선에 가이드와 맞춘다.
   ② G.P 아래부분은 다시 한번 빗질하여 안에 떨어진 길이가이드와 나칭으로 연결한다.

5) 질감처리
   형태감을 상실하지 않게 라인틴닝으로 시술한다.

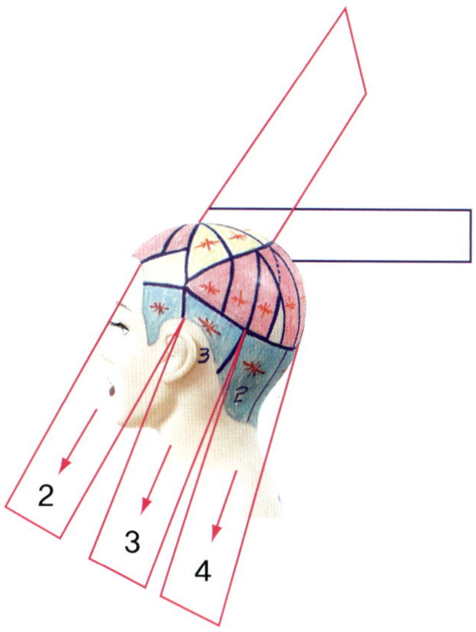

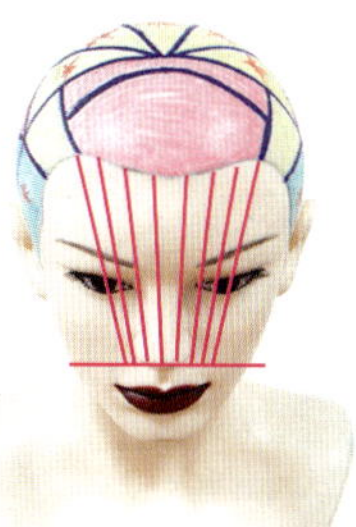

머쉬룸 2

01. 시술하기 위한 마네킹을 준비한다.
02. 라운드 브로킹을 타서 중심부에서 길이가이드를 설정한다.
03. 후하부에 형태선을 먼저 길이가이드에 맞추어 일직선으로 시술한다.
04. 중심부로 베이스를 틀어서 일직선의 형태선을 시술한다.
05. 후하부에서 길이를 설정했던 가이드보다 전두부에서 5cm를 길게 하여 중심부로 당겨서 일직선으로 시술하기 위한 판넬을 잡는다.

06. 모발을 당겨서 일직선을 시술했기에 완만한 곡선이 표현되었다.
07. 손가락의 기울기가 45˚가 되게 빗질한다. E.P까지 시술한다.
08. 떨어져서 선을 결정하는 모발은 나칭으로 시술한다.
09. E,B,P까지 빗질하여 다음 시술을 손가락 기울기가 위와 동일하게 45˚로 시술한다.
10. 이곳의 모류가 강하고 모질이 두꺼우므로 나칭으로 시술한다.

11. 다음 시술도 45˚로 빗질하여 후하부에 먼저 정해진 길이 가이드와 연결한다.
12. 반대쪽도 손가락의 기울기가 45˚가 되게 빗질한다. E.P까지 시술한다.
13. 슬라이스와 손가락의 기울기를 시술한 다른쪽을 생각하면서 시술한다.
14. E,B,P까지 빗질하여 다음 시술을 손가락 기울기가 위와 동일하게 45˚로 시술한다.
15. 다음 시술도 45˚로 빗질하여 후하부에 먼저 정해진 길이 가이드와 연결한다.

Mushroom 2

16

17

18

19

20

16. 먼저 정해진 형태선의 가이드에 맞추어서 수평으로 빗질한다.
17. 면에 대해 자연시술각 90°가 되게 시술한다.
18. 다음 판넬도 형태선의 가이드에 맞추어서 시술한다.
19. 형태선을 시술할 때의 빗질 방향으로 빗질하여 형태선의 가이드에 맞추어서 시술한다.
20. 반대쪽도 형태선을 시술할 때의 빗질 방향으로 빗질하여 형태선의 가이드에 맞추어서 시술한다.

21

22

23

24

25

21. 형태선의 빗질 방향으로 빗질하고 손가락의 가이드에 맞추어서 손가락의 기울기를 잡는다.
22. 손가락의 기울기에 맞추어서 나칭으로 시술한다.
23. 가위가 위를 향하게 하여 나칭으로 시술한다.
24. 형태선을 시술할 때의 빗질 방향으로 빗질하여 형태선의 가이드에 맞추어서 시술한다.
25. 전두부의 영역을 손질이 편하게 길이를 다르게 하여 질감처리 한다.

26

27
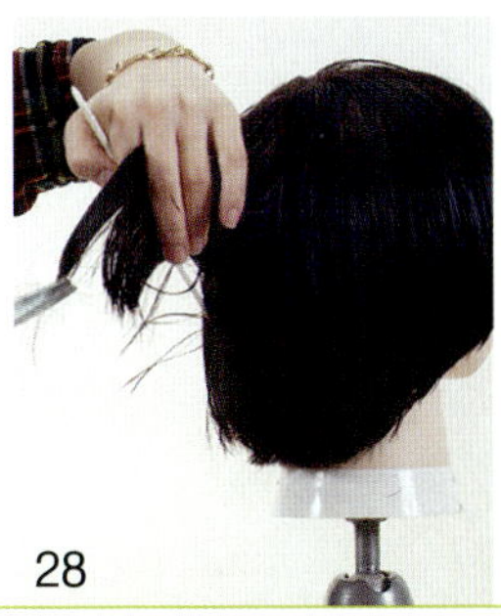
28

29

30

26. 겉모발은 자르지 않고 속모발만 C컬을 그리면서 틴닝가위가 빠져 나오면서 시술한다.
27. 후상부의 모발도 겉모발은 자르지 않고 속모발만 C컬을 그리면서 틴닝가위가 빠져 나오면서 시술한다.
28. 다음 판넬도 위와 동일한 방법으로 시술한다.
29. 후중부에 해당하는 모발도 겉모발은 자르지 않고 속모발만 C컬을 그리면서 틴닝가위가 빠져 나오면서 시술한다.
30. 후중부,후하부에 해당하는 모발도 겉모발은 자르지 않고 속모발만 C컬을 그리면서 틴닝가위가 빠져 나오면서 시술한다.

실습날짜 :	요점정리

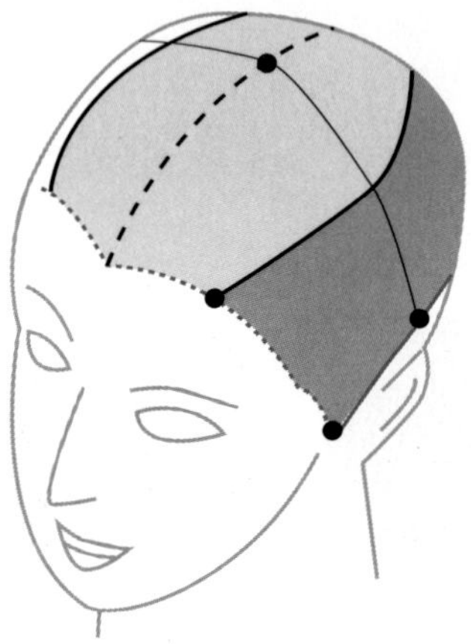

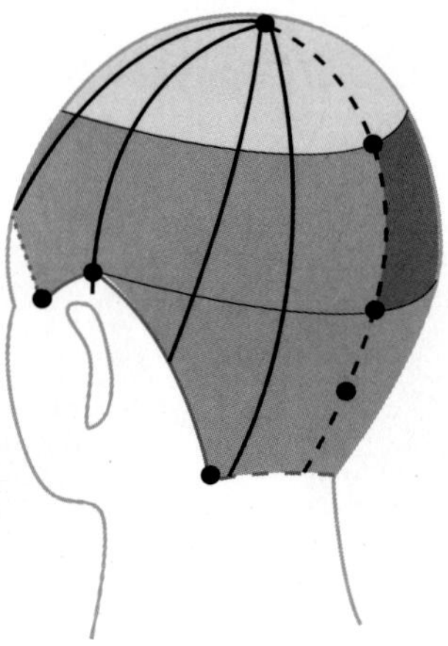

★ 나의 작품 뽐내보기 ★

얼굴선의 둥근라인으로 여성스러움을 표현한다

원형 - 5. 머쉬룸

Mushroom 3

20−30대의 젊은이들이 선호하는 헤어스타일로 얼굴선의 둥근라인을 시술하여 얼굴선의 머리가 매력적이다.
손질이 편리하고 젊음을 가진 건강한 모발을 지닌 사람이면 누구나가 어울린다.

머쉬룸 3

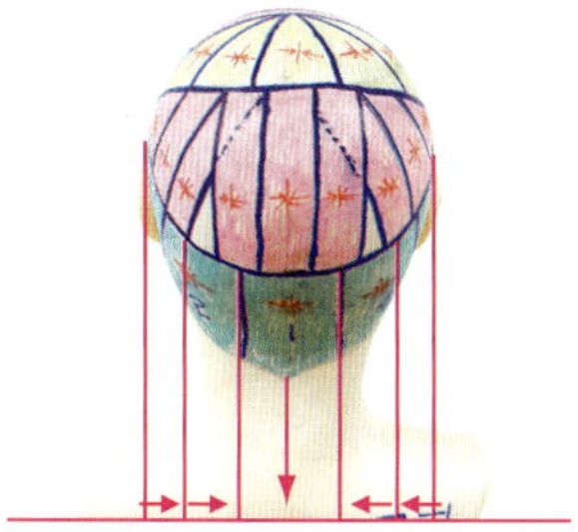

시술방법

1) 후하부 − 형태선 만들기 : 일직선을 먼저 시술한후 U라인
   ① 라운드 브록킹을 먼저 시술한다.
   ② 일직선으로 먼저 가이드를 잡는다.

2) 전두부 − 길이 설정하고 후하부와 연결
   ① 후하부에서 길이를 설정했던 가이드보다 5cm 길게 C.L으로 빗질하여 판넬을 잡은 안쪽에서 일직선으로 시술한다.

3) 측두부 − 전두부에서 나온 길이가이드에서 측두부를 연결
   ① 빗질을 슬라이스라인을 따라 빗질하고 손가락도 슬라이스라인에 맞추어서 시술한다.

4) 연결선 − 측두부와 후하부의 선을 연결한다.
   ① 빗질을 슬라이스라인을 따라 빗질하고 후하부에서온 일직선에 가이드와 맞춘다.
   ② G.P 아래부분은 다시 한번 빗질하여 안에 떨어진 길이가이드와 나칭으로 연결한다.

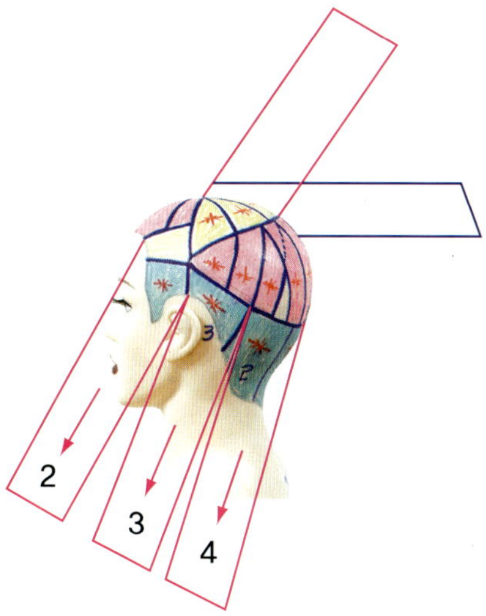

5) 후상부 − 밑에온 선을 무겁게 연결한다.
   ① 면에 대해 수평으로 빗질하여 밑의 가이드에 맞추어서 시술한다.
   G.P~T.P 일반시술각 45°

6) 질감처리
   형태감을 상실하지 않게 라인틴닝으로 시술한다.

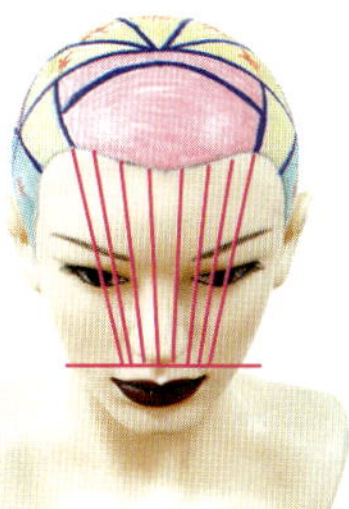

머쉬룸 3(층)

01. 라운드 브로킹을 타서 중심부에서 길이가이드를 설정한다.
02. 후하부에 형태선을 먼저 길이가이드에 맞추어 일직선으로 시술한다.
03. 중심부로 베이스를 틀어서 일직선의 형태선을 시술한다.
04. 후하부에서 길이를 설정했던 가이드보다 전두부에서 5cm를 길게 하여 중심부로 당겨서 일직선으로 시술하기 위한 판넬을 잡는다.
05. 모발을 당겨서 일직선을 시술했기에 완만한 곡선이 표현되었다.

06. 손가락의 기울기가 45°가 되게 빗질한다. E.P까지 시술한다.
07. 슬라이스 라인과 손가락의 기울기가 동일하게 시술한다.
08. 떨어져서 선을 결정하는 모발은 나칭으로 시술한다.
09. E,B,P까지 빗질하여 다음 시술을 손가락 기울기가 위와 동일하게 45°로 시술한다.
10. 다음 시술도 45°로 빗질하여 후하부에 먼저 정해진 길이 가이드와 연결한다.

11. 반대쪽도 손가락의 기울기가 45°가 되게 빗질한다. E.P까지 시술한다.
12. E,B,P까지 빗질하여 다음 시술을 손가락 기울기가 위와 동일하게 45°로 시술한다.
13. 다음 시술도 45°로 빗질하여 후하부에 먼저 정해진 길이 가이드와 연결한다.
14. 먼저 정해진 형태선의 가이드에 맞추어서 수평으로 빗질한다.
15. 면에 대해 자연시술각 90°가 되게 시술한다.

Mushroom 3

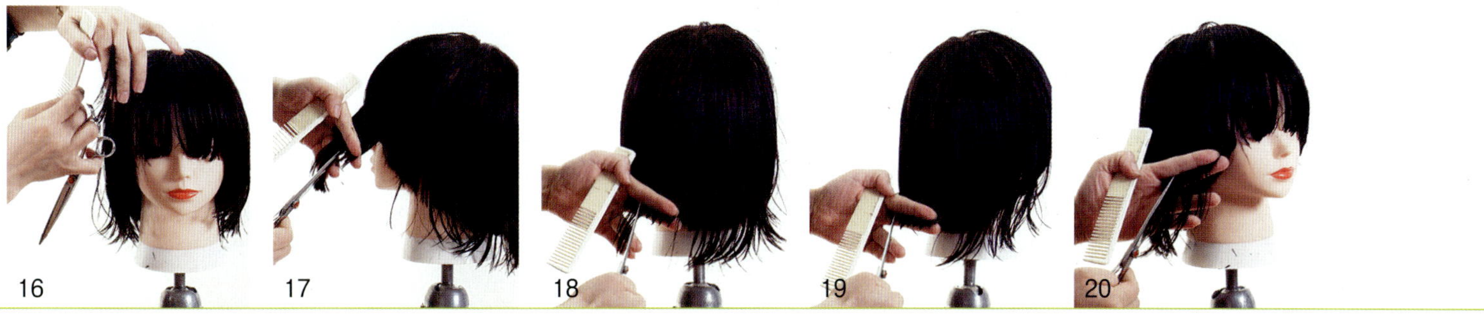

16. 다음 판넬도 형태선의 가이드에 맞추어서 시술한다.
17. 형태선을 시술할 때의 빗질 방향으로 빗질하여 형태선의 가이드에 맞추어서 시술한다.
18. 다음 판넬도 위와 동일한 방법으로 시술한다.
19. 형태선에 맞추어서 빗질하고 나칭으로 시술한다.
20. 반대쪽도 형태선을 시술할 때의 빗질 방향으로 빗질하여 형태선의 가이드에 맞추어서 시술한다.

21. 형태선을 시술할 때의 빗질 방향으로 빗질하여 형태선의 가이드에 맞추어서 시술한다.
22. 형태선에 맞추어서 나칭으로 시술한다.
23. 형태를 만드는 시술이 완료된 상태이다.
24. 후상부에 자연스럽게 가볍게 하기 위하여 두상각도로 판넬을 든다
25. 일반시술각 90° 로시술하여 자연스런 층을 만든다.

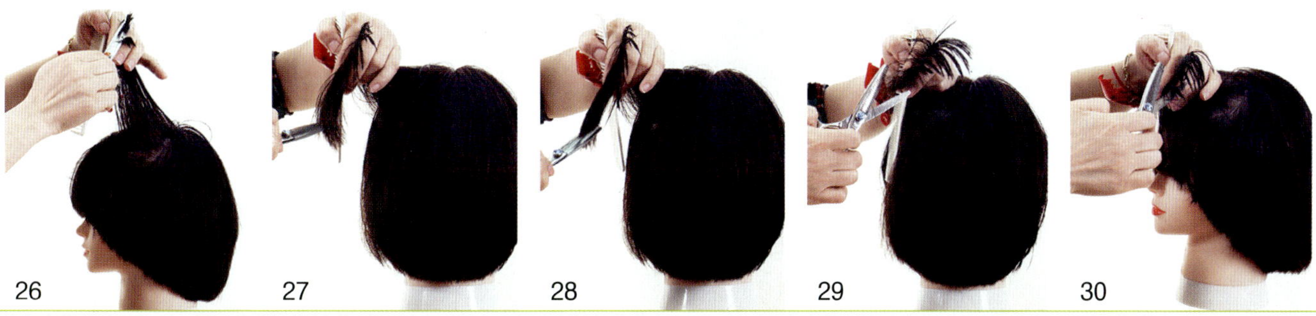

26. 방사형섹션으로 판넬을 떠서 일반시술각 90° 로 시술한다.
27. 무거운 부분은 모발의 길이를 다르게 하여 질감처리를 시술한다.
28. 겉모발은 자르지 않고 속모발만 C컬을 그리면서 틴닝가위가 빠져 나오면서 시술한다.
29. 후상부의 모발도 겉모발은 자르지 않고 속모발만 C컬을 그리면서 틴닝가위가 빠져 나오면서 시술한다.
30. 전두부에 해당하는 모발도 겉모발은 자르지 않고 속모발만 C컬을 그리면서 틴닝가위가 빠져 나오면서 시술한다.

실습날짜 :	요점정리

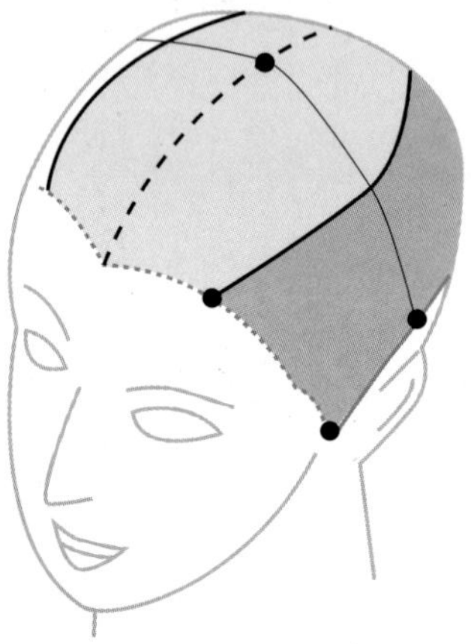

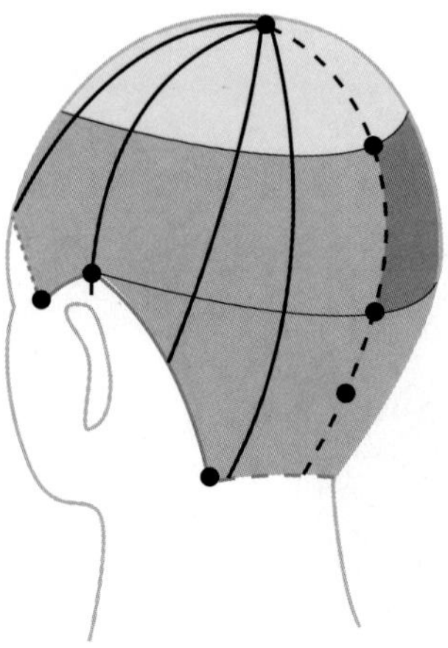

★ 나의 작품 뽐내보기 ★

얼굴선의 둥근라인으로 깜찍함을 표현한다

원형 - 6. 그래쥬에이션1

U Line Gradu 1

얼굴이 둥근형을 수정하고 싶을때나 조금더 어리게 표현하고 싶을때 뒤의 형태는 곡면을 그대로 연장하여 자연스런 볼륨을 주고 앞머리를 강한 곡률을 주어 곡선을 강조하여 이미지를 만든헤어스타일

U라인 그래쥬에이션 1

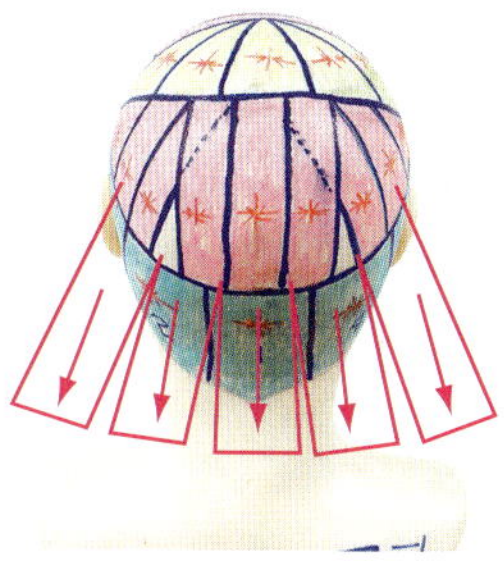

시술방법

1) 후하부 – 형태선 만들기 : U라인

① 후하부의 N.P에서 가이드를 3cm를 설정한 후 곡선으로 시술한다.
② 두상이 생긴모양을 표현하기 위해 온더베이스로 몸을 움직여 가면서 시술한다.
③ 5cm의 길이가이드를 설정하고 N.P의 길이가이드와 연결하여 층을 만들어주면서 중심부의 길이를 설정하고 온더베이스로 몸을 움직여 가면서 시술하고 모발이 없는 곳은 사이드베이스로 시술한다.

2) 후중부 – 시술각 : 자연시술각 90°

① U라인을 먼저 나누고 후하부에서 길이가이드를 설정하여 B.P에서 자연시술각 90°가 되게 시술한다.
② B.P에서 G.P까지 슬라이스 중심부는 세로로 뜨고 두상이 함몰된 부분은 사선으로 하여 베이스는 온더베이스로 시술한다.
③ 좌우가 동일하게 시술할 수 있도록 한쪽을 시술할 때 다른쪽을 생각하고 정확한 베이스를 알고 시술해야 한다.

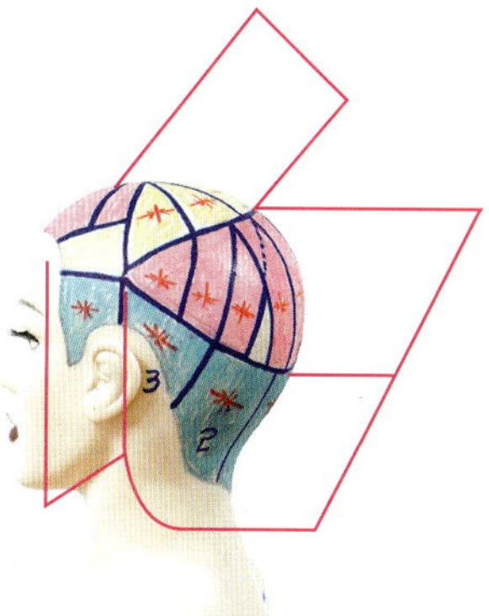

3) 측두부 – 전대각사선 만들기

① 후중부에서 가이드를 가지고 베이스를 E.P까지 당겨서 시술한다.
② 전대각 사선으로 시술하기 위해 뒤쪽으로 빗질하여 시술한다.
③ 측두부와 후하부를 연결한다.

4) 전두부 – 곡선

① 모발을 중심부로 당겨서 일직선으로 시술하고 다시한번 원하는 곡선을 만든다.
② 곡선을 만들때 중심부의 중심축은 일직선으로 잡아야 안정감이 있다.

5) 후상부 – G.P에서 일반시술각 90°

① 방사형섹션으로 나누어서 온더베이스로 G.P에서 일반시술각 90°로 시술한다.
② 곡면이 들어간 만큼 조금더 길게 커트하여 볼륨을 만들어 준다.

6) 질감처리 – 처내기 : 드라이한 것처럼

① 전두부의 곡선의 이미지는 그대로 둔채로 속에 있는 모발의 길이를 C커브를 그리면서 틴닝으로 시술한다.
② 후중부의 중심부 모발을 볼륨을 시술하는 그라데이션틴닝으로 시술한다.
③ 두상이 들어간 후중부의 시술은 방향성과 골격보정을 하기 위하여 모발을 앞쪽으로 당겨서 길이가 다르게 하기 위한 틴닝을 시술한다.
④ 측두부의 질감도 후대각 전대각사선의 형태선을 유지하고 모발이 떨어지는 순서대로 C커브를 그리면서 시술한다.

U라인그래쥬에이션 1

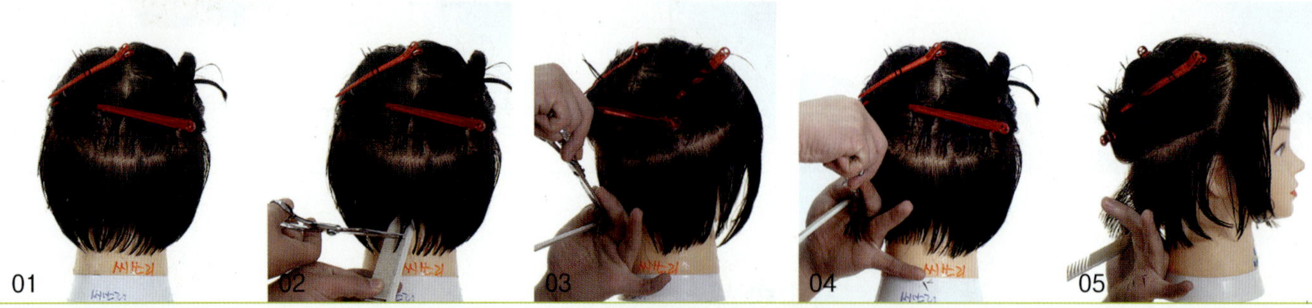

01. U라인의 형태선을 시술하기 위해 섹션을 나누고 형태선을 시술한 상태이다.
02. 6cm의 길이가이드를 설정한다.
03. 길이와 길이를 세로 슬라이스를 온더베이스로 연결한다.
04. 다음판넬도 온더베이스로 시술한다.
05. 반대편도 동일한 방법으로 시술한다.

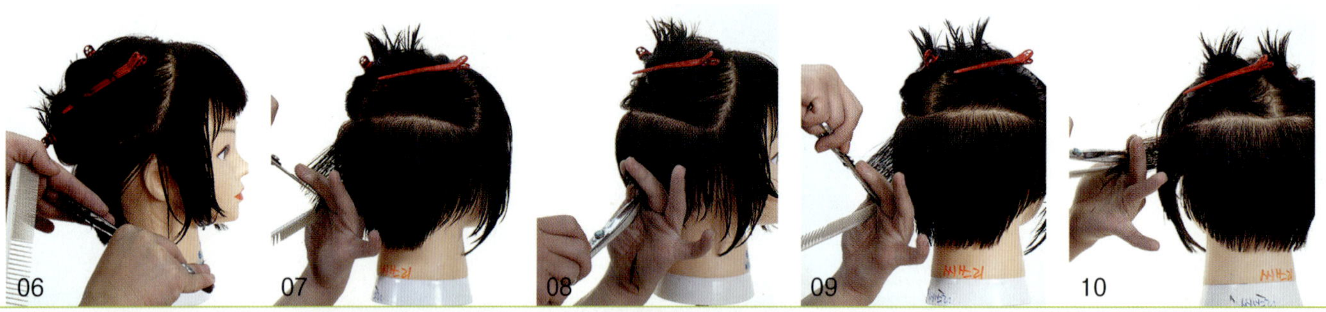

06. 머리카락이 없는 영역은 없는 만큼 베이스를 이동하여 시술한다.
07. 후하부의 영역을 모발을 내려놓고 이곳은 자연시술각 45˚로 시술한다.
08. 다음판넬도 자연시술각45˚,온데베이스로 시술한다.
09. 두상이 함몰되기 직선까지 동일한 방법으로 시술한다.
10. 두상이 함몰된 부분은 사선으로 슬라이스를 떠서 곡선의 형태선을 그대로 연장한다.

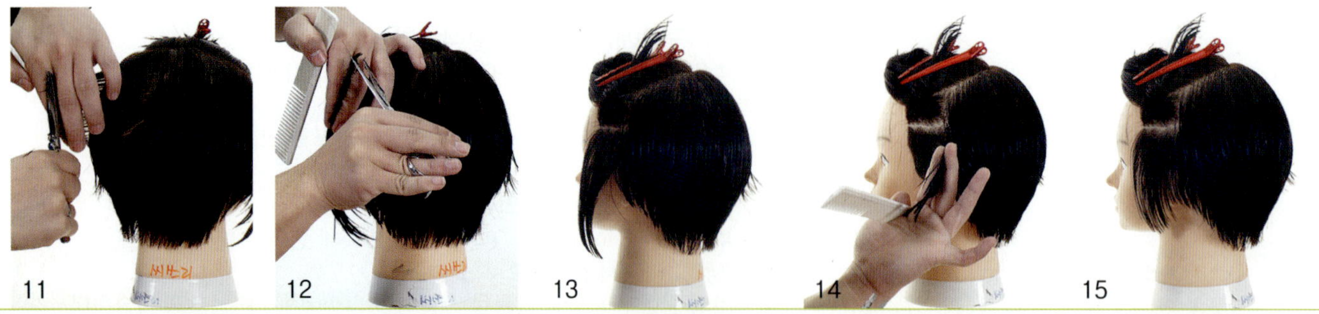

11.후중부의 영역은 자연시술각 90˚로 시술한다.
12.두상이 함몰된 영역은 모질도 두껍고 모류방향이 강하게 흐르므로 낫칭으로 시술한다.
13. 측두부의 선이 결정되는 영역을 나눈다.
14. 측두부의 모발을E.P까지 베이스를 당겨서 시술한다.
15. 앞모발이 길고 뒷모발이 짧은 측두부의 선이 시술된 상태이다.

U Line Graduation 1

16. 반대편 후중부의 영역도 B.P에서 자연시술각 90° ,온더베이스로 시술한다.
17. 두상곡면이 함몰된 영역은 사선으로 슬라이스를 떠서 후하부의 U라인의 형태선과 연결한다.
18. 측두부의 선에 해당하는 부분은 E.P.까지 베이스를 이동하여 시술한다.
19. 측두부의 윗모발도 아랫모발에 맞추어서 시술한다.
20. 후상부에는 방사형섹션을 나누고 G.P에서 일반시술각 90° 로 시술한다.

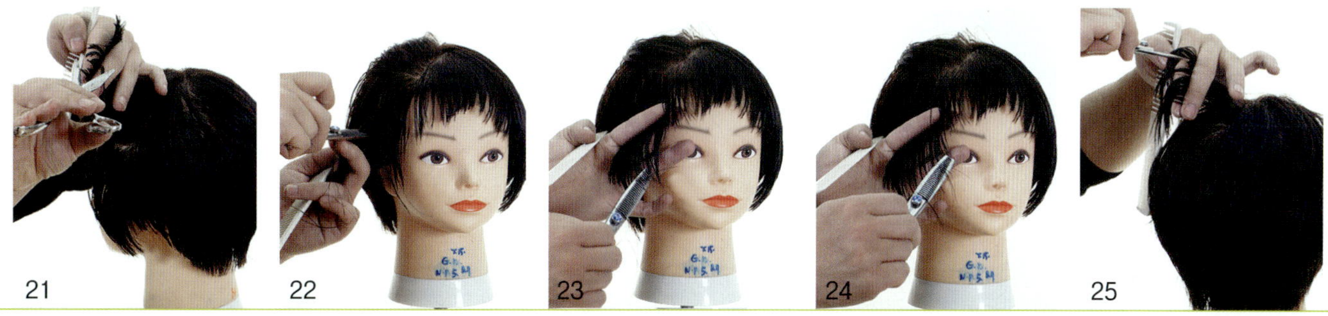

21. 전두부에 앞머리는 곡선을 시술하고 전두부와 측두부에 연결되지 않은 모발을 다시한번 시술한다.
22. 측두부에 볼륨을 주기위한 이너그라데이션틴닝을 시술한다.
23. 측두부에 라인티닝도 시술한다.
24. 자연스럽게 모발의 떨어짐을 표현하기 위한 방법으로 틴닝가위를 위가 짧게 사선으로 넣어서 틴닝가위를 C컬을 그리면서 뺀다.
25. 후상부에도 볼륨을 주기 위해 라인틴닝을 시술한다.

26. 모발을 한판넬을 잡고 모발을 3개로 나눈 후 첫 번째 모발을 한번사선으로 틴닝을 넣고 다음모발은 3번틴닝가위를 서선으로 넣고 마지막남은 모발은 5번정도 넣어 윗모발은 길고 안쪽모발은 길이를 짧게 하여 드라이한것처럼 C컬의 볼륨을 만든다.
27,28. 후중부의 중심부에도 틴닝으로 볼륨을 시술한다.
29. 두상곡면이 함몰된 곳은 방향성을 주기 위한 틴닝을 시술한다.
30. 틴닝을 사선으로 넣고 C컬을 그리면서 뺀다.

실습날짜 :	요점정리

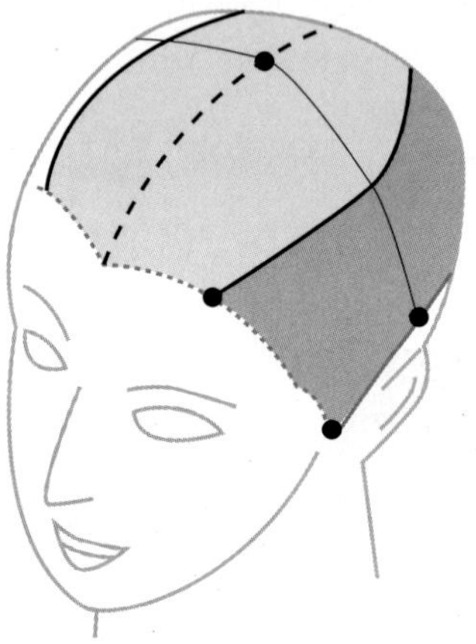

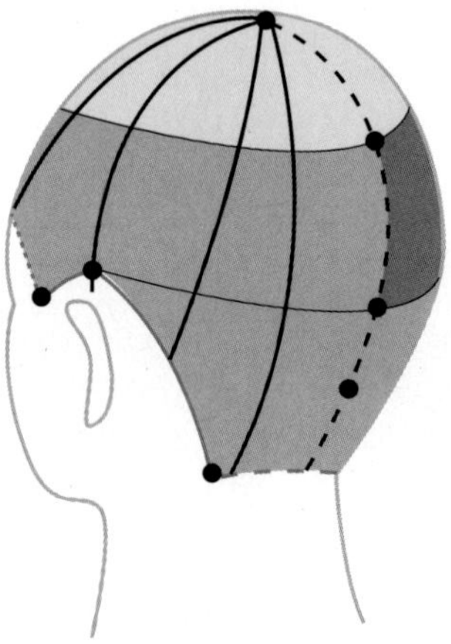

★ 나의 작품 뽐내보기 ★

얼굴선의 둥근라인으로 깜찍함을 표현한다

원형 - 7. 그래쥬에이션2

U Line Gradu 2

20–30대의 젊은이들이 선호하는 헤어스타일로 얼굴선의 둥근라인의 머쉬룸의 형태선이 시술되고 무거워서 층을 내고자 할때

U라인 그래쥬에이션 2

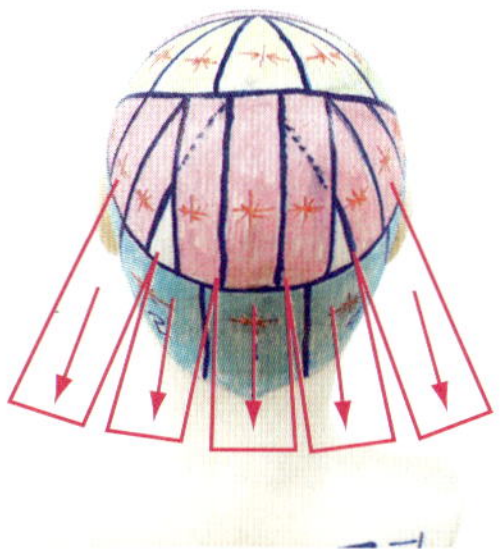

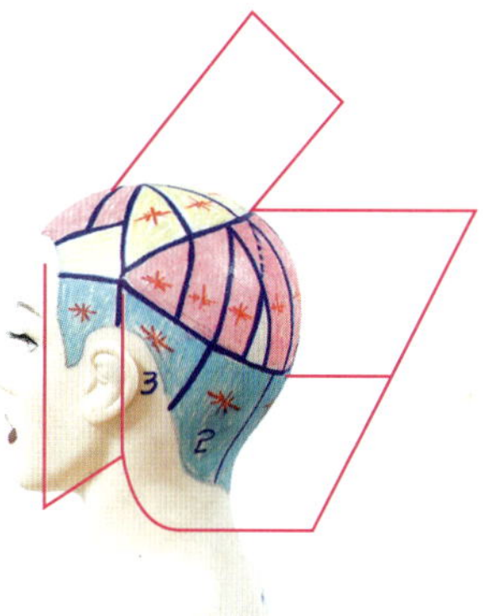

시술방법

1) 후하부 – 형태선 만들기 : U라인
   ① 후하부의 N.P에서 가이드를 2cm를 설정한 후 곡선으로 시술한다.
   ② 두상이 생긴모양을 표현하기 위해 온더베이스로 몸을 움직여 가면서 시술한다.
   ③ N.P의 자연시술각 70˚로 시술하여 층을 만들어주면서 중심부의 길이를 설정하고 온더베이스로 몸을 움직여 가면서 시술하고 모발이 없는 곳은 사이드베이스로 시술한다.

2) 후중부 – 시술각 : 자연시술각 70˚
   ① U라인을 먼저 나누고 후하부에서 길이가이드를 설정하여 B.P에서 자연시술각 90˚가 되게 시술한다.
   ② B.P에서 G.P까지 슬라이스 중심부는 가로로 떠서 시술하면서 4cm씩 곡선으로 이동하면서 시술한다.
   ③ 좌우가 동일하게 시술할 수 있도록 한쪽을 시술할 때 다른쪽을 생각하고 정확한 베이스를 알고 시술해야 한다.

3) 측두부 – 후대각사선 만들기
   ① 후중부에서 가이드를 가지고 후대각 사선으로 시술한다.
   ② 후대각 사선으로 시술하기 위해 앞쪽으로 빗질하여 시술한다.
   ③ 측두부와 후하부를 연결한다.

4) 후상부 – G.P에서 일반시술각 90˚
   ① 방사형섹션으로 나누어서 온더베이스로 G.P에서 일반시술각 90˚로 시술한다.
   ② 곡면이 들어간 만큼 조금더 길게 커트하여 볼륨을 만들어 준다.

5) 전두부 – 곡선
   ① 모발을 중심부로 당겨서 일직선으로 시술하고 다시한번 원하는 곡선을 만든다.
   ② 곡선을 만들때 중심부의 중심축은 일직선으로 잡아야 안정감이 있다.

6) 질감처리 – 처내기 : 드라이한 것처럼
   ① 전두부의 곡선의 이미지는 그대로 둔채로 속에 있는 모발의 길이를 C커브를 그리면서 틴닝으로 시술한다.
   ② 후중부의 중심부 모발을 볼륨을 시술하는 그라데이션틴닝으로 시술한다.
   ③ 두상이 들어간 후중부의 시술은 방향성과 골격보정을 하기 위하여 모발을 앞쪽으로 당겨서 길이가 다르게 하기 위한 틴닝을 시술한다.
   ④ 측두부의 질감도 후대각 전대각사선의 형태선을 유지하고 모발이 떨어지는 순서대로 C커브를 그리면서 시술한다.

U라인 그래쥬에이션 2

01
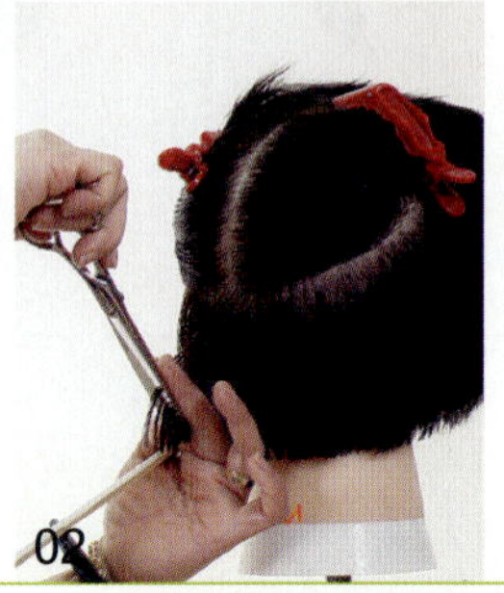
02

03

04

05

01. U라인의 슬라이스를 나누고 자연시술각 70° 로 중심부에서 먼저 시술한다.
02. 다음 판넬도 온더베이스로 이동가이드라인을 찾아 시술한다.
03. 베이스를 이동하면서 곡면의 모양을 자연스럽게 연결시킨다.
04. 머리카락이 없는 영역에 오면 없는 만큼 베이스를 이동하여 시술한다.
05. 반대쪽도 다음 판넬도 온더베이스로 이동가이드라인을 찾아 시술한다

06

07

08

09
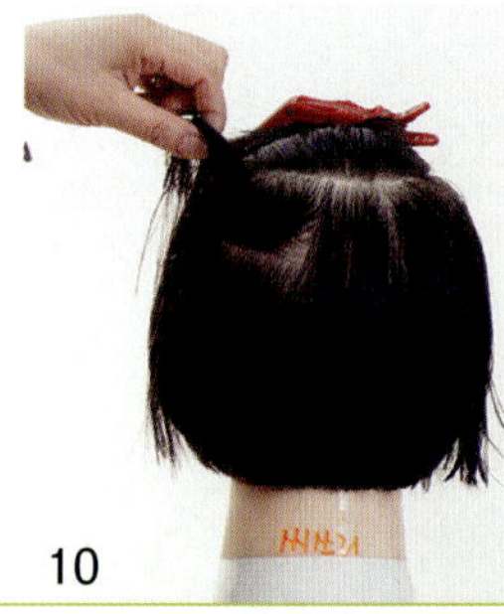
10

06. 세로로 연결하여서 시술하여도 되지만 시술이 편리하게 가로로 손가락을 판넬을 뜬 슬라이스 맨아래로 내려서 무겁게 시술한다.
07. 중심부의 가이드에 맞추어서 몸을 움직여서 온더베이스로 하고 손가락의 기울기를 후대각으로 하고 슬라이스 맨아래로 내려서 시술한다.
08. 다음 판넬도 손가락을 후대각으로 하여 7번과 동일한 방법으로 시술한다.
09. 반대쪽도 7,8,과 동일한 방법으로 시술한다.
10. 다음 시술을 위한 판넬을 뜬다.

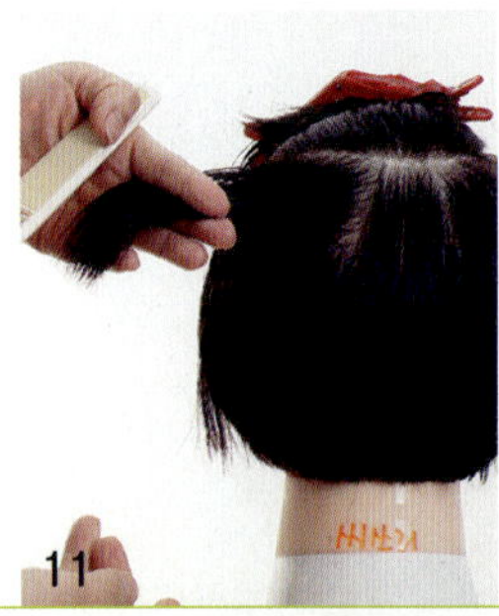
11

12

13

14

15

11. 가로로 판넬을 떠서 아래 가이드에 맞추어 시술한다.
12. 다음으로 옮기면서 곡선으로 연결하면서 시술한다.
13. 반대쪽도 11,12과 동일한 방법으로 시술한다.
14. 다시 한번 세로로 확인한다.
15. 두상이 함몰된 부분을 사선으로 모발을 떠서 시술한다.

U Line Graduation 2

16

17

18

19

20

16. 반대쪽도 두상이 함몰된 부분을 사선으로 모발을 떠서 시술한다.
17. 후상부는 방사형으로 섹션을 떠서 G.P에서 일반시술각 90˚로 빗질하여 판넬을 든다..
18. G.P에서 일반시술각 90˚로 시술한다.
19. 다음 판넬도 방사형섹션으로 판넬을 떠서 온더베이스로 시술한다.
20. 이전의 가이드에 맞추어서 시술한다.

21

22

23

24

25

21. 다음 판넬도 방사형섹션으로 판넬을 떠서 온더베이스로 시술한다.
22. 반대쪽도 방사형섹션으로 판넬을 떠서 온더베이스로 시술한다.
23. 전두부의 형태선의 가이드에 맞추어서 시술한다.
24. 앞머리에 떨어진 형태선의 가이드에 맞추어서 시술한다.
25. 전두부에 자연스런 손질을 위하여 길이를 다르게 하는 질감처리를 시술한다.

26

27

28

29
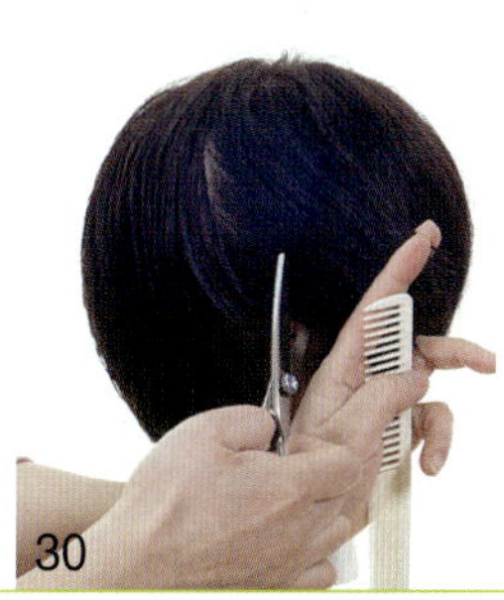
30

26. 후상부에도 라인티닝을 시술한다.
27. 후중부에는 볼륨을 만드는 이너그라데이션 틴닝을 시술한다.
28. 두상이 함몰된 부분은 방향성을 주기 위한 틴닝을 시술한다.
29. 위가 짧고 아래가 길게 틴닝가위가 사선으로 들어가고 C커브를 그리면서 시술한다.
30. 반대쪽도 두상이 함몰된 부분은 방향성을 주기 위한 틴닝을 시술한다.

실습날짜 :	요점정리

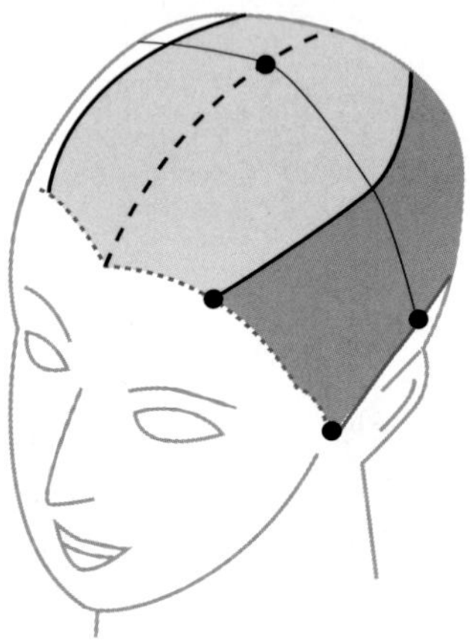

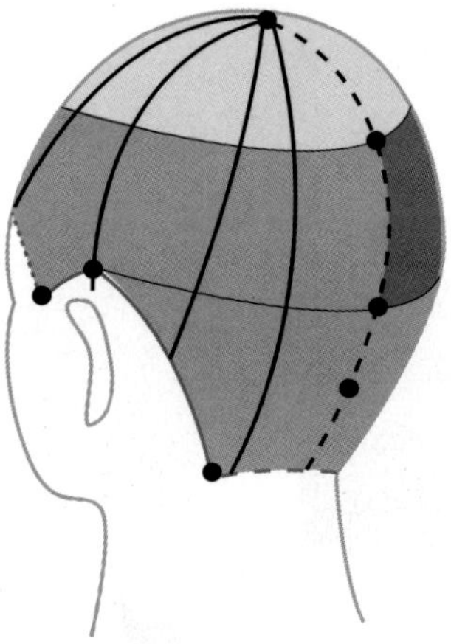

★ 나의 작품 뽐내보기 ★

사각형 - 1. 솔리드

턱선에서 일직선으로 정리한 스트레이트한 검은 모발로 뒷모습의 이미지를 만들고앞머리의 이미지는 곡선을 표현하여 딱딱한 일직선의 이미지를 벗어나고 싶은 헤어스타일

솔리드

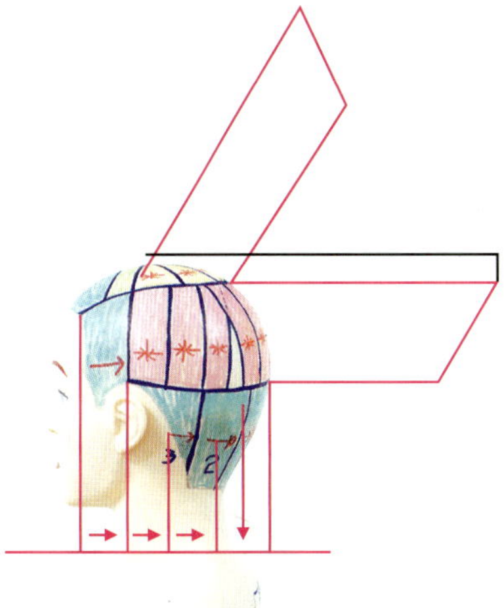

시술방법

1) 후하부 – 형태선 만들기 : 일직선
   ① 후하부의 N.P에서 가이드를 3cm를 설정한 후 중심 10cm에서 먼저 일직선의 수평을 잡는다.
   ② 두상이 함몰된 부분을 중심부를 향해 베이스를 틀어서 일직선으로 시술한다.
   ③ 빗으로 시술3번, 손가락으로 시술시는 5번으로 나누어서 시술한다.

2) 후중부 – 시술각 : 자연시술각 45°
   ① B.P에서 G.P까지 자연시술각 45°로 먼저 빗질을 하고 손가락이 따라가면서 시술한다.
   ② 슬라이스는 세로로 온더베이스로 시술한다.
   ③ 형태선의 일직선의 가이드에 맞추어서 가이드를 자르지 않게 시술한다.

3) 측두부 – 전두부에서 나온 길이가이드에서 측두부를 연결
   ① 빗질을 슬라이스라인을 따라 빗질하고 손가락도 슬라이스라인에 맞추어서 시술한다.
   ② 모류가 들뜨고 귀가 튀어나와 있기 때문에 고운살 커트빗으로 빗질하여 시술한 것보다는 얼레살로 힘을 주지 않고 시술해야 길이가 짧아지지 않는다.

4) 후상부 – 일반시술각 45° : 자연시술각면에 대한 수평
   ① 방사형섹션으로 나누어서 온더베이스로 시술한다.
   ② 곡면이 들어간 만큼 길게 시술하기 위하여 일반시술각 45°로 시술한다.

5) 전두부 – 곡선 : 완만한 곡선
   ① 베이스를 C.L으로 당겨서 일직선으로 시술한다.
   (당긴 만큼 곡선이 시술된다.)
   ② 앞머리의 길이에 따라 이미지가 달라진다.

6) 질감처리 – 쳐내기 : 드라이한 것처럼
   ① 전두부의 일직선의 이미지는 그대로 둔채로 속에 있는 모발의 길이를 C커브를 그리면서 틴닝으로 시술한다.
   ② 후중부의 중심부의 모발을 볼륨을 시술하는 그라데이션틴닝으로 시술한다.
   ③ 두상이 들어간 후중부의 시술은 방향성과 골격보정을 하기 위하여 모발을 앞쪽으로 당겨서 길이가 다르게 하기 위한 틴닝을 시술한다.
   ④ 측두부의 질감도 일직선의 형태선을 유지하고 속모발만 C커브를 그리면서 시술한다.

솔리드

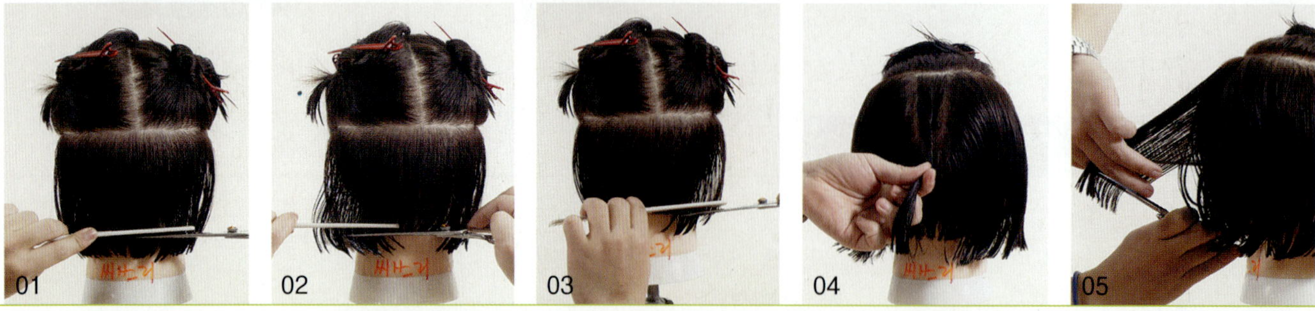

01. 형태선을 시술하기 위한 일직선을 중심부에서 시술한다.
02. 중심부에 맞추어서 두상이 함몰된 부분은 베이스를 틀어서 일직선을 시술한다.
03. 반대편도 중심에 맞추어서 베이스를 틀어서 시술한다
04. 후중부를 시술하기 위한 모발의 판넬을 세로로 뜬다..
05. B.P에 맞추어 후중부의 시술각을 자연시술각 45° 가 되게 시술한다.

06. 다음판넬도 세로로 판넬을 뜬다.
07. 다음판넬을 떠서 온더베이스로 시술한다.
08. 후상부의 판넬을 일반시술각으로 모발을 들어올려서 시술하기 위함이다.
09. 일반시술각 45° 로 시술한 자세이다.이렇게 시술하면 시술과정이 어렵다.
10. 자연시술각 으로 고면을 무시하거 평면으로 모발을 당겨서 시술한다.

11. G.P의 가이들에 맞추어서 자연시술각 90° 로 시술한다.
12. 방사형으로 섹션을 떠서 다음판넬도 동일한 방법으로 시술한다.
13. 측두부에 일직선을 얼레살로 텐션을 주지않고 시술한다.
14. 반대편도 동일한 방법으로 시술한다.
15. 옆선까지 일직선이 완성된 형태이다.

Solid Style

16

17

18

19

20

16. 전두부에 곡선을 시술하기 위해 중심부로 모발을 당겨서 빗질한 후 일직선으로 시술한다.
17. 모발을 당겨서 시술하면 이렇게 모발이 당겨진 만큼 곡선이 표현된다.
18. 드라이 한것처럼 모발의 자연스러움을 표현하기 위하여 틴닝으로 질감처리를 시술한다.
19. 볼륨을 주기 위한 틴닝으로 틴닝이 C커브를 그리면서 시술한다.
20. 빠진 부분의 모발도 다시한번 시수라한다.

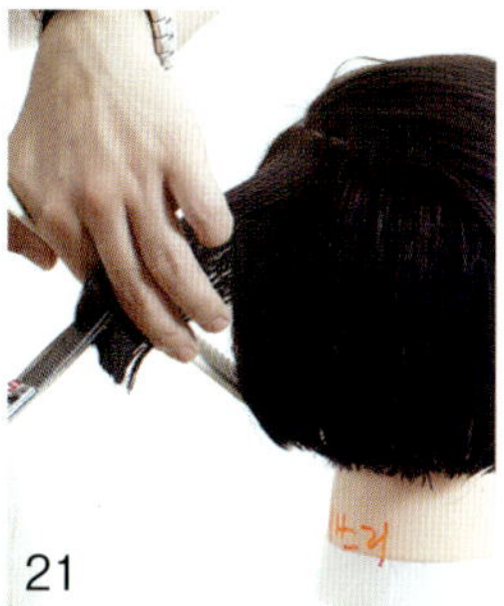
21

22
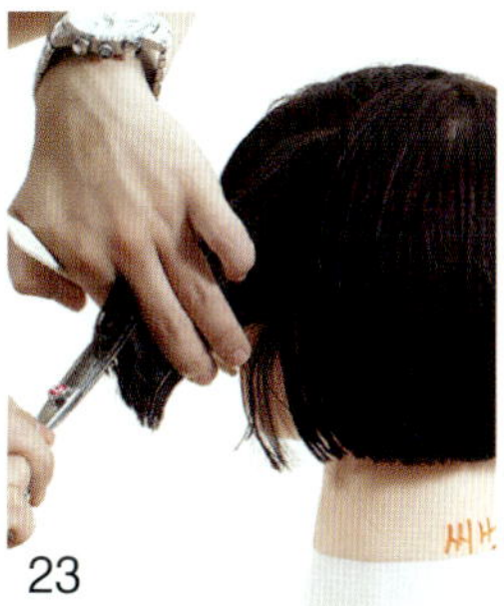
23
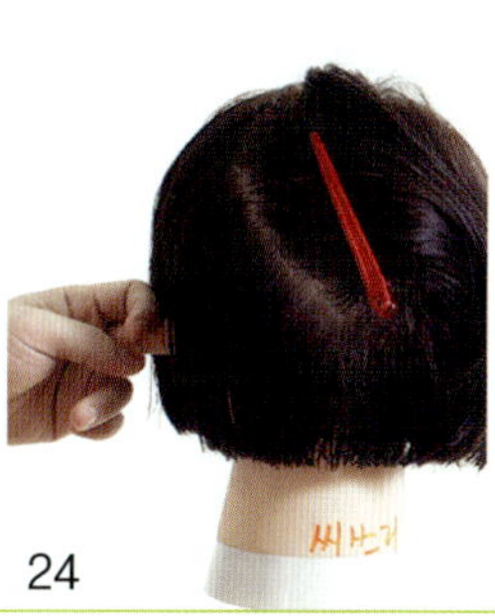
24

25

21. 모발끝부분에 모발의 뭉침을 방지하기 위하여 라인틴닝을 시술한다.
22. 모발의 길이를 5cm 정도의 안쪽에서 시술한다.
23. 안으로 들어갈수록 더깊게 틴닝을 넣어 안족모발의 길이가 짧고 밖에쪽 모발이 길게 하여 자연그런 c컬의 볼륨을 형성하게 질감처리한다.
24. 두상이 함몰된 부분은 모량이 많고 모류가 강하므로 루트틴닝과 이너틴닝을 시술할 수 있게 귀를 누르고 시술할 준비를 한다.
25. 틴닝가위를 90° 로 시술하면 앞쪽에 모발이 짧고 뒤쪽의 모발이 길어 귀바퀴방향의 모류흐름이 생기게 시술한다.

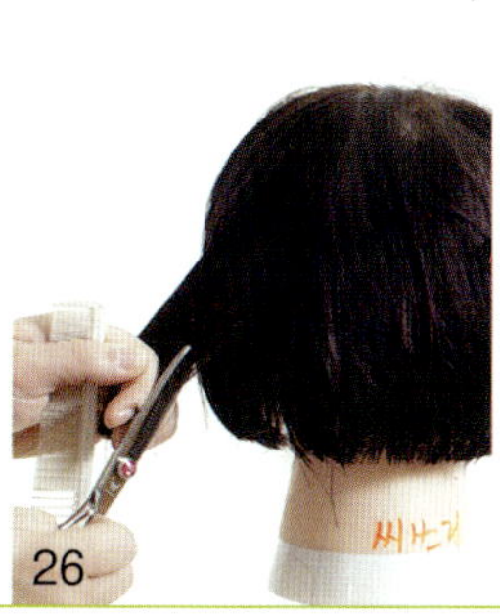
26
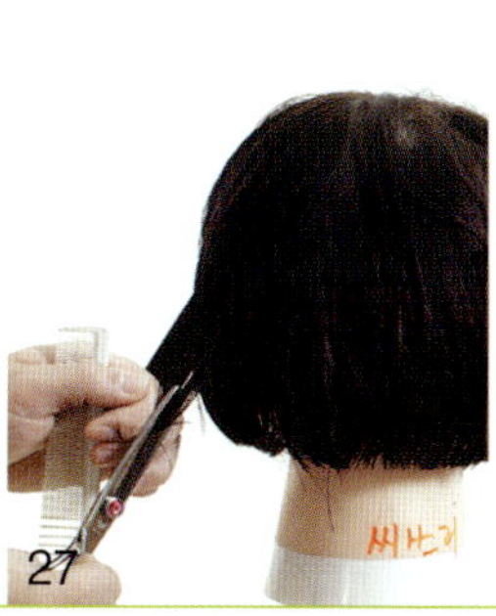
27

28

29

30

26. 방향성을 제시하기 위하여 틴닝을 사선으로 하고 시술한다.
27. 윗모발이 짧게 하여 틴닝가위를 넣어 시술한다.
28. 시술이 종료된 앞모습이다.
29. 모발이 마른 상태의 종료된 상태이다.
30. 시술이 종료된 옆모습이다.

실습날짜 :	요점정리

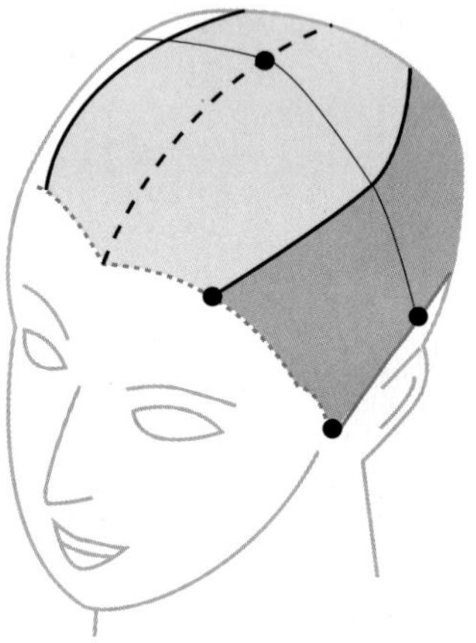

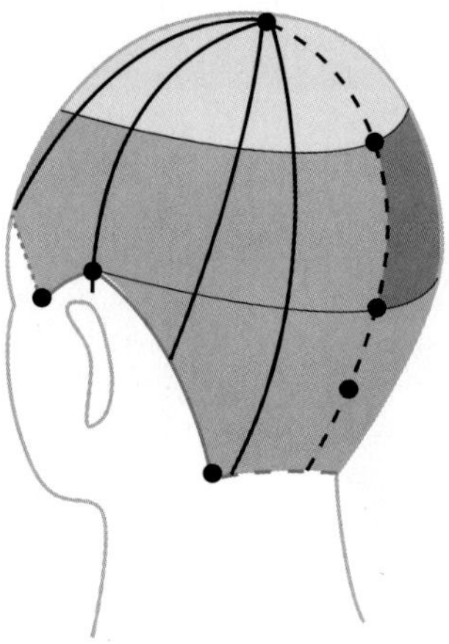

★ 나의 작품 뽐내보기 ★

사각형 - 2. 보브스타일1

Bob Style 1

검정색의 모발이 가장 아름답게 보이는 일직선의 커트라인을 이용한 헤어스타일 가장 보편적으로 누구에게나 어울리는 가장 기본적인 헤어스타일이라 할 수 있는 단발머리이다. 앞머리는 깜직함과 귀여움을 표현할 수 있는 곡선을 주어 얼굴선의 눈매를 강조할 수 있는 헤어스타일이라 할 수 있다.

보브스타일

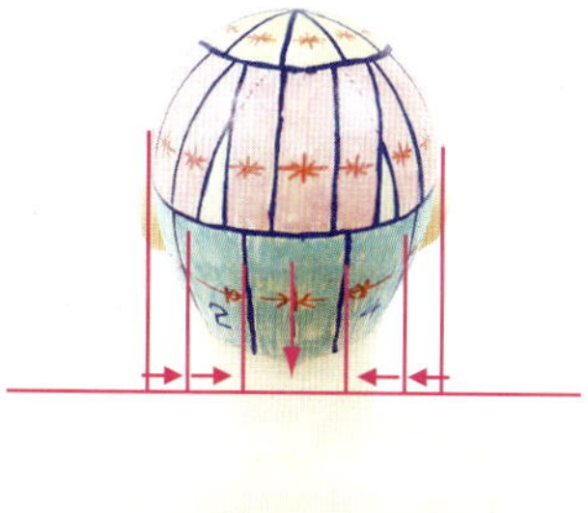

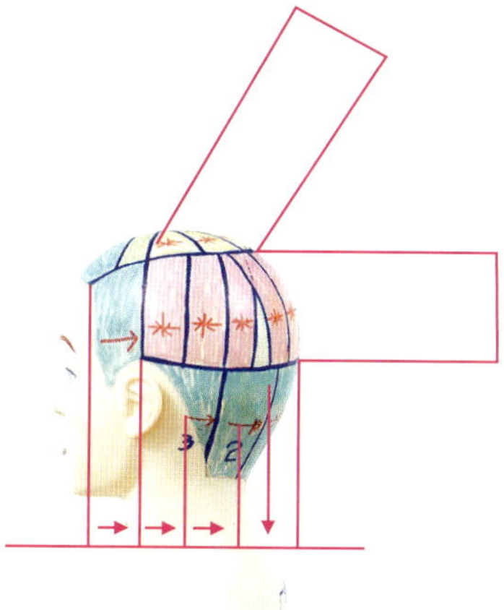

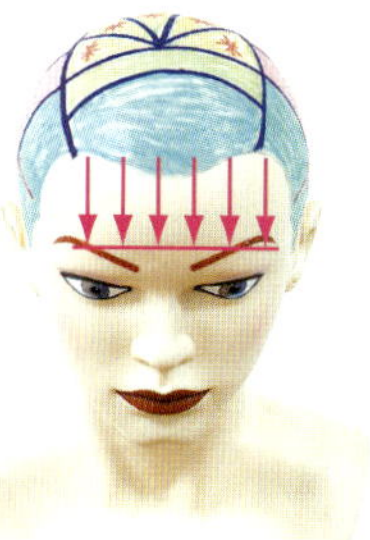

시술방법

1) 후하부 – 형태선 만들기 : 일직선
   ① 후하부의 N.P에서 가이드를 3cm를 설정한 후 중심 10cm에서 먼저 일직선의 수평을 잡는다.
   ② 두상이 함몰된 부분을 중심부를 향해 베이스를 틀어서 일직선으로 시술한다.
   ③ 빗으로 시술3번, 손가락으로 시술시는 5번으로 나누어서 시술한다.

2) 후중부 – 시술각 : 자연시술각 45°
   ① B.P에서 G.P까지 자연시술각 45° 로 먼저 빗질을 하고 손가락이 따라가면서 시술한다.
   ② 슬라이스는 세로로 온더베이스로 시술한다.
   ③ 형태선의 일직선의 가이드에 맞추어서 가이드를 자르지 않게 시술한다.

3) 측두부 – 옆선 만들기 : 일직선
   ① E.P에 서서 두상이 함몰된 만큼 베이스를 틀어서 일직선으로 시술한다.
   ② 모류가 들뜨고 귀가 튀어나와 있기 때문에 고운살 커트빗으로 빗질하여 시술한 것보다는 얼레살로 힘을 주지 않고 시술해야 길이가 짧아지지 않는다.

4) 후상부 – 일반시술각 90°
   ① 방사형섹션으로 나누어서 온더베이스로 시술한다.
   ② 곡면이 들어간 만큼 곡면을 시술하기 위하여 일반시술각 90° 로 시술한다.

5) 전두부 – 곡선 : 완만한 곡선
   ① 베이스를 C.L으로 당겨서 일직선으로 시술한다.
   (당긴 만큼 곡선이 시술된다.)
   ② 앞머리의 길이에 따라 이미지가 달라진다.

6) 질감처리 – 쳐내기 : 드라이한 것처럼
   ① 전두부의 일직선의 이미지는 그대로 둔채로 속에 있는 모발의 길이를 C커브를 그리면서 틴닝으로 시술한다.
   ② 후중부의 중심부의 모발을 볼륨을 시술하는 그라데이션틴닝으로 시술한다.
   ③ 두상이 들어간 후중부의 시술은 방향성과 골격보정을 하기 위하여 모발을 앞쪽으로 당겨서 길이가 다르게 하기 위한 틴닝을 시술한다.
   ④ 측두부의 질감도 일직선의 형태선을 유지하고 속모발만 C커브를 그리면서 시술한다.

보브스타일 1

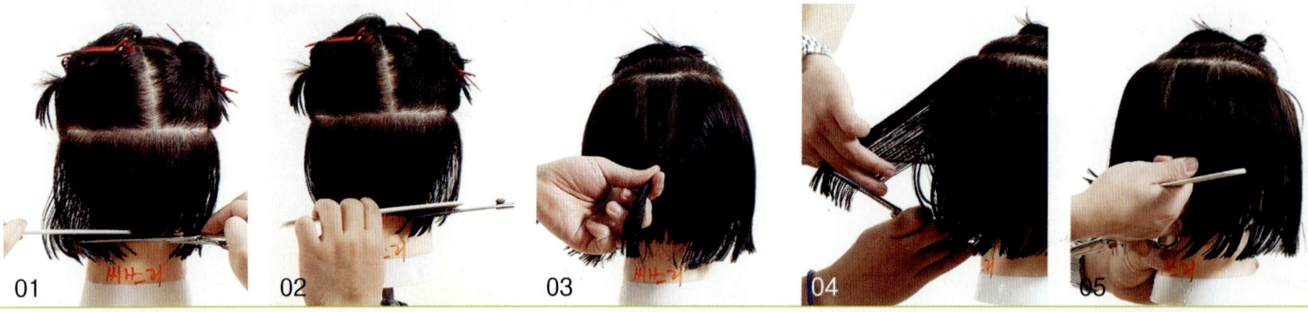

01 02 03 04 05

01. 후하부에서 일직선의 형태선을 시술한다.
02. 두상이 곡면이므로 베이스를 틀어서 시술해야 원하는 일직선을 시술할 수 있다.
03. 후중부의 중심부의 모발을 세로로 한 판넬을 뜬다.
04. B.P의 길이가이드에서 G.P까지 중심부의 판넬을 자연시술각 90° 온더베이스로 시술한다.
05. 다음 판넬도 세로로 한판넬을 뜬다.

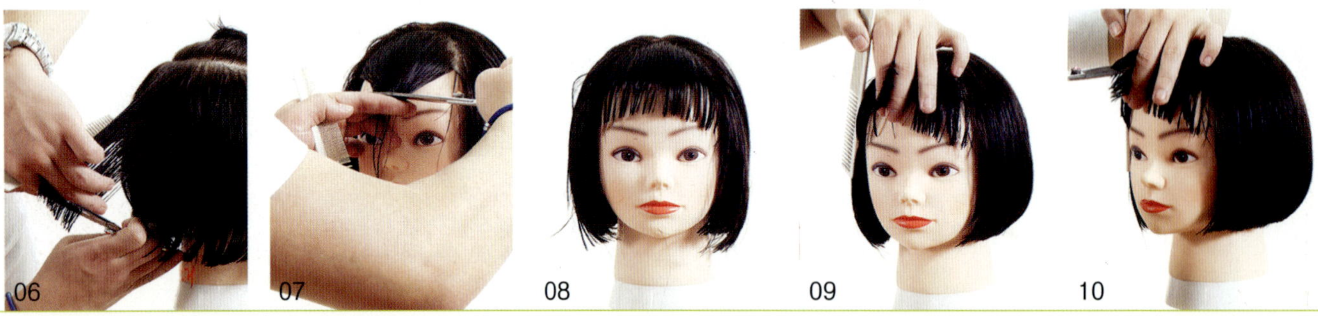

06 07 08 09 10

06. 후중부의 모발을 자연시술각 90° 온더베이스로 시술한다.
07. 전두부의 모발을 C.L으로 모발을 모아서 일직선으로 시술한다(베이스를 당긴만큼 곡선이 생긴다).
08. 앞머리를 시술해 놓은 상태이다.
09. 겉표면에 해당하는 모발을 제외하고 아랫모발을 C컬을 그리면서 틴닝으로 질감처리한다.
10. 다음 판넬도 동일한 방법으로 시술한다.

Bob Style 1

11

12

13

14

15

11. 후상부의 모발을 일반시술각 90˚ 방사섹션을 떠서 시술한다.
12. 다음 판넬도 동일한 방법으로 시술한다.
13. 모발이 떨어진 대로 삼각형으로 방사형섹션을 떠서 시술한다.
14. 온더베이스 일반시술각 90˚로 시술한다.
15. 곡면을 그대로 연장한 각도로 일반시술각 90˚로 시술한다.

16

17

18

19

20

16. 표현하는 두상위에 부분은 두상그대로 길이로 시술하면 자연스러움을 연출할 수 있다.
17. 후상부의 판넬을 떠서 길이를 다르게 하여 질감처리를 시술한다.
18. 겉모발은 자르지 않고 속모발을 C커브를 그리면서 모발의 길이가 점점 짧아지게 시술한다.
19. 틴닝가위를 사선으로 하여 모발의 길이가 다르게 자연스럽게 C컬을 만들 수 있게 시술한다.
20. 안으로 들어 갈수록 점점 길이를 짧게 하는 틴닝을 시술한다.

실습날짜 :	요점정리

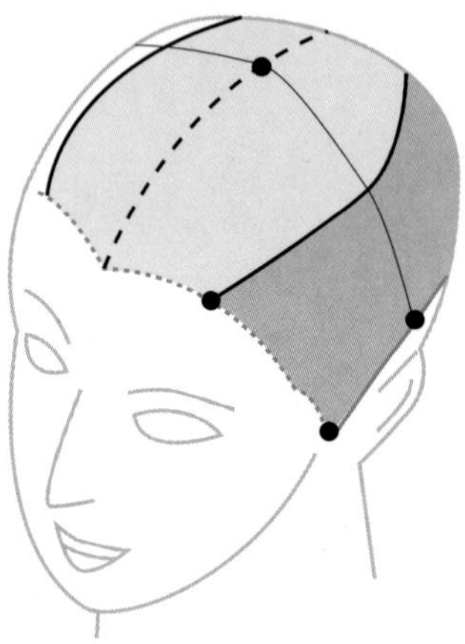

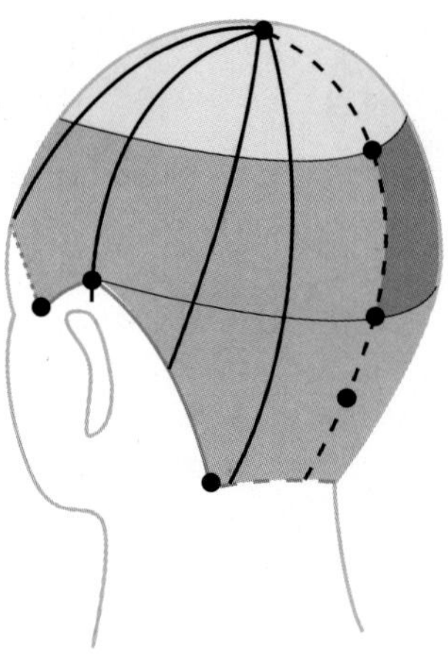

★ 나의 작품 뽐내보기 ★

사각형 - 3. 보브스타일2

Bob Style 2

얼굴형이 예쁘게 보이는 단발머리를 부드럽게 표현하고 싶을때 가장 보편적으로 누구에게나 어울리는 가장 기본적인 헤어스타일이라 할 수 있는 단발머리이다.앞머리는 깜직함과 귀여움을 표현할 수 있는 곡선을 주어 얼굴선의 눈매를 강조할 수 있는 헤어스타일이라 할 수 있다.

보브스타일

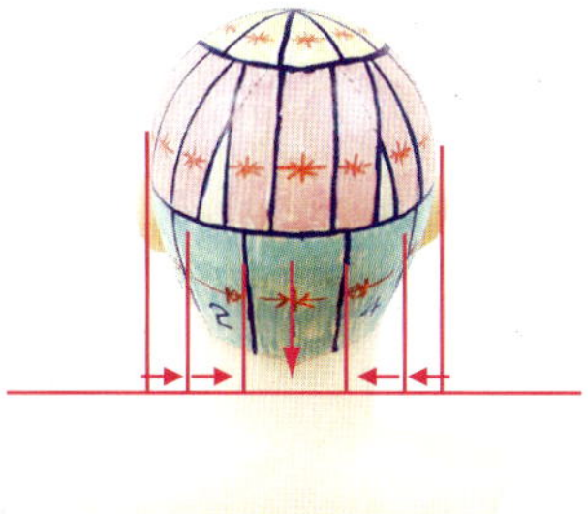

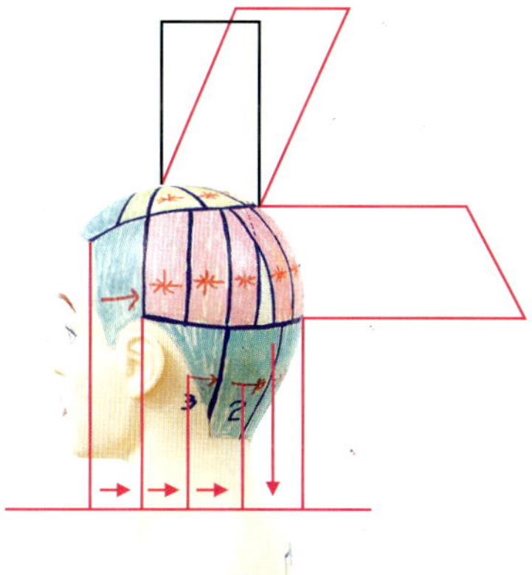

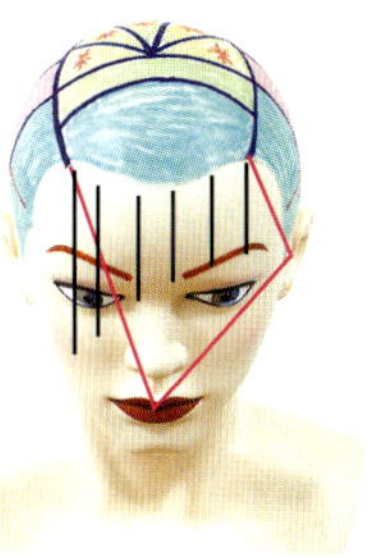

시술방법

1) 후하부 – 형태선 만들기 : 일직선
   ① 후하부의 N.P에서 가이드를 3cm를 설정한 후 중심 10cm에서 먼저 일직선의 수평을 잡는다.
   ② 두상이 함몰된 부분을 중심부를 향해 베이스를 틀어서 일직선으로 시술한다.
   ③ 빗으로 시술 3번, 손가락으로 시술시는 5번으로 나누어서 시술한다.

2) 후중부 – 시술각 : 자연시술각 45°
   ① B.P에서 G.P까지 자연시술각 45° 로 먼저 빗질을 하고 손가락이 따라가면서 시술한다.
   ② 슬라이스는 세로로 온더베이스로 시술한다.
   ③ 형태선의 일직선의 가이드에 맞추어서 가이드를 자르지 않게 시술한다.

3) 측두부 – 옆선 만들기 : 일직선
   ① E.P에 서서 두상이 함몰된 만큼 베이스를 틀어서 일직선으로 시술한다.
   ② 모류가 들뜨고 귀가 튀어나와 있기 때문에 고운살 커트빗으로 빗질하여 시술한 것보다는 얼레살로 힘을 주지 않고 시술해야 길이가 짧아지지 않는다.

4) 후상부 – 일반시술각 up 45°
   ① 방사형섹션으로 나누어서 온더베이스로 시술한다.
   ② 곡면이 들어간 만큼 곡면을 시술하기 위하여 일반시술각 up 45° 로 시술한다.

5) 전두부 – 곡선 : 완만한 곡선
   ① 베이스를 C.L으로 당겨서 일직선으로 시술한다. (당긴 만큼 곡선이 시술된다.)
   ② 앞머리의 길이에 따라 이미지가 달라진다.

6) 질감처리 – 쳐내기 : 드라이한 것처럼
   ① 전두부의 일직선의 이미지는 그대로 둔채로 속에 있는 모발의 길이를 C커브를 그리면서 틴닝으로 시술한다.
   ② 후중부의 중심부의 모발을 볼륨을 시술하는 그라데이션틴닝으로 시술한다.
   ③ 두상이 들어간 후중부의 시술은 방향성과 골격보정을 하기 위하여 모발을 앞쪽으로 당겨서 길이가 다르게 하기 위한 틴닝을 시술한다.
   ④ 측두부의 질감도 일직선의 형태선을 유지하고 속모발만 C커브를 그리면서 시술한다.

보브스타일 2

01

02

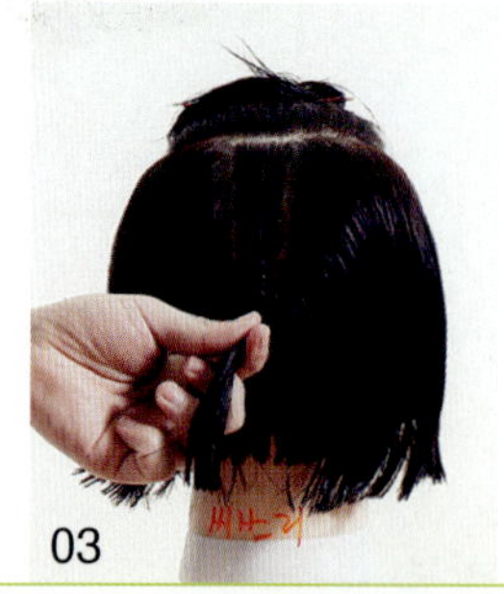
03

04

05

01. 후하부에서 일직선의 형태선을 시술한다.
02. 두상이 곡면이므로 베이스를 틀어서 시술해야 원하는 일직선을 시술할 수 있다.
03. 후중부의 중심부의 모발을 세로로 한 판넬을 뜬다.
04. B.P의 길이가이드에서 G.P까지 중심부의 판넬을 자연시술각 90˚ 온더베이스로 시술한다.
05. 다음 판넬도 세로로 한판넬을 뜬다.

06

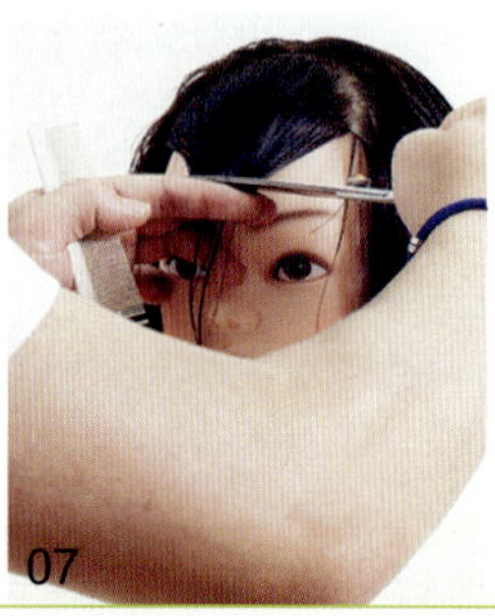
07

08

09

10

06. 후중부의 모발을 자연시술각 90˚ 온더베이스로 시술한다.
07. 전두부의 모발을 C.L으로 모발을 모아서 일직선으로 시술한다(베이스를 당긴만큼 곡선이 생긴다).
08. 앞머리를 시술해 놓은 상태이다.
09. 겉표면에 해당하는 모발을 제외하고 아랫모발을 C컬을 그리면서 틴닝으로 질감처리한다.
10. 다음 판넬도 동일한 방법으로 시술한다.

Bob Style 2

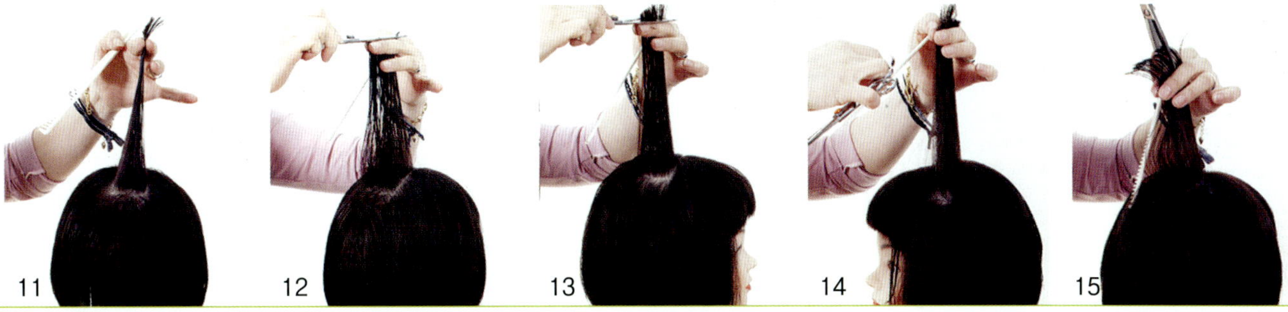

11. 후상부는 똑바로 모발을 들어 올려 자연시술각 90° 가 되게 시술한다.
12. 방사형섹션을 떠서 자연시술각 90° 온더베이스로 시술한다.
13. 손가락이 수평이 되게 하여 시술한다.
14. T.P의 가이드에 맞추어 다음 판넬도 동일하게 시술한다.
15. 후상부를 손질하게 편하게 질감처리를 시술한다.

16. 틴닝가위를 사선으로 넣고 C커브를 그리면서 시술한다.
17. 겉모발은 자르지 않고 속모발을 C커브를 그리면서 모발의 길이가 점점 짧아지게 시술한다.
18. 모발이 뭉치는 부분은 윗모발이 짧아지게 가위를 넣고 시술한다.
19. C커브를 그리면서 시술한다.
20. 모발의 양을 보면서 시술한다.

실습날짜 :	요점정리

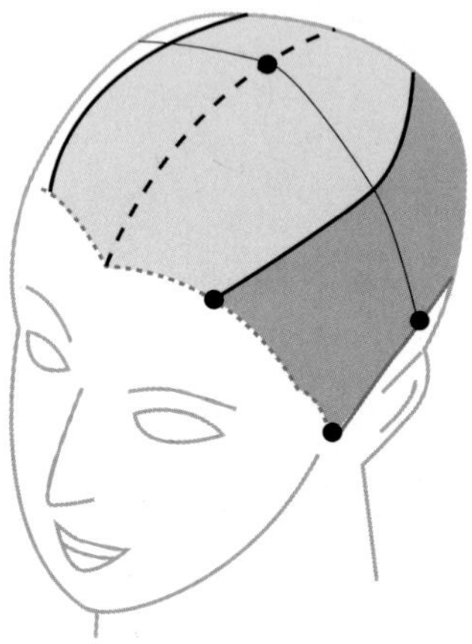

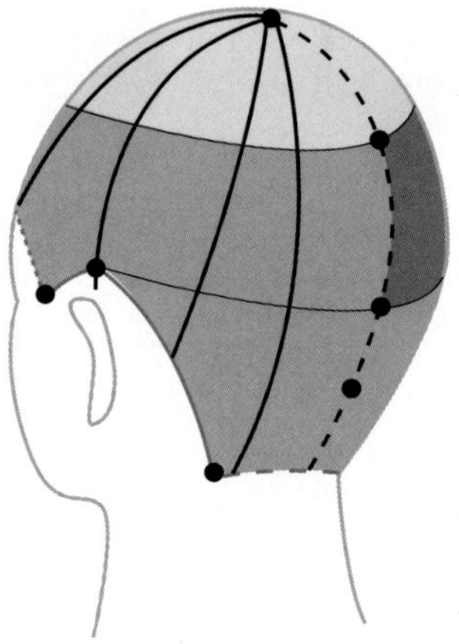

★ 나의 작품 뽐내보기 ★

사각형 - 4. 보브스타일3

Bob Style 3

일직선의 단발에 부드러운 표정을 주고 싶어 뒤의 부분은 기본층을 주어 길이가 적당하게 떨어져 자연스런 볼륨을 형성하고 앞머리는 일직선으로 단발머리의 단조로움을 피했다.

보브스타일

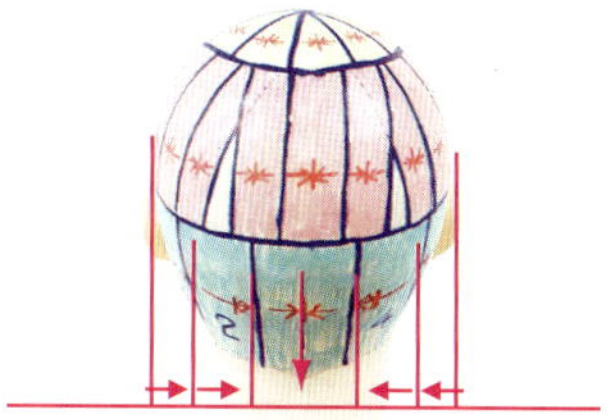

시술방법

1) 후하부 – 형태선 만들기 : 일직선

① 후하부의 N.P에서 가이드를 3cm를 설정한 후 중심 10cm에서 먼저 일직선의 수평을 잡는다.
② 두상이 함몰된 부분을 중심부를 향해 베이스를 틀어서 일직선으로 시술한다.
③ 빗으로 시술 3번, 손가락으로 시술시는 5번으로 나누어서 시술한다.

2) 후중부 – 시술각 : 자연시술각 90°

① B.P에서 G.P까지 자연시술각 90° 로 먼저 빗질을 하고 손가락이 따라가면서 시술한다.
② 슬라이스는 세로로 온더베이스로 시술한다.
③ 형태선의 일직선의 가이드에 맞추어서 가이드를 자르지 않게 시술한다.

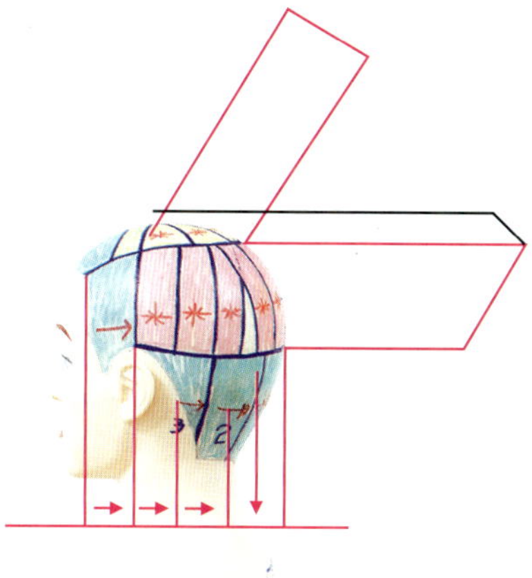

3) 측두부 – 옆선 만들기 : 일직선

① E.P에 서서 두상이 함몰된 만큼 베이스를 틀어서 일직선으로 시술한다.
② 모류가 들뜨고 귀가 튀어나와 있기 때문에 고운살 커트빗으로 빗질하여 시술한 것보다는 얼레살로 힘을 주지 않고 시술해야 길이가 짧아지지 않는다.

4) 후상부 – 일반시술각 90°

① 방사형섹션으로 나누어서 온더베이스로 시술한다.
② 곡면이 들어간 만큼 곡면을 시술하기 위하여 일반시술각 90° 로 시술한다.

5) 전두부 – 일직선

① 일직선으로 시술한다.(중심부에서 길이가이드를 설정한후 2번에 나누어서 시술한다.)
② 앞머리의 길이에 따라 이미지가 달라진다.

6) 질감처리 – 쳐내기 : 드라이한 것처럼

① 전두부의 일직선의 이미지는 그대로 둔채로 속에 있는 모발의 길이를 C커브를 그리면서 틴닝으로 시술한다.
② 후중부의 중심부의 모발을 볼륨을 시술하는 그라데이션틴닝으로 시술한다.
③ 두상이 들어간 후중부의 시술은 방향성과 골격보정을 하기 위하여 모발을 앞쪽으로 당겨서 길이가 다르게 하기 위한 틴닝을 시술한다.
④ 측두부의 질감도 일직선의 형태선을 유지하고 속모발만 C커브를 그리면서 시술한다.

보브스타일 3

01. 일직선의 형태선을 시술하기 위해 빗질을 45° 로 하여 10cm에 중심축을 잡는다.
02. 길이가 정해지면 빗등이 수평이 되게 하고 가위로 일직선을 시술한다.
03. 중심축에서 10cm는 중심축에 일직선을 잡아야한다.
04. 두상이 함몰된 부분에는 먼저 모발이 떨어진 대로 빗질한다.
05. 빗질 후 베이스를 틀어서 일직선을 시술한다.

06. 후중부에 시술하기 위해 세로로 모발의 판넬을 뜬다.
07. B.P에서 가이드를 선택하여 자연시술각 90° 가 되게 판넬을 잡는다.
08. 곡면이 들어간 만큼 길어지는 자연시술각 90° 로 시술한다.
09. 측두부에는 얼레살로 텐션을 주지 않고 일직선을 시술한다.
10. 측두부에 일직선이 시술된 상태이다.

11. 후상부를 시술하기 위하여 방사형으로 섹션을 나눈다.
12. 후상부를 일반시술각 90° 로 모발의 판넬을 들어올린다.
13. 후상부를 일반시술각 90° 로 시술한다.
14. 전두부에 앞머리의 길이가이드를 설정한다.
15. 중심부에서 10cm를 설정하여 일직선으로 시술한다.

Bob Style 3

16

17

18

19

20

16. 전두부의 모발을 연결하기 위한 영역이다.
17. 앞머리를 시술한것을 시술하지 않은것과 연결한다.
18. 모발이 흐르는 대로 자르지 않은 모발을 연결하여 시술한다.
19. 모발이 흐르는 대로 자르지 않은 모발을 연결하여 시술한다.
20. 후하부에 연결되지 않은 모발을 틴닝으로 연결하여 모발의 자연스러움을 표현한다.

21

22

23

24

25

21. 틴닝을 이용하여 모발의 자연스러움을 표현한다.
22. 진감처리가 들어가지 않은 상태로 커트가 종료된 상태이다.
23. 앞머리에 이너그래쥬에이션틴닝의 질감처리를 시술한다.
24. 안으로 들어갈수록 틴닝의 횟수가 많아져서 자연스런 볼륨을 얻을 수 있게 시술한다.
25. 옆선도 볼륨을 주기 위한 이너그래쥬에이션의 질감처리를 시술한다.

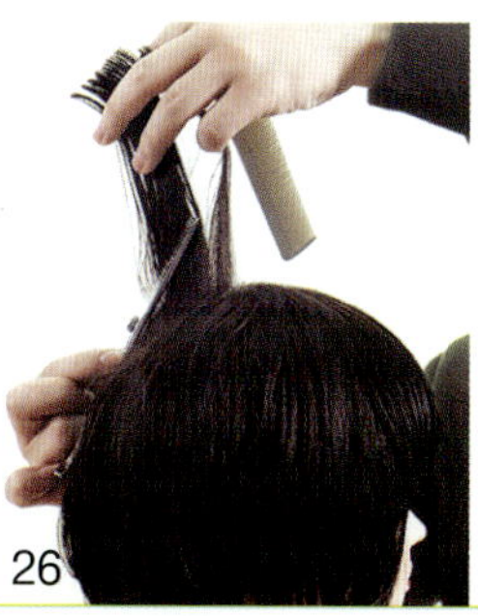
26

27

28

29

30

26. 후상부에 볼륨을 주기 위한 이너그래쥬에이션의 틴닝을 넣는다.
27. 후상부 중심부에도 볼륨을 주기위한 이너그래쥬에이션의 볼륨을 넣는다.
28. 모류보정과골격보정을 하기위해 루트틴닝과 이너틴닝을 넣는다.
29. 방향성을 제시하기 위해 틴닝을 사선으로 길이를 다르게 하여 시술한다.
30. 틴닝을 c커트를 그리면서 시술한다.

실습날짜 :	요점정리

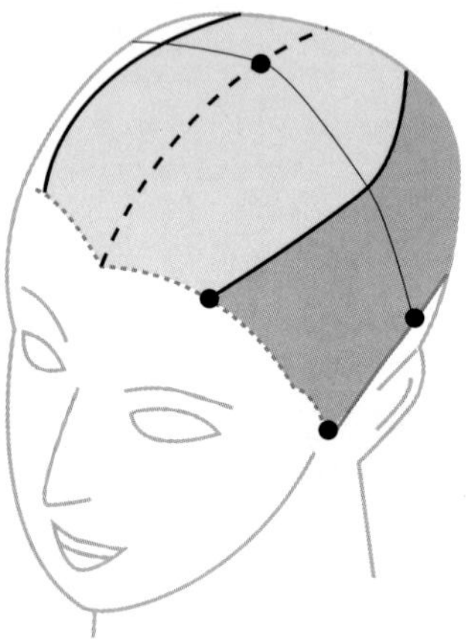

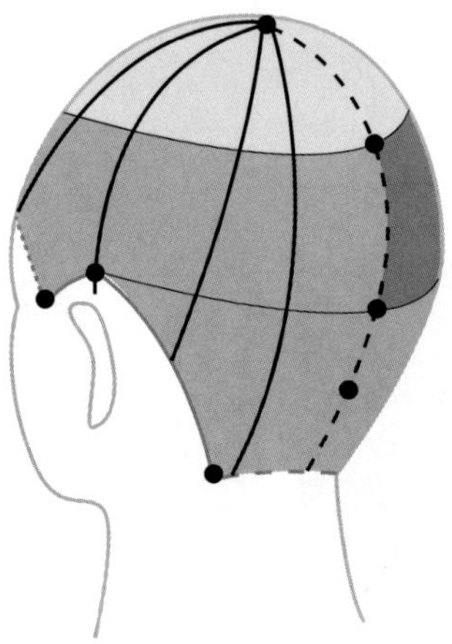

★ 나의 작품 뽐내보기 ★

사각형 - 5. 보브스타일4

Bob Style 4

머리의 전체적인 형태선은 직선적인 실루엣을 만들고 앞머리는 단조로움을 피하기 위하여 비대팅으로 세련된 여성의 이미지를 주었으며 형태선을 제외한 부분은 레이어를 주어 손질이 편하고 샤프한 머리끝의 잘린 단면을 표현하였다

보브스타일

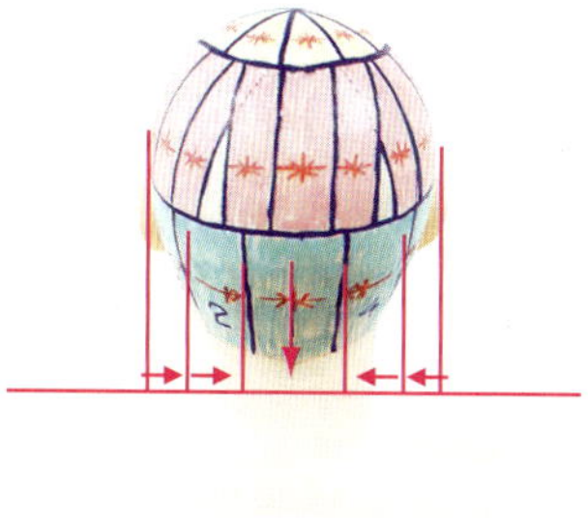

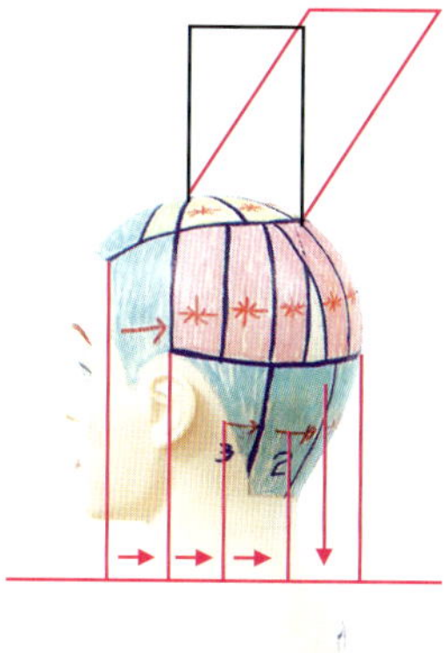

시술방법

1) 후하부 – 형태선 만들기 : 일직선
   ① 후하부의 N.P에서 가이드를 3cm를 설정한 후 중심 10cm에서 먼저 일직선의 수평을 잡는다.
   ② 두상이 함몰된 부분을 중심부를 향해 베이스를 틀어서 일직선으로 시술한다.
   ③ 빗으로 시술3번, 손가락으로 시술시는 5번으로 나누어서 시술한다.

2) 후중부 – 시술각 : 일반시술각 up 45˚
   ① B.P에서 G.P까지 일반시술각 up 45˚로 먼저 빗질을 하고 손가락이 따라가면서 시술한다.
   ② 슬라이스는 세로로 온더베이스로 시술한다.
   ③ 형태선의 일직선의 가이드에 맞추어서 가이드를 자르지 않게 시술한다.

3) 측두부 – 옆선 만들기 : 일직선
   ① E.P에 서서 두상이 함몰된 만큼 베이스를 틀어서 일직선으로 시술한다.
   ② 모류가 들뜨고 귀가 튀어나와 있기 때문에 고운살 커트빗으로 빗질하여 시술한 것보다는 얼레살로 힘을 주지 않고 시술해야 길이가 짧아지지 않는다.

4) 후상부 – 일반시술각 up 45˚
   ① 방사형섹션으로 나누어서 온더베이스로 시술한다.
   ② 곡면이 들어간 만큼 곡면을 시술하기 위하여 일반시술각 up45˚로 시술한다.

5) 전두부 – 일직선
   ① 사선으로 시술한다.(눈썹선에서 길이가이드를 설정한후 사선으로 시술한다.)
   ② 앞머리의 길이에 따라 이미지가 달라진다.

6) 질감처리 – 쳐내기 : 드라이한 것처럼
   ① 전두부의 사선의 이미지는 그대로 둔채로 속에 있는 모발의 길이를 C커브를 그리면서 틴닝으로 시술한다.
   ② 후중부의 중심부의 모발을 볼륨을 시술하는 그라데이션틴닝으로 시술한다.
   ③ 두상이 들어간 후중부의 시술은 방향성과 골격보정을 하기 위하여 모발을 앞쪽으로 당겨서 길이가 다르게 하기 위한 틴닝을 시술한다.
   ④ 측두부의 질감도 일직선의 형태선을 유지하고 속모발만 C커브를 그리면서 시술한다.

보브스타일 4

01

02

03

04

05

01. 일직선의 형태선을 시술하기 위해 중심부에서 10cm를 빗으로 조절하여 일직선을 만든다.
02. 두상이 함몰된 곳은 모발이 떨어진 대로 빗질하고 베이스를 틀어서 일직선을 시술한다.
03. 후하부의 B.P에서 길이가이드를 설정하여 후중부를 일반시술각 90° 로 시술한다.
04. 온더베이스로 시술하고 일반시술각 90° 로 시술한다.
05. 측두부를 빗의 얼레살을 이용하여 일직선으로 시술한다.

06

07

08

09

10

06. 측두부의 선을 제외하고 모발이 떨어진대로 모발을 잡는다.
07. 자연스런층을 내기 위해 가이드를 제외한 부분을 시술한다.
08. 반대편 측두부도 빗의 얼레살을 이용하여 일직선을 시술한다.
09. 선에 해당한 모발을 제외하고 모발을 후중부와 연결하여 시술할 수 있게 판넬을 잡는다.
10. 선에 해당한 모발을 제외하고 시술한다.

11

12

13

14

15

11. 후상부의 모발을 방사형섹션으로 나눈 후 자연시술각 90° 로 시술한다.
12. G.P의 길이가이드에 맞추어서 자연시술각 90° 로 시술한다.
13. 후상부의 영역은 똑바로 수직으로 당겨서 시술하면 편리하다.
14. 방사형섹션으로 또다른 모발의 판넬을 떠서 자연시술각 90° 로 시술한다.
15. 후상부의 영역은 자연시술각 90° 로 시술하면 두상이 함몰된 만큼 길이가 길게 커트된다.

Bob Style 4

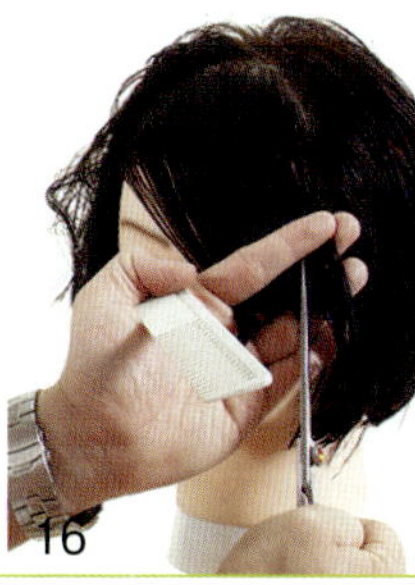
16

17

18

19

20

16. 전두부의 앞머리 표정만들기를 시술한다. 가르마를 나누고 가르마쪽으로 끌어당겨서 시술한다.
17. 사선으로 앞머리를 시술히 놓은 상태이다.
18. 연결되지 않은 모발을 다시한번 체크한다.
19. 자연스럽게 연결시키기 위하여 낫칭으로 시술한다.
20. 모발을 내려서 다시한번 선을 확인하면서 시술한다.

21

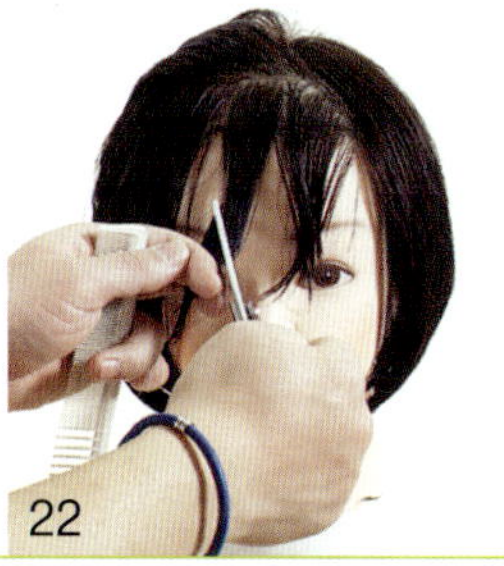
22

23

24

25

21. 전두부영역부터 라인틴닝으로 질감처리를 하여 모발의 자연스러움을 표현한다.
22. 틴닝가위를 사선으로 넣고 C커브를 그리면서 모발에서 뺀다.
23. 라인틴닝을 하기 위해 길이가 다르게 사선으로 넣고 시술한다.
24. 측두부의 선에 볼륨을 주기 위해 라인티닝을 시술한다.
25. 후상부에 볼륨을 주기위한 이너그래쥬에이션틴닝을 시술한다.

26

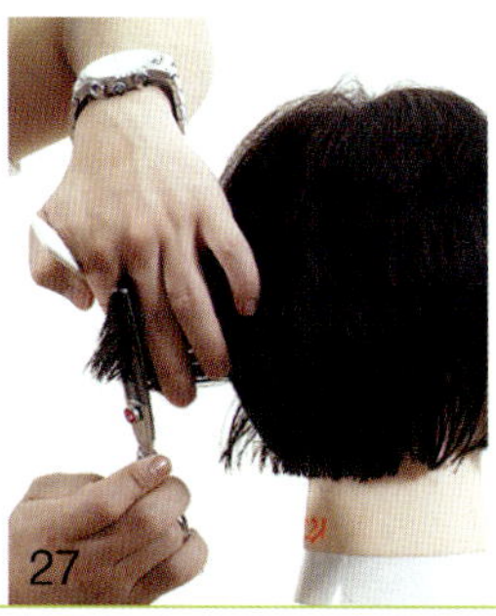
27

28

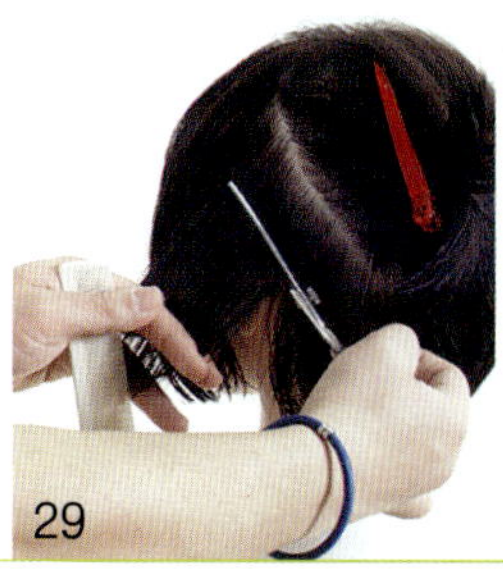
29

30

26. 후상부에는 볼륨을 주기 위해이너그래쥬에이션티닝을 시술한다.
27. 볼륨을 주기 위해 라인틴닝을 시술한다.
28. 후하부의 길이를 틴닝으로 연결한다.
29. 모발의 방향성을 제시하기 위해 틴닝가위를 수직으로 하고 모발을 앞으로 빗질하여 시술한다.
30. 시술이 종료된 상태이다.

실습날짜 :	요점정리

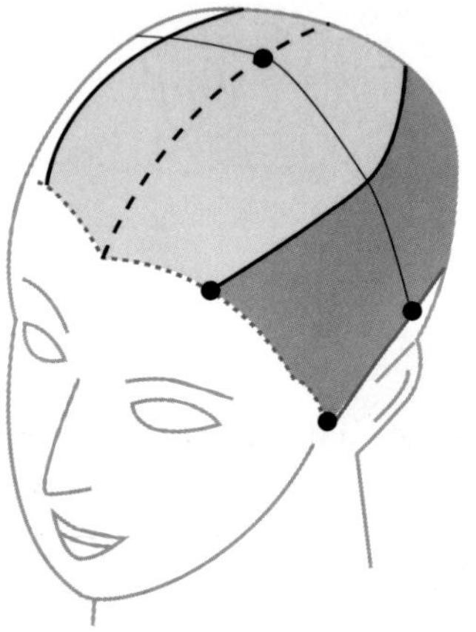

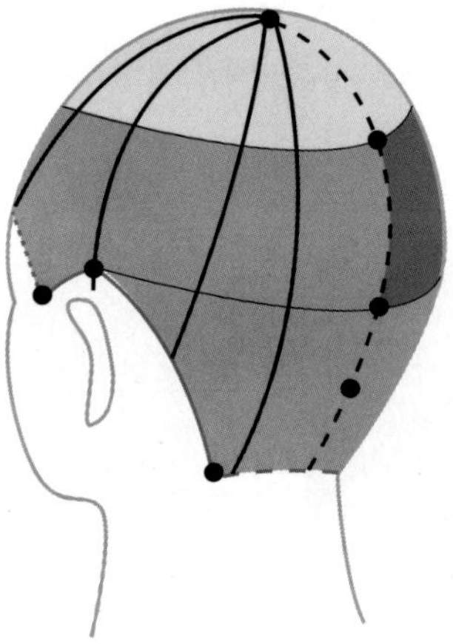

★ 나의 작품 뽐내보기 ★

사각형 - 6. 보브스타일5

Bob Style 5

머리의 전체적인 형태선은 직선적인 실루엣을 만들고 앞머리는 단조로움을 피하기 위하여 비대팅으로 세련된 여성의 이미지를 주었으며 형태선을 제외한 부분은 레이어를 주어 손질이 편하고 샤프한 머리끝의 잘린 단면을 표현하였다

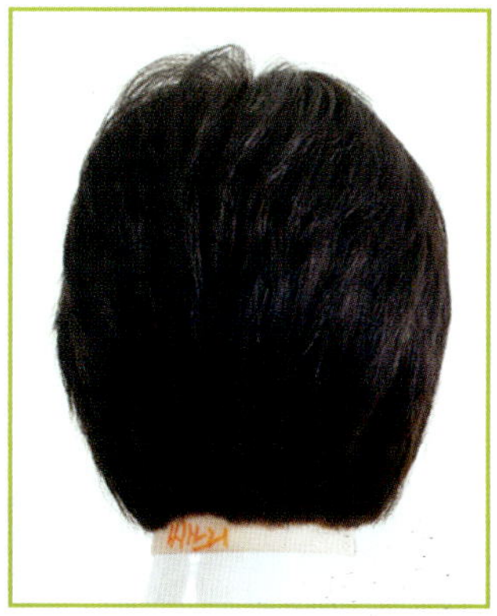

보브스타일

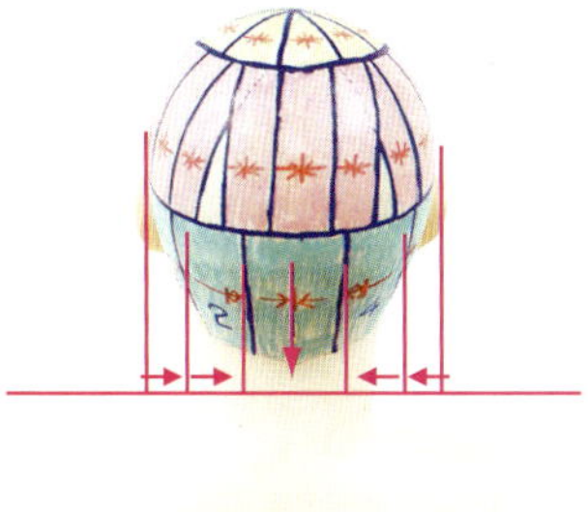

시술방법

1) 후하부 – 형태선 만들기 : 일직선

① 후하부의 N.P에서 가이드를 3cm를 설정한 후 중심 10cm에서 먼저 일직선의 수평을 잡는다.
② 두상이 함몰된 부분을 중심부를 향해 베이스를 틀어서 일직선으로 시술한다.
③ 빗으로 시술 3번, 손가락으로 시술시는 5번으로 나누어서 시술한다.

2) 후중부 – 시술각 : 일반시술각 up 45°

① B.P에서 G.P까지 일반시술각 up 45°로 먼저 빗질을 하고 손가락이 따라가면서 시술한다.
② 슬라이스는 세로로 온더베이스로 시술한다.
③ 형태선의 일직선의 가이드에 맞추어서 가이드를 자르지 않게 시술한다.

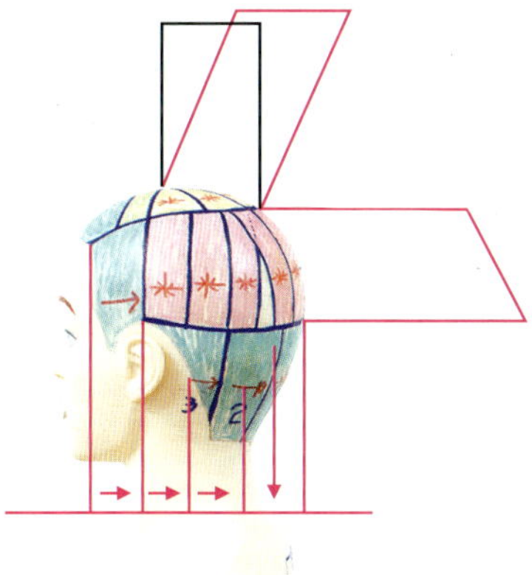

3) 측두부 – 옆선 만들기 : 일직선

① E.P에 서서 두상이 함몰된 만큼 베이스를 틀어서 일직선으로 시술한다.
② 모류가 들뜨고 귀가 튀어나와 있기 때문에 고운살 커트빗으로 빗질하여 시술한 것보다는 얼레살로 힘을 주지 않고 시술해야 길이가 짧아지지 않는다.

4) 후상부 – 일반시술각 up 45°

① 방사형섹션으로 나누어서 온더베이스로 시술한다.
② 곡면이 들어간 만큼 길게 시술하기 위하여 일반시술각 up 45°로 시술한다.

5) 전두부 – 일직선

① 사선으로 시술한다.(눈썹끝에서 길이가이드를 설정한후 사선으로 시술한다.)
② 앞머리의 길이에 따라 이미지가 달라진다.

6) 질감처리 – 쳐내기 : 드라이한 것처럼

① 전두부의 사선의 이미지는 그대로 둔채로 속에 있는 모발의 길이를 C커브를 그리면서 틴닝으로 시술한다.
② 후중부의 중심부의 모발을 볼륨을 시술하는 그라데이션틴닝으로 시술한다.
③ 두상이 들어간 후중부의 시술은 방향성과 골격보정을 하기 위하여 모발을 앞쪽으로 당겨서 길이가 다르게 하기 위한 틴닝을 시술한다.
④ 측두부의 질감도 일직선의 형태선을 유지하고 속모발만 C커브를 그리면서 시술한다.

보브스타일 5

01. U라인 브록킹을 탄후 후하부에서 일직선의 형태선을 시술한다.(N.P에서 5cm)
02. 손가락이 수평이되게 하고 가운데 손가락이 보이지 않게 시술한다.
03. 반대쪽도 동일한 방법으로 손가락이 수평이 되게 시술한다.
04. G.P에서 12cm의 길이가이드를 설정한다.
05. 후중부의 모발을 4번의 가이드에 맞추어서 시술한다.

06. 측두부의 길이가이드를 S.C.P에서 12cm를 설정한다.
07. 후대각으로 빗질하여 앞모발이 짧고 뒷모발이 길게 시술한다.
08. 측두부와 후하부를 연결한다.
09. 옆선의 길이가이드를 제외한 모발을 후두부에서 시술한 형태선과 연결하여 시술한다.
10. 반대편도 측두부의 길이가이드를 S.C.P에서 12cm를 설정한다.

11. 후대각으로 빗질하여 앞모발이 짧고 뒷모발이 길게 시술한다.
12. 측두부와 후하부를 연결한다.
13. 옆선의 길이가이드를 제외한 모발을 후두부에서 시술한 형태선과 연결하여 시술한다.
14. 후하부의 모발을 연결하기 위해 판넬을 잡는다.
15. 후하부의 모발을 슬라이드로 연결한다.

Bob Style 5

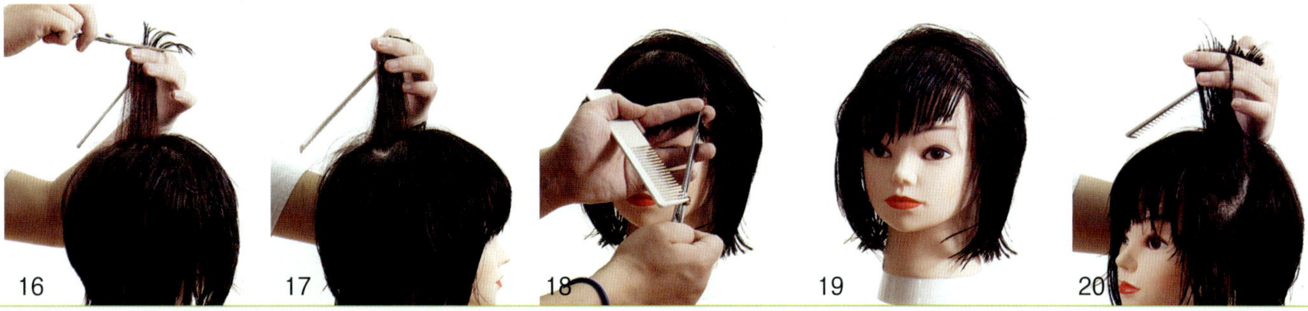

16. 후상부는 자연시술각 90˚로 시술한다.
17. 방사형섹션을 떠서 시술한다.
18. 전두부에 앞머리를 사선으로 빗질하여 시술한다.
19. 앞머리의 이미지를 사선으로 시술해 놓은 상태이다.
20. 측두부의 선을 제외한 모발을 떨어진대로 다시잡아 시술한다.

21. 앞머리를 라인틴닝으로 진감처리한다.
22. 틴닝가위를 사선으로 넣어서 모발의 자연스런 융합을 표현한다.
23. 윗모발이 짧게 틴닝을 넣어 시술한다.
24. 후상부에 볼륨을 주기 위해 이너그래쥬에이션틴닝을 넣는다.
25. 후상부의 중심부에는 보륨을 넣기위해 이너그래쥬에이션틴닝을 넣는다.

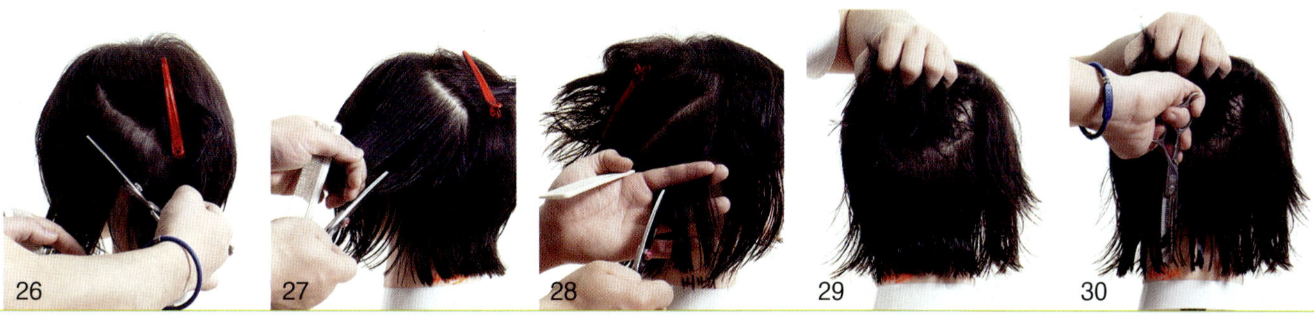

26. 귀바퀴방향의 모발의 방향성을 주기 위해 루트틴닝,이너레이어 틴닝을 넣는다.
27. 방향성을 주기 위해 틴닝을 사선으로 넣고 C커브를 그리면서 시술한다.
28. 반대편도 동일한 방법으로 시술한다.
29. 후하부에는 율동감을 주기 위한 라인틴닝을 넣는다.
30. 한줄기의 모발을 3번에 나누어서 틴닝을 넣어주면 자연스런 C컬의 움직임이 생긴다.

실습날짜 :	요점정리

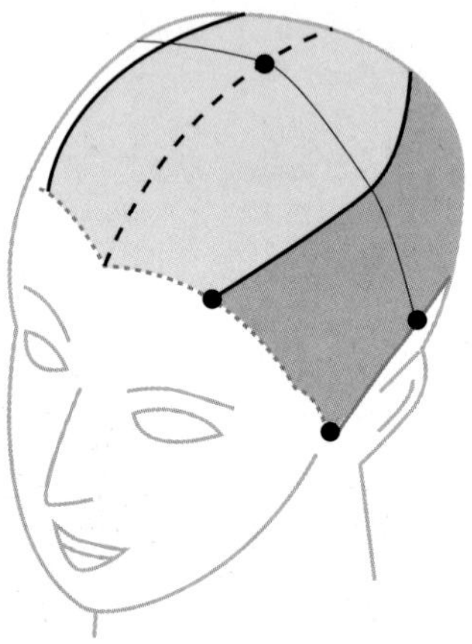

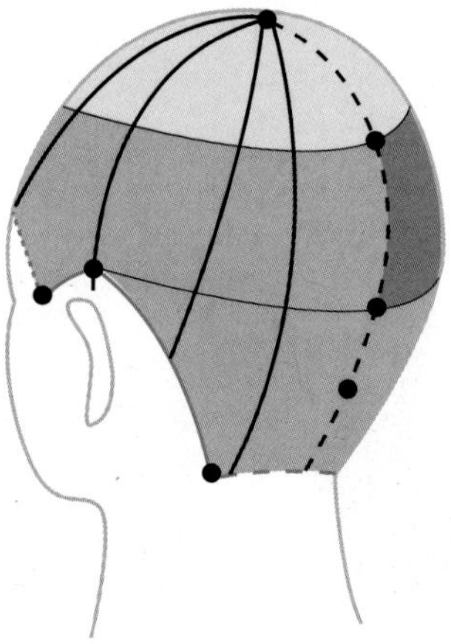

★ 나의 작품 뽐내보기 ★

사랑스런 단발머리는 볼륨에서 시작된다

사각형 - 7. 보브그래쥬에이션1

Bob Graduation1

자연스런 단발머리에 볼륨을 주어 손질이 편한 헤어스타일
일직선의 단발머리의 단조로움을 피하기 위하여 두상의 중심부에 볼륨을 주어 단발머리지만 우아함을 주고 턱선에서 일직선으로 어린모습이 표현되어 대부분이 선호하는 헤어스타일

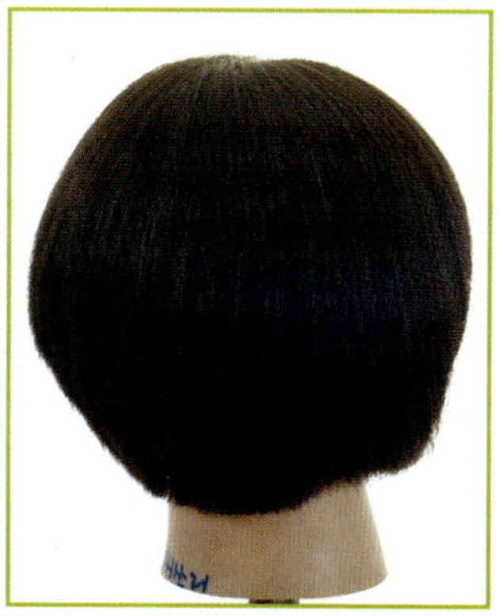

보브 그래쥬에이션

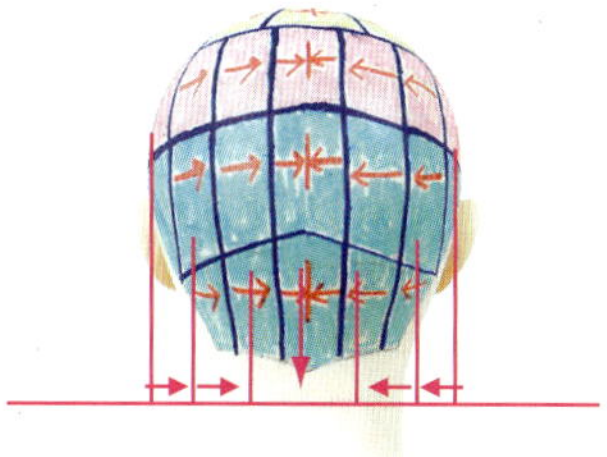

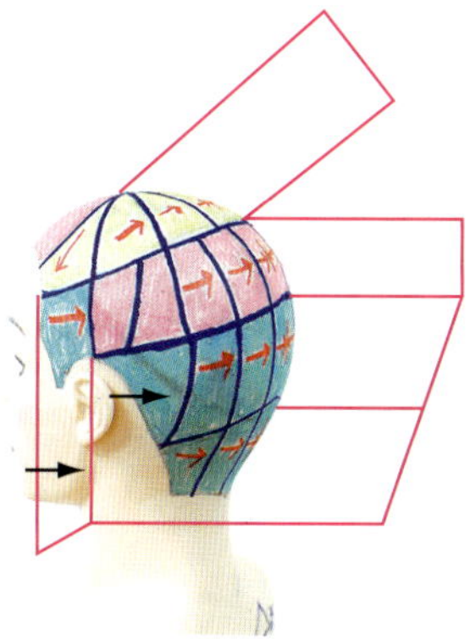

시술방법

1) 전두부 – 일직선 곡선 : 완만한 곡선
   ① 베이스를 C.L으로 당겨서 일직선으로 시술한다.
   (당긴 만큼 곡선이 시술된다.)
   ② 앞머리의 길이에 따라 이미지가 달라진다.

2) 측두부 – 옆선 만들기 : 완만한 전대각사선
   ① E.P에 서서 두상이 함몰된 만큼 베이스를 뒤쪽으로 당기고 손가락이 전대각사선이 되게 하여 시술한다.
   ② 전두부와 측두부를 연결한다.

3) 후하부 – 형태선 만들기 : 일직선+A라인선
   ① 후하부의 N.P에서 가이드를 3cm를 설정한 후 중심 10cm에서 먼저 일직선의 수평을 잡는다.
   ② 두상이 함몰된 부분의 중심부를 향해 베이스를 틀어서 일직선을 시술한다.
   ③ 두상이 튀어나온 바로아래 함몰된 부분에서 중심부의 길이를 짧게 하기 위하여 가이드를 6cm를 설정하여 N.P의 가이드와 연결한다.
   ④ 베이스를 중심으로 당겨서 중심부의 가이드와 연결한다.

4) 후중부 – 시술각 : 자연시술각 70°
   ① B.P에서 G.P까지 자연시술각 70°로 먼저 빗질을 하고 손가락이 따라가면서 시술한다.
   ② 슬라이스는 세로로 뜨고 베이스는 중심으로 당겨서 시술한다.
   ③ 좌우가 동일하게 시술할 수 있도록 한쪽을 시술할 때 다른쪽을 생각하고 정확한 베이스를 알고 시술해야 한다.

5) 후상부 – 일반시술각 70°
   ① 방사형섹션으로 나누어서 온더베이스로 시술한다.
   ② 곡면이 들어간 만큼 곡면을 길게 시술하기 위하여 일반시술각도 70°로 시술한다.

6) 질감처리 – 쳐내기 : 드라이한 것처럼
   ① 전두부의 일직선의 이미지는 그대로 둔채로 속에 있는 모발의 길이를 C커브를 그리면서 틴닝으로 시술한다.
   ② 후중부의 중심부의 모발을 볼륨을 시술하는 그라데이션틴닝으로 시술한다.
   ③ 두상이 들어간 후중부의 시술은 방향성과 골격보정을 하기 위하여 모발을 앞쪽으로 당겨서 길이가 다르게 하기 위한 틴닝을 시술한다.
   ④ 측두부의 질감도 일직선의 형태선을 유지하고 속모발만 C커브를 그리면서 시술한다.

보브 그래쥬에이션 1

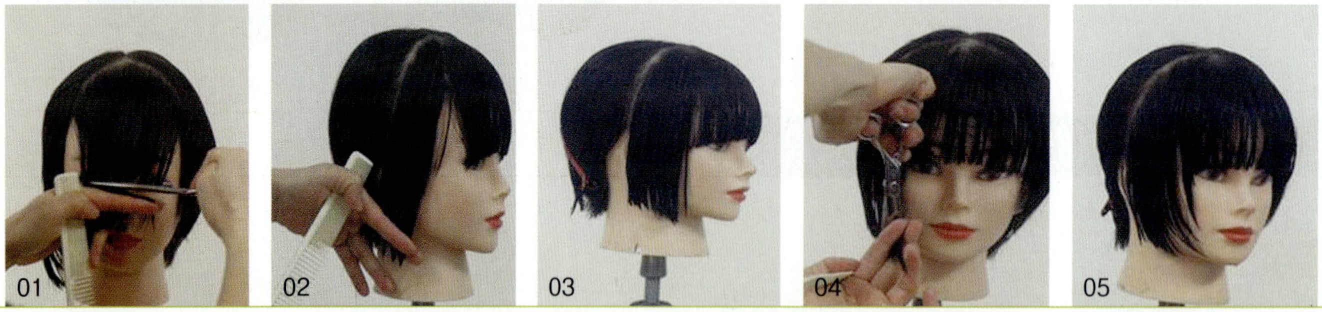

01. 전두부영역을 일직선으로 시술한다.(이때 길이는 중심부중간에서 10cm)
02. 측두부의 영역의 옆선의 길이를 12cm로 설정하고 빗질을 뒤로하여 전대각의 이미지로 시술한다.
03. 시술해 놓은 상태가 앞모발이 길고 뒷모발이 긴 전대각의 옆선이 시술되었다.
04. 전두부와 측두부를 연결한다.
05. 전두부와 측두부를 연결해 놓은 상태이다.

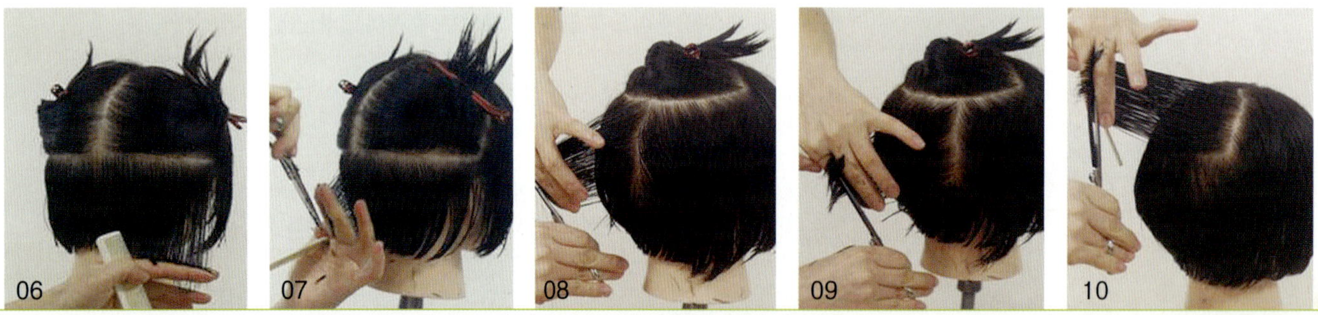

06. 후하부에 일직선을 시술한다.
07. 중심부에 길이를 짧게 하기 위해 후하부에 A라인의 형태를 시술한다.
08. 후중부에서는 B.P에서 오는 가이드에 맞추어 자연시술각 90° 로 시술한다.
09. 다음판넬은 베이스를 중심부로 당겨서 시술한다.
10. 후상부는 G.P에서 일반시술각 90° 가 되게 시술한다.

Bob Graduation 1

11
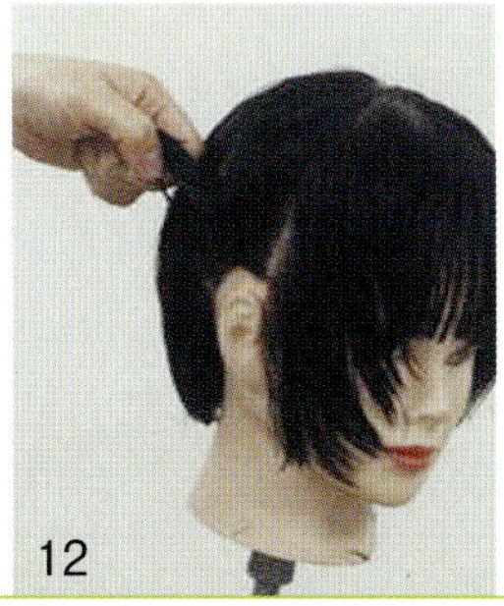
12

13

14
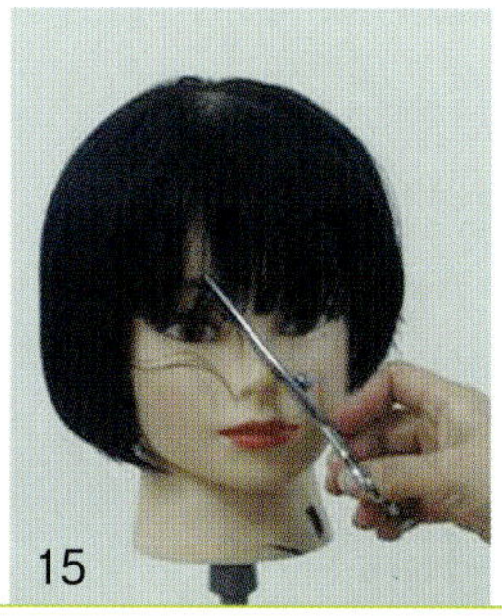
15

11. 방사형섹션을 떠서 시술한다.
12. 측두부와 후상부를 연결한 곳을 지정한다.
13. 후하부와측두부의 선을 낫칭으로 연결한다
14. 전두부의 영역부터 모발의 자연스러움을 표현하기 위하여 라인틴닝을 시술한다.
15. 모류에 방향을 잡기위해 사선으로 틴닝가위를 넣어 시술한다.

16
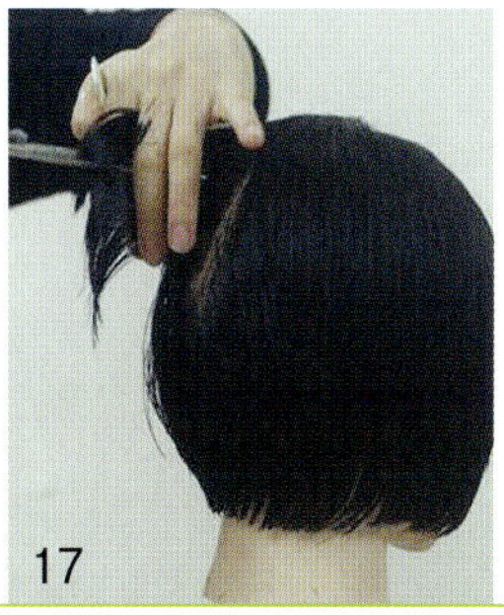
17
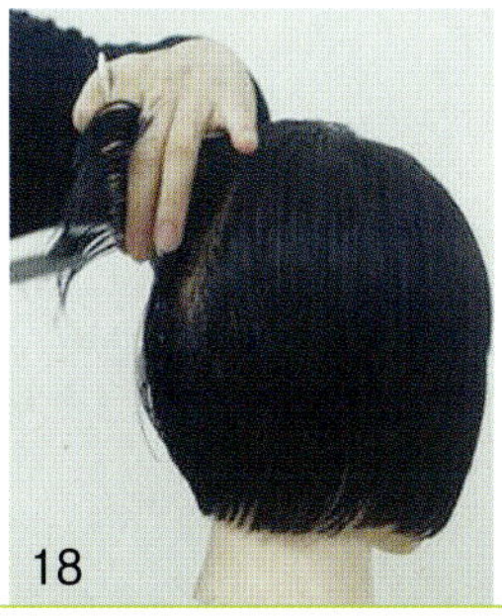
18
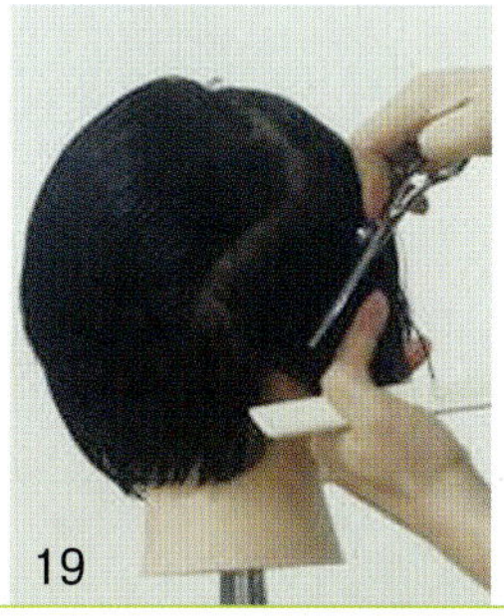
19
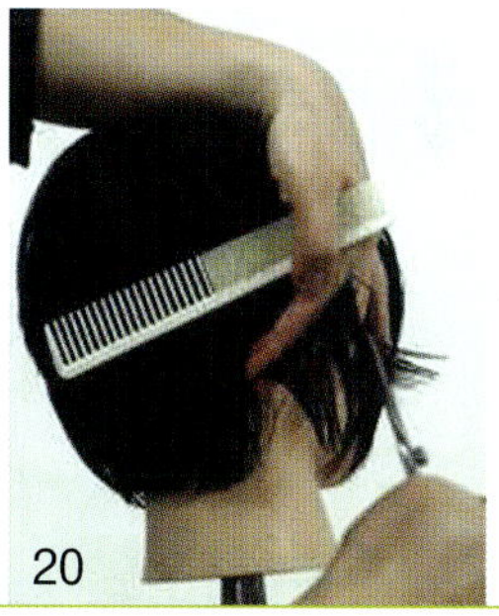
20

16. 옆선도 모발이 떨어지는 순서대로 위가 짧게 틴닝을 넣어 사선으로 원을 그리면서 빼낸다.
17. 후상부부분은 볼륨을 주기 위해 라인틴닝을 시술한다.
18. 한판넬의 모발을 잡고 3개로 나눈 후 처음은 한번.두번째는 3번, 3번째는 다섯 번의 틴닝을 넣어 C컬의 볼륨으 표현한다.
19. 귀바퀴방향의 모발의 방향성을 주기 위해 모발을 앞쪽으로 당겨서 시술한다.
20. 모발끝부분에도 방향성을 주면서 틴닝으로 시술한다.

실습날짜 :	요점정리

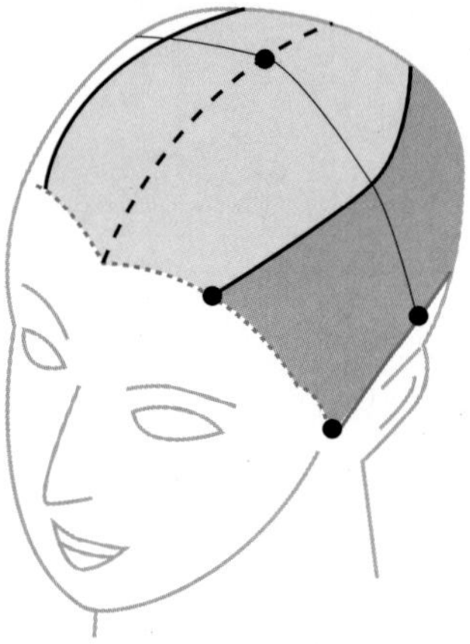

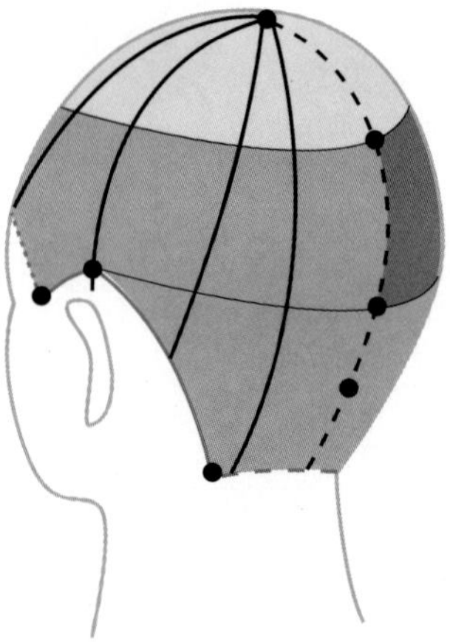

★ 나의 작품 뽐내보기 ★

사랑스런 단발머리는 볼륨에서 시작된다

사각형 - 8. 보브그래쥬에이션2

Bob Graduation2

단발의 이미지를 주면서 중심부는 볼륨감을 연출해 손질이 편하고 앞머리는 약간의 사선을 주어 시술하였다. 형태선은 일직선에 A라인을 시술하고 후중부는 베이스를 중심부로 끌어당겨서 시술하여 볼륨을 만들어준다. 측두부의 옆선을 턱선이 끝나는 곳에서 일직선을 만들고 전두부는 사선의 이미지를 준다.

보브그래쥬에이션

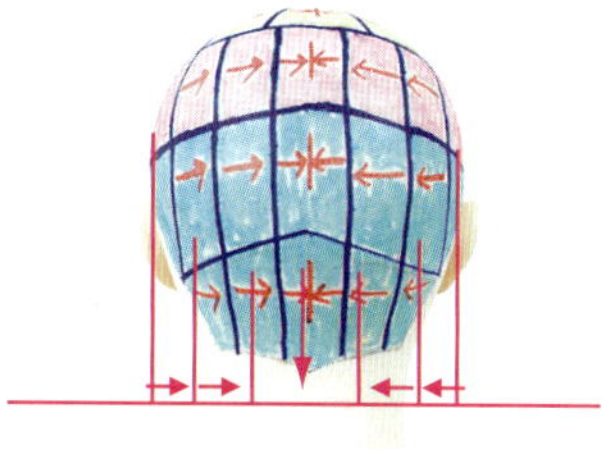

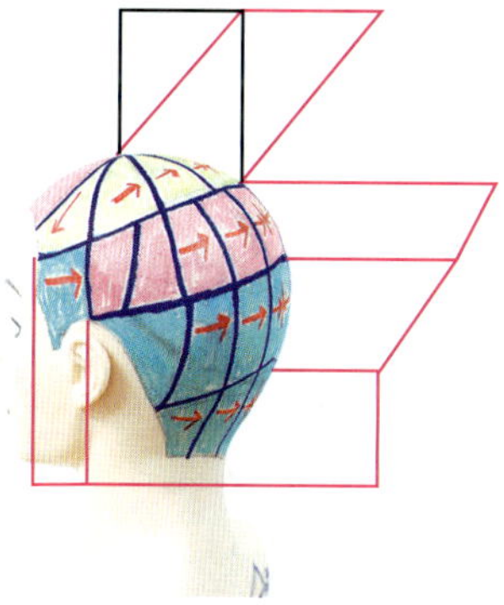

시술방법

1) 후하부 – 형태선 만들기 : 일직선+A라인선
   ① 후하부의 N.P에서 가이드를 3cm를 설정한 후 중심 10cm에서 먼저 일직선의 수평을 잡는다.
   ② 두상이 함몰된 부분의 중심부를 향해 베이스를 틀어서 일직선을 시술한다.
   ③ 두상이 튀어나온 바로아래 함몰된 부분에서 중심부의 길이를 짧게 하기 위하여 가이드를 5cm를 설정하여 N.P의 가이드와 연결한다.
   ④ 베이스를 중심으로 당겨서 중심부의 가이드와 연결한다.

2) 후중부 – 시술각 : 자연시술각 70˚
   ① B.P에서 G.P까지 자연시술각 70˚로 먼저 빗질을 하고 손가락이 따라가면서 시술한다.
   ② 슬라이스는 세로로 뜨고 베이스는 중심으로 당겨서 시술한다.
   ③ 좌우가 동일하게 시술할 수 있도록 한쪽을 시술할 때 다른쪽을 생각하고 정확한 베이스를 알고 시술해야 한다.

3) 전두부 – 사선
   ① 사선으로 시술한다.(긴가이드에 일직선을 시술한 후 짧은쪽으로 모발을 당겨서 시술한다.)
   ② 앞머리의 길이에 따라 이미지가 달라진다.

4) 측두부 – 사선 만들기
   ① 전두부와 측두부를 연결한다.
   ② E.P에 서서 두상이 함몰된 만큼 베이스를 뒤쪽으로 밀면서 시술한다.

5) 후상부 – G.P에서 일반시술각 90˚
   ① 방사형섹션으로 나누어서 온더베이스로 시술한다.
   ② 볼륨을 주기 위해 G.P에서 일반시술각 90˚ 시술한다.

6) 질감처리 – 쳐내기 : 드라이한 것처럼
   ① 전두부의 사선의 이미지는 그대로 둔채로 속에 있는 모발의 길이를 C커브를 그리면서 틴닝으로 시술한다.
   ② 후중부의 중심부의 모발을 볼륨을 시술하는 그라데이션틴닝으로 시술한다.
   ③ 두상이 들어간 후중부의 시술은 방향성과 골격보정을 하기 위하여 모발을 앞쪽으로 당겨서 길이가 다르게 하기 위한 틴닝을 시술한다.
   ④ 측두부의 질감도 사선의 형태선을 유지하고 속모발만 C커브를 그리면서 시술한다.

보브 그래쥬에이션 2

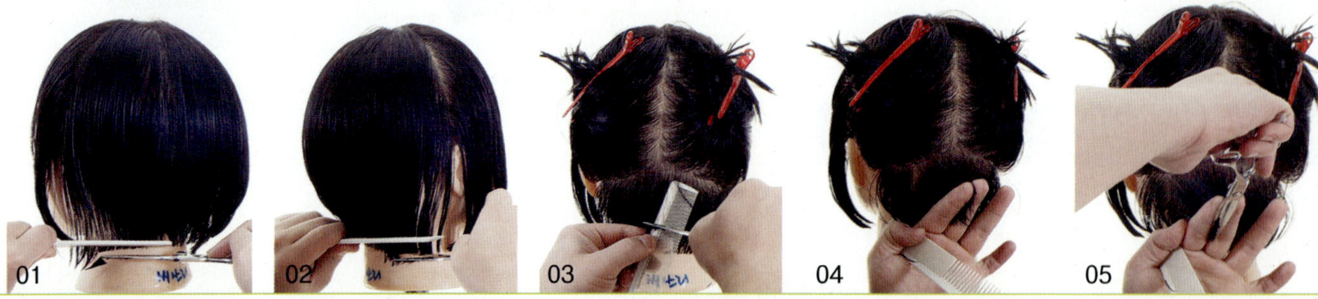

01. 일직선의 길이가이드를 빗으로 하여 시술한다.
02. 양쪽은 일직선을 시술하기 위해서는 곡면을 무시하고 일직선으로 시술한다.
03. A라인으로 섹션을 나눈후 길이가이드를 6cm로 설정한다.
04. 길이가이드와 가이드를 연결한다.
05. 연결하여 튀어나온 모발을 시술한다.

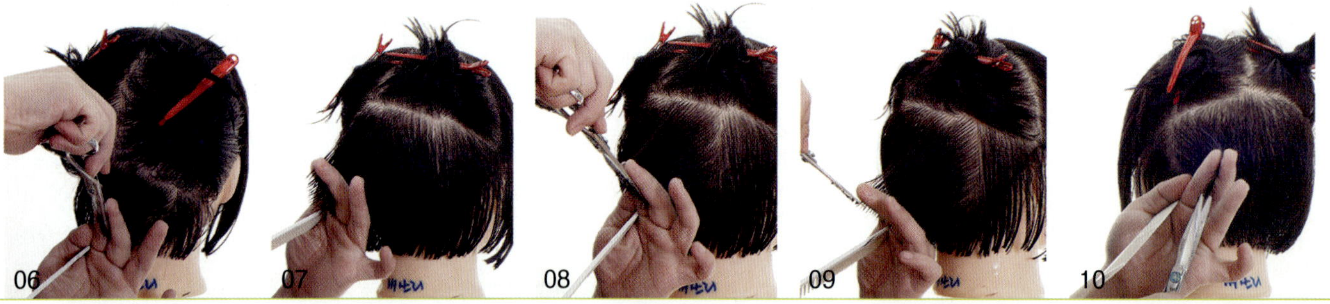

06. 중심부에 맞추어 베이스를 당겨서 시술한다.
07. 다음도 A라인으로 섹션을 나눈후 자연시술각 45° 로 판넬을 잡는다.
08. 튀어나온 모발을 시술한다.
09. 다음 판넬은 모발을 중심부로 당겨서 시술한다.
10. 다른쪽도 모발을 중심부로 당겨서 시술한다.

11. 후대각으로 섹션을 타고 시술한다.
12. 이곳의 모발은 강모이고 모류가 강하므로 낫칭커트한다.
13. 반대편도 후대각으로 섹션을 타고 시술한다.
14.15. 이곳의 모발은 강모이고 모류가 강하므로 낫칭커트한다.

Bobe Graduation 2

16. S.C.P에서 12cm의 길이가이드를 설정한 후 베이스를 E.P까지 당겨서 시술한다.
17. E.P까지 당겨서 튀어나온 모발을 잘라낸다.
18. 모발의 자연스러움을 표현하기 위하여 낫칭으로 시술한다.
19. G.P에서 일반시술각 90°가 되게 시술한다.
20. 방사선으로 섹션을 떠서 시술한다.

21. 전두부의 모발을 먼저 일직선으로 시술한다.
22. 일직선으로 시술해 놓은 상태이다.
23. 한쪽으로 당겨서 한쪽은 짧게 하여 사선으로 시술한다.
24. 전두부와 측두부 사이의 모발을 다시 한번 체크한다.
25. 틴닝으로 질감처리 한다.

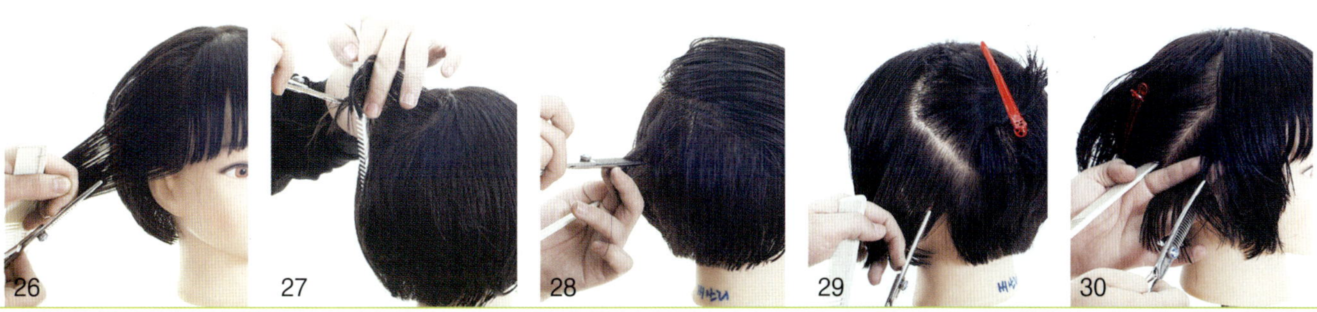

26. 사선으로 길이가 다르게 하기 위해 질감처리 한다.
27. 볼륨을 주기 위해 라인틴닝을 시술한다.
28. 볼륨을 주기 위해 이너틴닝을 시술한다.
29. 모발의 방향성을 주기 위해 틴닝을 사선으로 잡고 원하는 길이를 도려낸다.
30. 반대편도 동일하게 시술한다.

실습날짜 :	요점정리

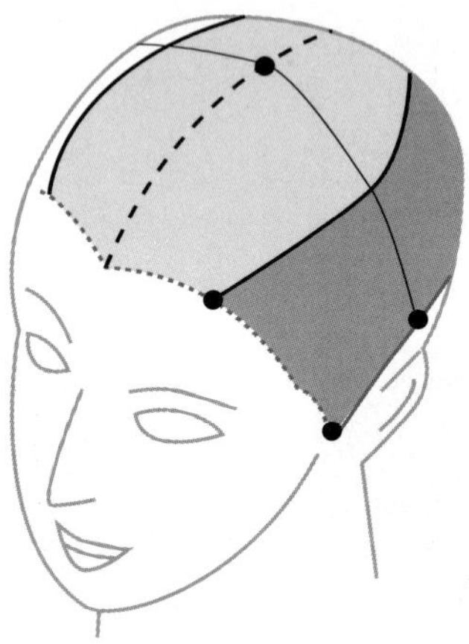

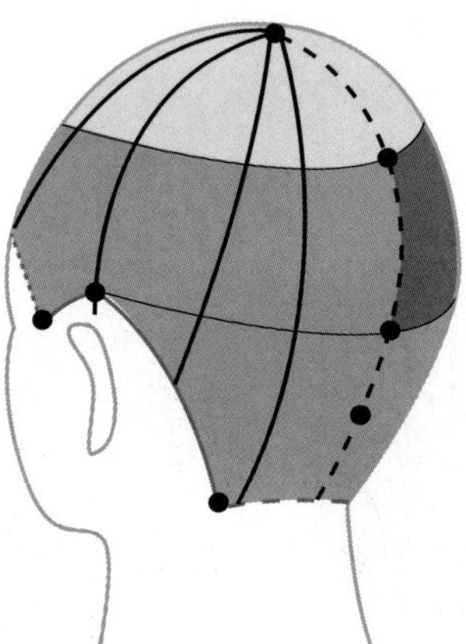

★ 나의 작품 뽐내보기 ★

사랑스런 단발머리는 볼륨에서 시작된다

사각형 - 9. 보브그래쥬에이션3

Bob Graduation3

자연스런 단발머리에 볼륨을 주어 손질이 편한 헤어스타일 일직선의 단발머리의 단조로움을 피하기 위하여 두상의 중심부에 볼륨을 주어 단발머리지만 우아함을 주고 턱선에서 일직선으로 어린모습이 표현되어 대부분이 선호하는 헤어스타일

보브 그래쥬에이션

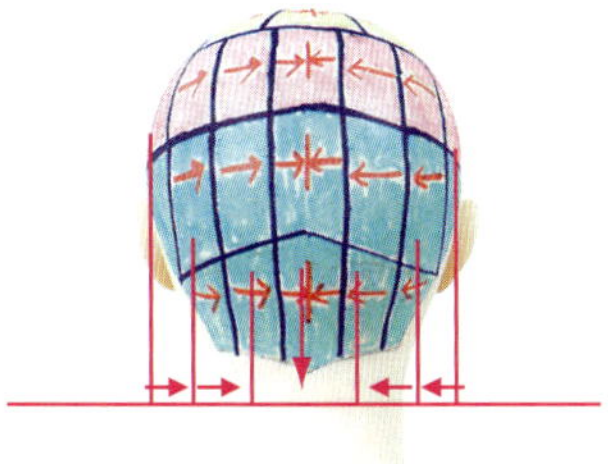

시술방법

1) 후하부 – 형태선 만들기 : 일직선+A라인선
   ① 후하부의 N.P에서 가이드를 3cm를 설정한 후 중심 10cm에서 먼저 일직선의 수평을 잡는다.
   ② 두상이 함몰된 부분의 중심부를 향해 베이스를 틀어서 일직선을 시술한다.
   ③ 두상이 튀어나온 바로아래 함몰된 부분에서 중심부의 길이를 짧게 하기 위하여 가이드를 6cm를 설정하여 N.P의 가이드와 연결한다.
   ④ 베이스를 중심으로 당겨서 중심부의 가이드와 연결한다.

2) 후중부 – 시술각 : 자연시술각 70˚
   ① B.P에서 G.P까지 자연시술각 70˚로 먼저 빗질을 하고 손가락이 따라 가면서 시술한다.
   ② 슬라이스는 세로로 뜨고 베이스는 중심으로 당겨서 시술한다.
   ③ 좌우가 동일하게 시술할 수 있도록 한쪽을 시술할 때 다른쪽을 생각하고 정확한 베이스를 알고 시술해야 한다.

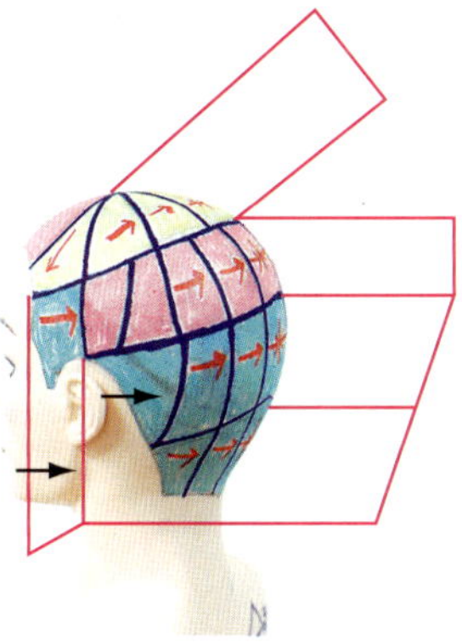

3) 전두부 – 일직선
   ① 일직선으로 시술한다. (당긴 만큼 곡선이 시술되므로 조심하다.)
   ② 앞머리의 길이에 따라 이미지가 달라진다.

4) 측두부 – 일직선 만들기
   ① 전두부와 측두부를 연결한다.
   ② E.P에 서서 두상이 함몰된 만큼 베이스를 뒤쪽으로 당기면서 일직선으로 시술한다.

5) 후상부 – 일반시술각 up 45˚
   ① 방사형섹션으로 나누어서 온더베이스로 시술한다.
   ② 곡면이 들어간 만큼 곡면을 길게 시술하기 위하여 일반시술각도 up 45˚로 시술한다.
   ③ 자연시술각 90˚로 수직으로 끌어올려서 시술해도 일반시술각도 up45도로 시술된다.

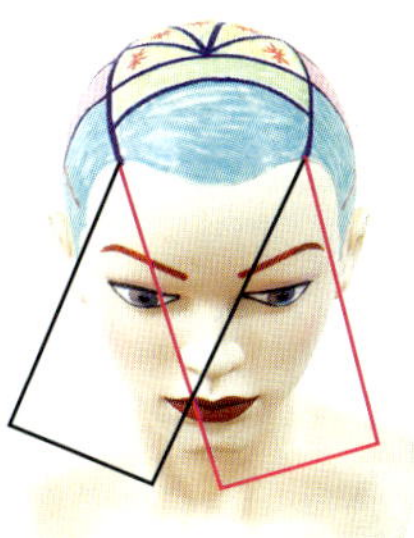

6) 질감처리 – 쳐내기 : 드라이한 것처럼
   ① 전두부의 일직선의 이미지는 그대로 둔채로 속에 있는 모발의 길이를 C커브를 그리면서 틴닝으로 시술한다.
   ② 후중부의 중심부의 모발을 볼륨을 시술하는 그라데이션틴닝으로 시술한다.
   ③ 두상이 들어간 후중부의 시술은 방향성과 골격보정을 하기 위하여 모발을 앞쪽으로 당겨서 길이가 다르게 하기 위한 틴닝을 시술한다.
   ④ 측두부의 질감도 일직선의 형태선을 유지하고 속모발만 C커브를 그리면서 시술한다.

보브 그래쥬에이션 3

01

02
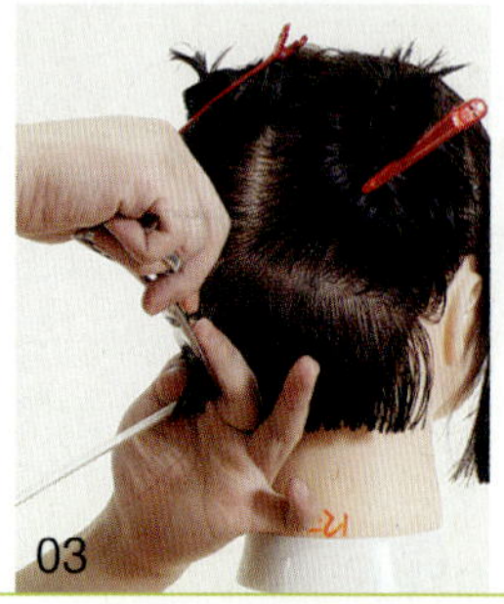
03

04

05

01. 수평인 형태선을 시술한다.
02. 전대각으로 슬라이스를 나눈 후 중심부에서 5cm의 길이가이드를 설정한다.
03. 길이설정한 모발과 수평선의 길이 가이드를 연결한다.
04. 중심부에 맞추어서 베이스를 당겨서 시술한다.
05. 전대각 슬라이스를 나누고 중심부의 판넬를 잡는다.

06
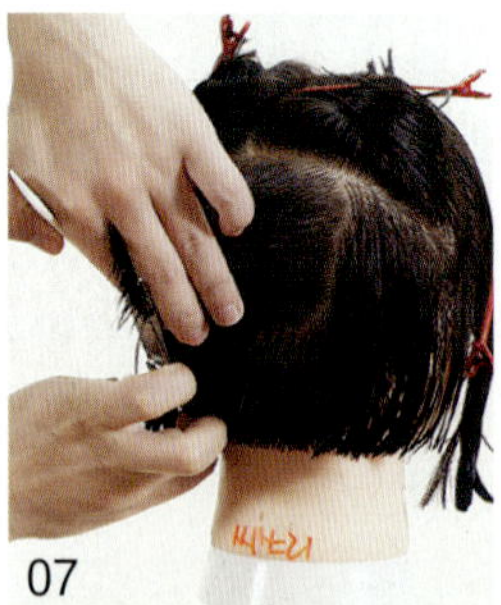
07

08

09

10

06. 이전에 시술했던 가이드에 맞추어 자연시술각 70˚로 시술한다.
07. 다음 판넬은 중심판넬로 베이스를 이동시켜서 가이드에 맞추어서 시술한다.
08. 뒷모발은 동일한 방법으로 베이스를 이동시켜서 가이드에 맞추어서 시술한다.
09. 전대각 슬라이스를 나누고 아래와 동일하게 시술하다.
10. 측두부의 턱선(11cm) 맞추어서 일직선으로 시술한다.

11

12

13

14

15

11. 반대편도 동일한 방법으로 시술한다.
12. 전두부의 영역을 일직선으로 먼저 시술한다.
13. 자연스러움을 표현하기 위하여 낫칭으로 시술한다.
14. U라인영역은 평면으로 자연시술각 90˚를 먼저 시술하고 일반시술각 90˚로 시술한다.
15. 전두부부터 질감처리를 시작한다. 앞머리를 길이를 조합하기위하여 틴닝가위로 시술한다.

Bob Graduation 3

16. 모발끝부분에서 라인틴닝을 시술한다.틴닝가위를 사선으로하여 모발의 방향을 잡는다.
17. 모류방향을 보면서 틴닝가위의 깊이를 조절한다.
18. 이너그라데이션틴닝을 넣어서 시술한다.이때 모발의 길이가 12cm를 넘지 않아야 한다.
19. 먼저 큰원을 그리면서 틴님가위가 빠져나오고 그다음은 더작은 그리면서 시술한다.
20. 다음 판넬도 동일한 방법으로 이너그라데이션틴닝을 넣는다.

21. 후상부에는 볼륨을 주기 위한 이너틴닝을 시술한다.
22. 길이를 3cm, 5cm, 7cm, 9cm를 점점 길어지게 커트하여 볼륨을 얻는다.
23. 모발끝부분에서는 길이를 조합하기 위한 라인틴닝을 시술한다.
24. 처음엔큰원을 그리면서 티닝가위를 사선으로 시술하여 빠져 나오면서 다음은 좀작은원을 시술한다
25. 안으로 들어 갈수록 작은원을 그리고 횟수를 늘려가면서 시술한다.

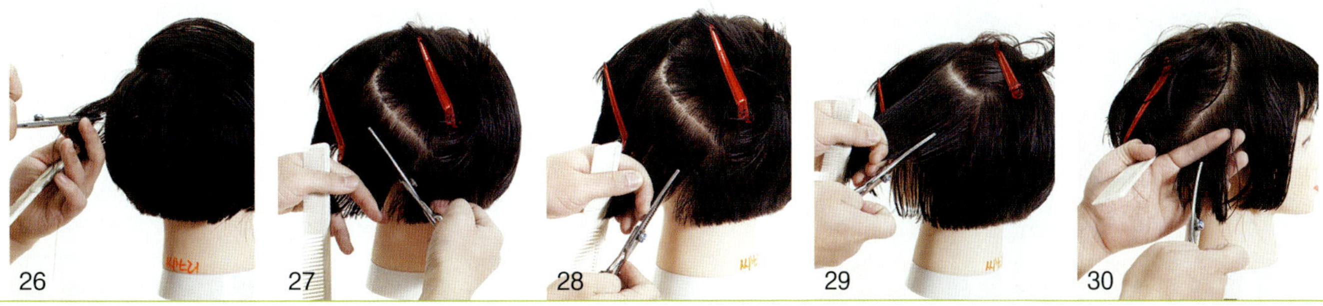

26. 후중부에는 볼륨을 주기 위한 이너그라에이션틴닝을 넣는다.
27. 두상이 함몰된 부분은 모류보정과 골격보정이 필요하여 두가지를 한꺼번에 하기위한 방법으로 모발빗질을 앞쪽으로 하고 틴닝가위를 90˚로 수직으로 하여 시술한다.
28. 틴닝가위를 사선으로 모발의 길이를 다르게 하여 시술한다.
29. 틴닝가위를 모발의 방향성을 제시하기 위하여 C커브를 그리면서 시술한다.
30. 반대편도 동일하게 시술한다.이때 위가 짧게 들어가야 귀바퀴방향의 방향성이 제시된다.

실습날짜 :	요점정리

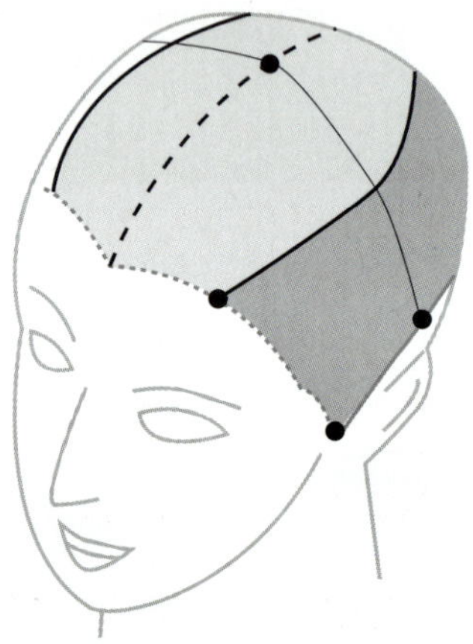

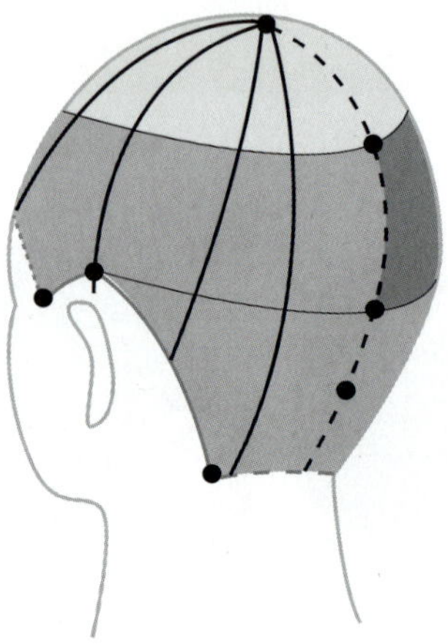

★ 나의 작품 뽐내보기 ★

사랑스런 단발머리는 볼륨에서 시작된다

사각형 - 10. 보브그래쥬에이션4

Bob Graduation4

자연스런 단발머리에 볼륨을 주어 손질이 편한 헤어스타일 일직선의 단발머리의 단조로움을 피하기 위하여 두상의 중심부에 볼륨을 주어 단발머리지만 우아함을 주고 턱선에서 옆선을일직선으로 시술하고 앞머리는 길게 사선으로 표현한 헤어스타일

보브 그래쥬에이션

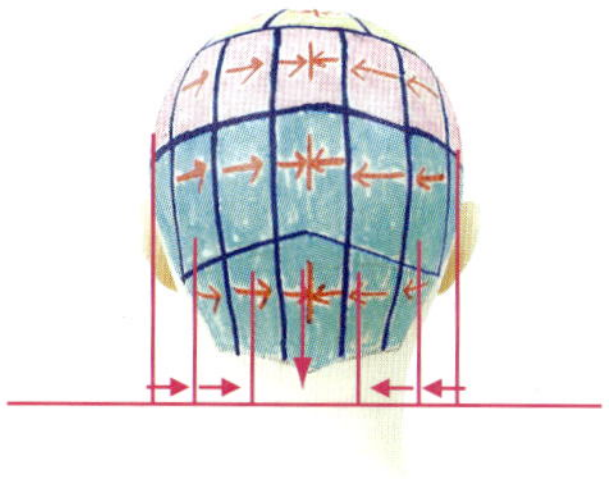

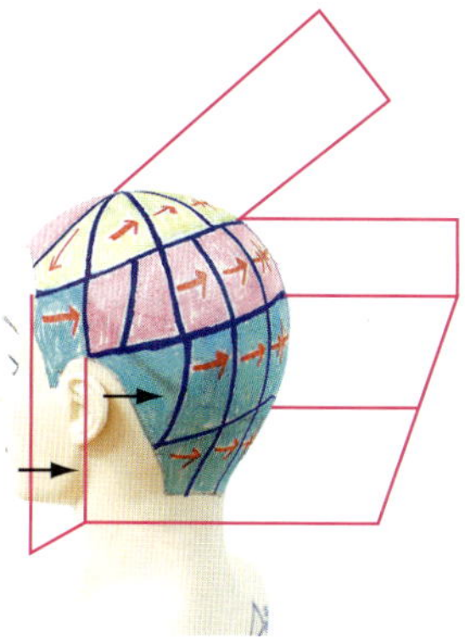

시술방법

1) 후하부 – 형태선 만들기 : 일직선+A라인선
   ① 후하부의 N.P에서 가이드를 3cm를 설정한 후 중심 10cm에서 먼저 일직선의 수평을 잡는다.
   ② 두상이 함몰된 부분의 중심부를 향해 베이스를 틀어서 일직선을 시술한다.
   ③ 두상이 튀어나온 바로아래 함몰된 부분에서 중심부의 길이를 짧게 하기 위하여 가이드를 5cm를 설정하여 N.P의 가이드와 연결한다.
   ④ 베이스를 중심으로 당겨서 중심부의 가이드와 연결한다.

2) 후중부 – 시술각 : 자연시술각 70˚
   ① B.P에서 G.P까지 자연시술각 70˚로 먼저 빗질을 하고 손가락이 따라가면서 시술한다.
   ② 슬라이스는 세로로 뜨고 베이스는 중심으로 당겨서 시술한다.
   ③ 좌우가 동일하게 시술할 수 있도록 한쪽을 시술할 때 다른쪽을 생각하고 정확한 베이스를 알고 시술해야 한다.

3) 전두부 – 층사선
   ① 층사선으로 시술한다.
   ② 가르마를 나누고 왼쪽은 오른쪽으로 오른쪽은 왼쪽으로 모발을 교차하여 시술한다.

4) 측두부 – 사선 만들기
   ① 전두부와 측두부를 연결한다.
   ② E.P에 서서 두상이 함몰된 만큼 베이스를 뒤쪽으로 밀면서 시술한다.

5) 후상부 – G.P에서 일반시술각 90˚
   ① 방사형섹션으로 나누어서 온더베이스로 시술한다.
   ② 볼륨을 주기 위해 G.P에서 일반시술각 90˚로 시술한다.

6) 질감처리 – 쳐내기 : 드라이한 것처럼
   ① 전두부의 사선의 이미지는 그대로 둔채로 속에 있는 모발의 길이를 C커브를 그리면서 틴닝으로 시술한다.
   ② 후중부의 중심부의 모발을 볼륨을 시술하는 그라데이션틴닝으로 시술한다.
   ③ 두상이 들어간 후중부의 시술은 방향성과 골격보정을 하기 위하여 모발을 앞쪽으로 당겨서 길이가 다르게 하기 위한 틴닝을 시술한다.
   ④ 측두부의 질감도 사선의 형태선을 유지하고 속모발만 C커브를 그리면서 시술한다.

보브 그래쥬에이션 4

01. 후하부에서 일직선의 길이가이드를 3cm가 되게 설정한다.
02. 전대각으로 섹션을 나눈후 6cm의 길이가이드를 설정한다.
03. N.P와 6cm의 길이가이드를 세로로 연결하면서 중심부의 길이가이드를 설정한다.
04. 중심부의가이드와 일직선의 형태선 사이드의 가이드와 모발을 연결한다.
05. 반대쪽도 동일한 방법으로 연결한다.

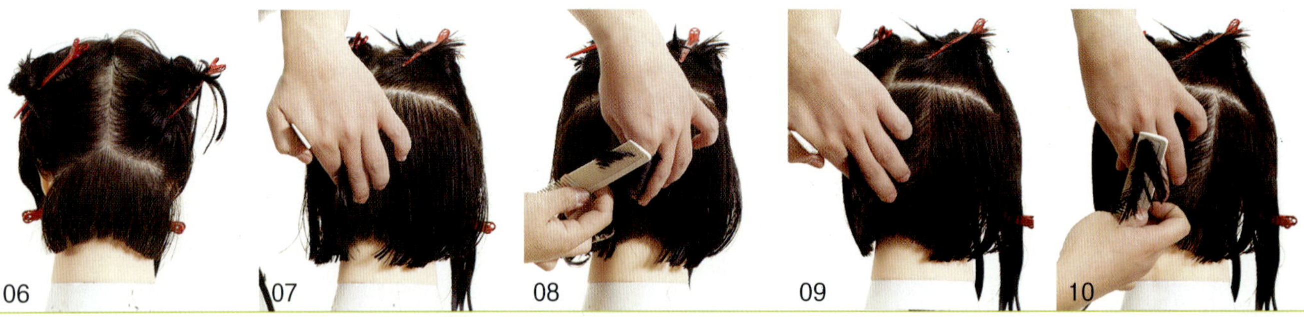

06. A라인의 형태선을 시술해 놓은 상태이다.
07. 전대각섹션을 나눈후 밑에서 온 가이드가 자연시술각 90°가 되게 시술하여 중심부에 길이가이드를 설정한다.
08. 다음판넬은 베이스를 중심부로 당겨서 시술한다.
09. 세로로 슬라이스를 뜨고 베이스를 중심부로 당겨서 시술한다.
10. 반대쪽도 중심부로 당겨서 시술한다.

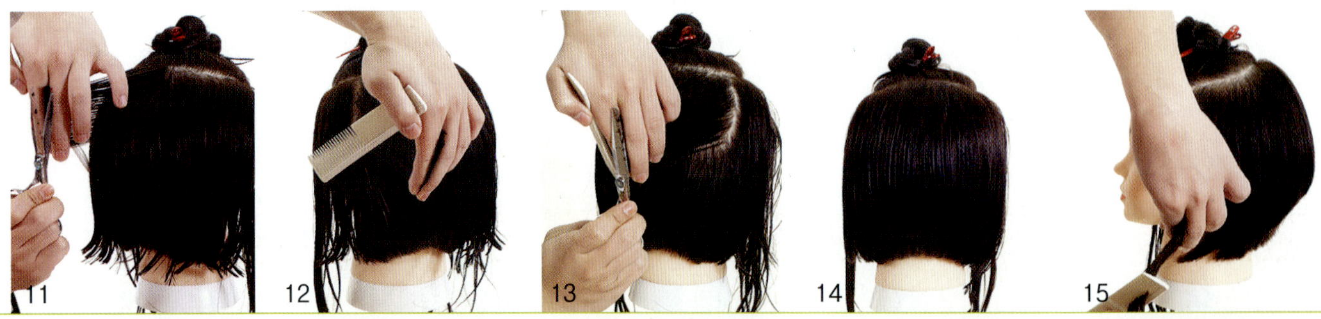

11. 다음 영역도 베이스를 중심부로 당겨서 시술한다.
12. 베이스를 당길때는 빗질을 먼저 시술해야 정확한 커트선이 생긴다.
13. 반대쪽도 동일하게 중심부로 베이스를 중심부로 당겨서 시술한다.
14. 베이스를 중심부로 당겨서 시술해 놓은 A라인의 형태이다.
15. 측두부도 베이스를 E.P까지 당겨서 시술한다.

Bob Graduation 4

16. 측두부의 옆선을 시술해 놓은 상태이다.
17. 반대편 모발도 E.P까지 당겨서 시술한다.
18. 후상부의 모발은 G.P에서 일반시술각 90° 가 되게 하여 시술한다.
19. 방사형섹션으로 떠서 G.P에서 오는 가이드에 맞추어서 시술한다.
20. 전두부의 앞머리표정은 사선으로 슬라이스를 뜬 후 반대편으로 모발을 교차하여 슬라이스와 평행하게 시술한다.

21. 반대편도 동일한 방법으로 시술한다.
22. 앞머리를 시술하고 난 중간부분의 모발은 가이드와 연결하여 시술한다.
23. 전두부의 모발부터 모발의 자연스러움을 표현하기 위하여 라인틴닝으로 질감처리한다.
24. 이너그래쥬에이션티닝으로 틴닝을 넣어서 볼륨을 준다.
25. 후상부부분은 라인틴닝을 넣어 C컬의 볼륨을 표현한다.

26. 한판넬의 모발을 잡고 3개로 나눈 후 처음은 한번.두번째는 3번,3번째는 다섯 번의 틴닝을 넣어 C컬의 볼륨으 표현한다.
27. 모발을 앞쪽으로 당겨서 기위를 수직으로하여 앞모발을 짧고 뒷모발은 길게하여 C컬의 방향성의 흐름을 만든다.
28. 윗모발을 짧게하여 C커브를 그리면서 틴닝가위를 뺀다.
29. 사선으로 길이를 다르게 하여 모발을 빼내야 자연스런 C컬의 흐름이 생긴다.
30. 반대편도 동일한 방법으로 시술한다.

실습날짜 :	요점정리

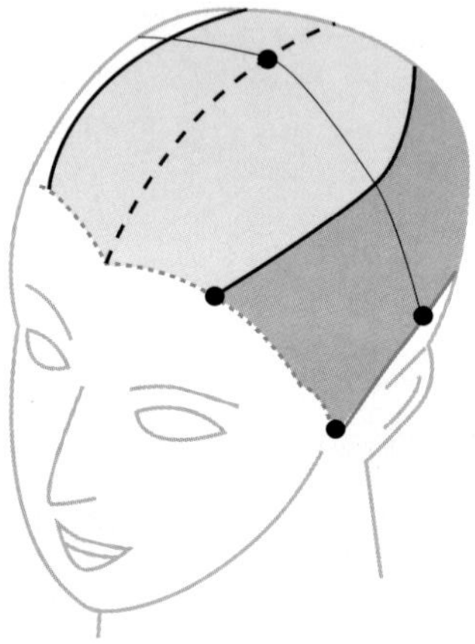

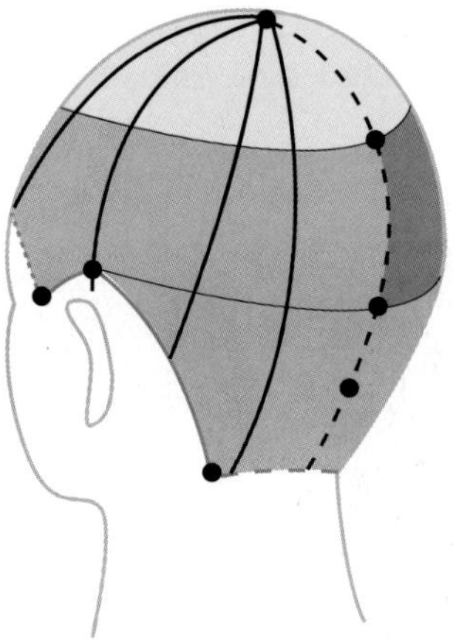

★ 나의 작품 뽐내보기 ★

역삼각형 - 혼합형 1

Mixing Style 1

숱이 많고 뻣뻣한 모발 여성에게 간단하게 손질할 수 있는 헤어스타일 어깨라인에는 부드러운 U라인의 형태선을 만들고 윗모발은 얼굴형이 예쁘게 보이는 길이로 시작하여 점점 길게 하여 형태선의 길이와 연결한다.이렇게 만든 헤어스타일은 어깨위에서 들쑥 날쑥 모발이 흔들리는 멋진 레이어가 되므로 앞머리는 차분하고 안정된 일직선을 시술하므로써 전체적으로는 안정된 분위기가 매력적이다.

혼합형 1

후하부는 율동감이 표현되고 후중부와 후상부에는 볼륨이 표현되는 울프 스타일

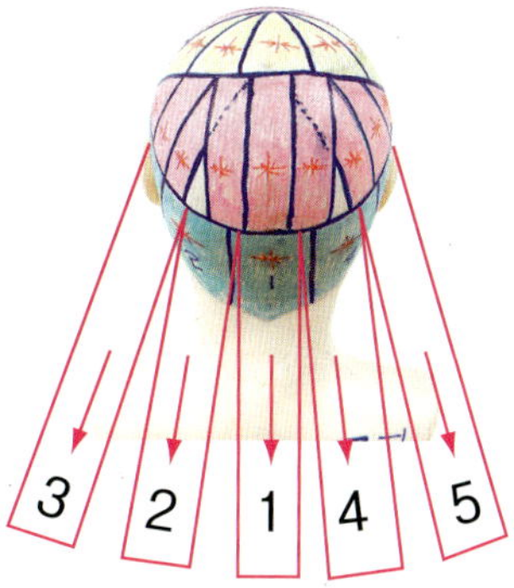

N.P길이 20cm
손가락 기울기 45도

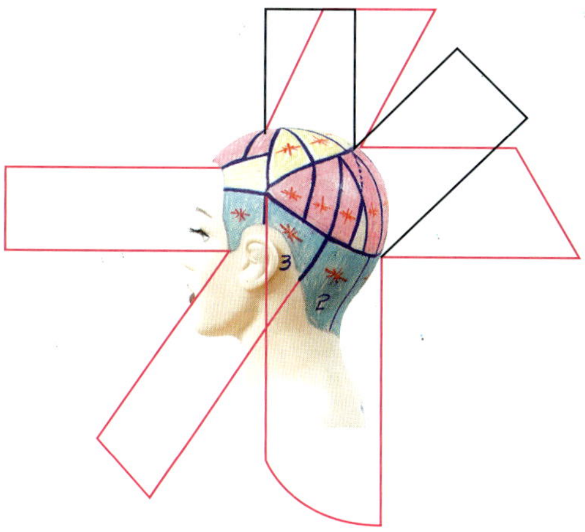

시술방법

1) 후하부 – 형태선 만들기 : U라인
① 후하부의 N.P에서 가이드를 20cm를 설정한 후 곡선으로 시술한다.
② 두상이 생긴모양을 표현하기 위해 온더베이스로 몸을 움직여 가면서 시술한다.
③ 나칭으로 형태선을 시술할때는 가위가 위를 향해 좌우가 위모발이 짧게 시술해야 한다.

2) 후중부 – 시술각 : 인크리스레이어
① U라인을 먼저 나누고 G.P에서 길이가이드를 16cm를 설정하여 G.P에서 일반시술각 90°가 되게 모발을 끌어 올려서 인크리스레이어 형태의 도해도를 시술한다.
② B.P에서 G.P까지 슬라이스 중심부는 세로로 뜨고 베이스는 온더베이스로 시술한다.
③ 좌우가 동일하게 시술할 수 있도록 한쪽을 시술할 때 다른쪽을 생각하고 정확한 베이스를 알고 시술해야 한다.

3) 측두부 – 후대각사선 만들기
① S.C.P에서 길이가이드를 17cm를 설정한다.
② 후대각 사선으로 시술한다.
③ 측두부와 후하부를 연결한다.

4) 전두부 – 일직선
① 일직선으로 시술한다.
② 중심부에서 가이드를 설정한 후 일직선으로 시술한다.

5) 후상부 – 일반시술각 : up 45°
① 방사형섹션으로 나누어서 온더베이스로 시술한다.
② 곡면이 들어간 만큼 곡면을 길게 시술하기 위하여 일반시술각도 up 45° 로 시술한다.
③ 자연시술각 90° 로 수직으로 끌어올려서 시술해도 일반시술각도 up 45° 로 시술된다.

6) 질감처리 – 처내기 : 드라이한 것처럼
① 전두부의 일직선의 이미지는 그대로 둔채로 속에 있는 모발의 길이를 C커브를 그리면서 틴닝으로 시술한다.
② 후중부의 중심부 모발을 볼륨을 시술하는 그라데이션틴닝으로 시술한다.
③ 두상이 들어간 후중부의 시술은 방향성과 골격보정을 하기 위하여 모발을 앞쪽으로 당겨서 길이가 다르게 하기 위한 틴닝을 시술한다.
④ 측두부의 질감도 후대각사선의 형태선을 유지하고 모발이 떨어지는 순서대로 C커브를 그리면서 시술한다.

혼합형 1

01

02

03

04

05

01. U라인 브록킹을 타고 시술을 위한 준비를 한다.
02. 후하부에 U라인의 형태선을 시술하기 위하여 중심부에 길이 가이드(20cm)를 설정한다.
03. 빗질,손가락의 기울기를 후대각으로 시술하여 U라인의 형태선을 시술한다.
04. 반대쪽도 빗질, 손가락의 기울기를 후대각으로 시술하여 U라인의 형태선을 시술한다.
05. 후중부 G.P의 길이가이드(16cm)를 설정한다.

06

07

08

09

10

06. 후중부의 중심부의 모발을 세로 슬라이스로 한판넬을 뜬다.
07. G.P에서 일반시술각 90˚ 보다 살짝더 들어 주는 느낌으로 판넬을 끌어 올려서 시술한다.
08. 시술한 모발을 자연시술각 상태에서 도해도를 보면 이렇게 윗모발이 짧고 아래가 길어진 인크리스레이어 형태로 시술되어 있다. 09. 두상이 함몰된 부분은 사선으로 시술하여 곡선을 표현한다.
10 .이곳의 모발을 모빌이 두껍기 때문에 나칭으로 시술한다.

11

12

13

14

15

11. 후중부와 후하부의 형태선과 연결하기 위해 세로로 판넬을 뜬다.
12. B.P와 N.P의 모발을 연결한다.
13. 측두부의 옆선을 시술하기 위하여 S.C.P의 길이가이드를 17cm로 설정한다.
14. 먼저 손가락의 기울기를 낮추어서 옆선의 느낌을 확인한다.
15. 자연시술각 45˚로 시술한 상태의 형태이다.

Mixing Style 1

16

17

18

19

20

16. 측두부의 옆선과 후하부의 U라인선을 연결한다.
17. 옆선이 무거운 느낌이 나므로 자연시술각 90° 로 다시 한번 시술한다.
18. 반대쪽 측두부의 옆선을 시술하기 위하여 S.C.P의 길이가이드를 17cm로 설정한다.
19. 먼저 손가락의 기울기를 낮추어서 옆선의 느낌을 확인한다
20. 측두부의 옆선과 후하부의 U라인선을 연결한다.

21

22
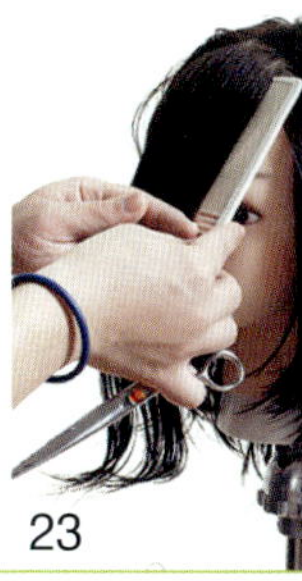
23

24
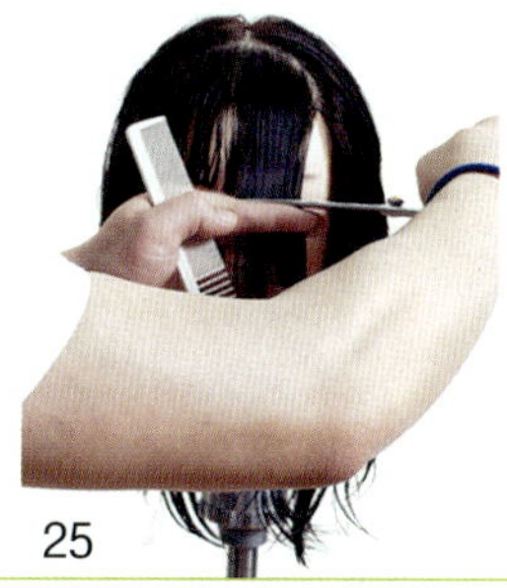
25

21. 옆선이 무거운 느낌이 나므로 자연시술각 90° 로 다시 한번 시술한다.
22. 후상부는 면에 대해 90° 로 시술하고 다시 그대로 끌어올려 자연시술각 90° 로 시술한다.
23. 전두부는 길이가이드를 설정한다.
24. 중심부에서 길이 가이드를 설정한 후 한쪽을 먼저 일직선으로 시술한다.
25. 손가락을 수평으로 하여 가운데 손가락의 손톱이 보일수 있게 하고 가위도 수평으로 하여 시술한다.

26

27

28

29

30

26. 앞머리를 사선으로 한판넬을 떠서 겉모발은 자르지 않고 속모발만 C컬을 만들면서 틴닝으로 시술한다.
27. 측두부의 옆선의 모발을 질감처리를 위해 시술했던 각도로 한 판넬을 뜬다.
28. 위모발이 짧게 틴닝가위를 사선으로 넣어 원하는 만큼의 깊이를 넣고 시술한다.
29. 후중부는 볼륨을 시술하기 위해 이너그라데이션 틴닝을 시술한다.
30. 후하부는 형태선을 만들고 율동감을 주기 위해 위에서 아래로 시술한다.

실습날짜 :	요점정리

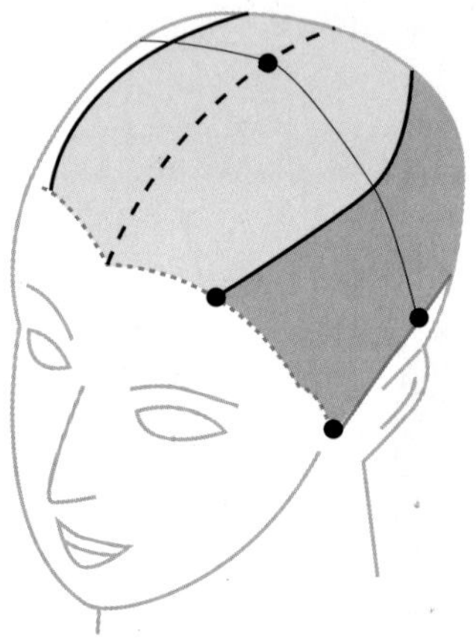

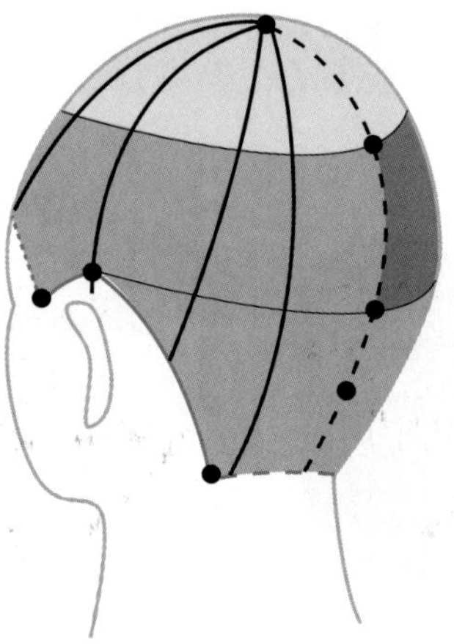

★ 나의 작품 뽐내보기 ★

역삼각형 - 혼합형 2

Mixing Style 2

앞선과 뒷선이 다르다는 것이 이 스타일의 포인트이다. 앞선에는 전대각섹션의 느낌으로 앞쪽의 모발이 길어지게 시술되고, 뒷선은 U라인의 형태선으로 샤기한 느낌을 주기 위해 스트록 커트로 시술되었다. 한 가지 헤어스타일에 싫증을 느끼거나 또 다른 변화를 헤어스트일에 주고자하는 경우에 하는 스타일로 드라마 싸인에 김아중 헤어스타일 변형이라고도 표현된다. 이 헤어스타일은 또한 후하부에는 거친느낌과 율동감을 표현하게 레이어로 시술되고 후중부영역에는 볼륨감을 주어 조금 긴 듯한 모발이 손질이 편안하고 자연스런 느낌을 준 헤어스타일이다.

혼합형 2

후하부는 율동감이 표현되고 후중부와 후상부에는 볼륨이 표현되는 2섹션 스타일

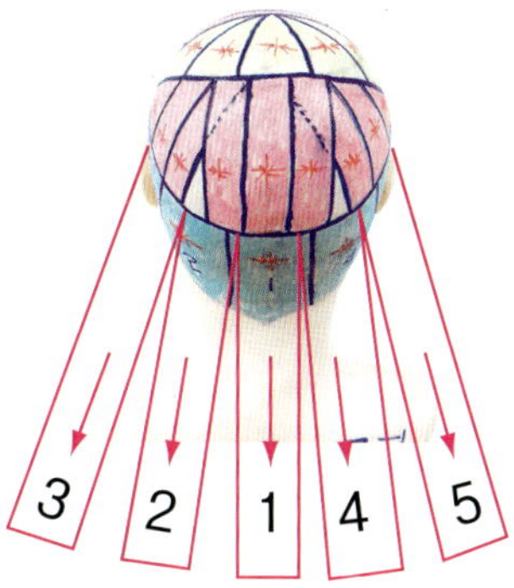

N.P길이 20cm
손가락 기울기 45도

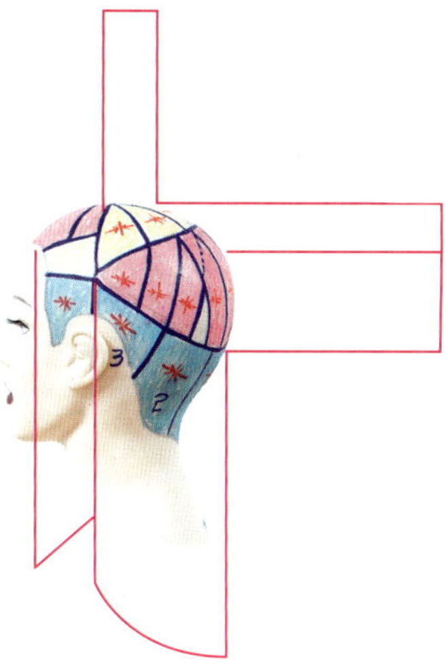

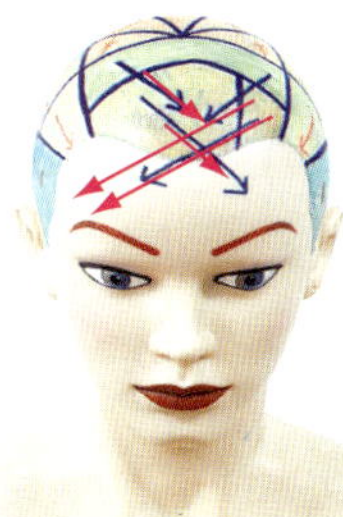

시술방법

1) 후하부 – 형태선 만들기 : U라인
   ① 후하부의 N.P에서 가이드를 20cm를 설정한 후 곡선으로 시술한다.
   ② 두상이 생긴모양을 표현하기 위해 온더베이스로 몸을 움직여 가면서 시술한다.
   ③ 나칭으로 형태선을 시술할때는 가위가 위를 향해 좌우가 위모발이 짧게 시술해야 한다.

2) 측두부 – 전대각사선 만들기
   ① E.P에서 길이가이드를 14cm를 설정한다.
   ② 전대각 사선으로 시술하기 위해 뒤쪽으로 빗질하여 시술한다.
   ③ 측두부와 후하부를 연결한다.

3) 후중부 – 시술각 : 자연시술각 90°
   ① U라인을 먼저 나누고 G.P에서 길이가이드를 17cm를 설정하여 G.P에서 자연시술각 90°가 되게 시술한다.
   ② B.P에서 G.P까지 슬라이스 중심부는 세로로 뜨고 두상이 함몰된 부분은 사선으로 하여 베이스는 온더베이스로 시술한다.
   ③ 좌우가 동일하게 시술할 수 있도록 한쪽을 시술할 때 다른쪽을 생각하고 정확한 베이스를 알고 시술해야 한다.

4) 전두부 – 층사선
   ① 층사선으로 시술한다.
   ② 가르마를 나누고 왼쪽은 오른쪽으로 오른쪽은 왼쪽으로 모발을 교차하여 시술한다.

5) 후상부 – 스퀘어
   ① 방사형섹션으로 나누어서 온더베이스로 곡면이 들어간 만큼 곡면을 길게 일직선으로 시술한다.
   ② 곡면이 들어간 만큼 곡면을 길게 시술하고 다시 한번 자연시술각 90°로 수직으로 끌어올려서 시술한다.

6) 질감처리 – 처내기 : 드라이한 것처럼
   ① 전두부의 층사선의 이미지는 그대로 둔채로 속에 있는 모발의 길이를 C커브를 그리면서 틴닝으로 시술한다.
   ② 후중부의 중심부 모발을 볼륨을 시술하는 그라데이션틴닝으로 시술한다.
   ③ 두상이 들어간 후중부의 시술은 방향성과 골격보정을 하기 위하여 모발을 앞쪽으로 당겨서 길이가 다르게 하기 위한 틴닝을 시술한다.
   ④ 측두부의 질감도 후대각 전대각사선의 형태선을 유지하고 모발이 떨어지는 순서대로 C커브를 그리면서 시술한다.

혼합형 2

01. U라인의 형태선을 스트록커트로 시술한다.
02. 잘못자르기 쉬운 영역 E.P.에서 14cm의 길이 가이드를 설정한다.
03. 가이드에 맞추어 전대각으로 빗질을 한다.
04. 전대각으로 시술하여 앞선의 길이가 길게 시술한다.
05. 측두부의 옆선을 시술한 상태이다.

06. 후하부에 선과 E.P의 길이가이드를 슬라이드커트로 연결한다.
07. 연결된 상태의 모발이다.
08. 반대편도 영역 E.P.에서 14cm의 길이 가이드를 설정한다.
09. 측두부의 모발을 뒤쪽으로 빗질하여 E.P에서 모발을 잡는다.
10. 판넬에 있는 모발을 스트록커트로 시술한다.

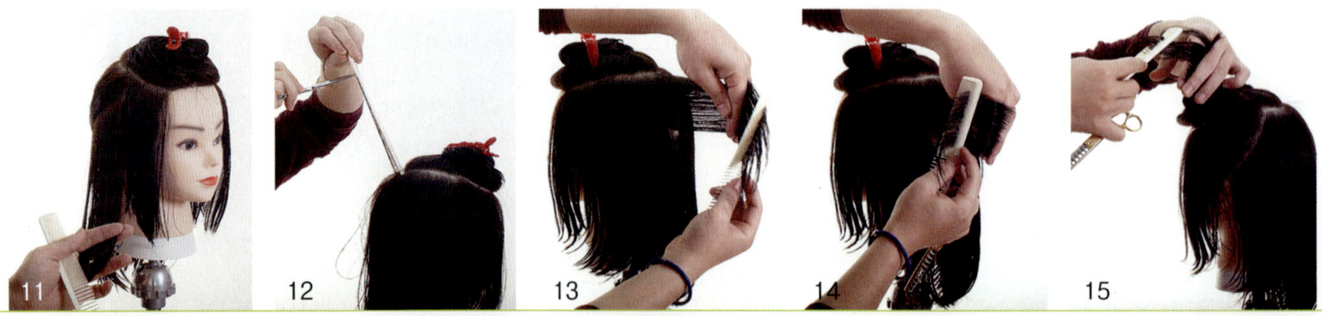

11. 후하부에 선과 E.P의 길이가이드를 슬라이드커트로 연결한다.
12. 후중부의 G.P에서 17cm의 길이가이드를 설정한다.
13. 후중부의 중심부를 자연시술각 90° 로 시술한다.
14. 다음판넬의 모발은 중심부로 베이스를 당겨서 시술한다.
15. 후하부의 형태선은 남겨두고 후중부의 모발과 연결하여 시술한다.

Mixing Style 2

16

17

18

19

20

16. 전두부는 가르마를 먼저 나눈 후 슬라이스와 평행하게 하여 스트록커트를 시술한다.
17. 첫번째에 시술했던 모발에 맞추어서 다음모발도 스트록커트로 시술한다.
18. 반대쪽에 있는 모발도 시술한다.
19. 앞으로 떨어진 모발은 가이드에 맞추어 동일한 방법으로 시술한다.
20. 후상부는 볼륨을 주기 위해 곡면이 함몰된 것을 무시하고 그대로 끌어내어 시술한다.

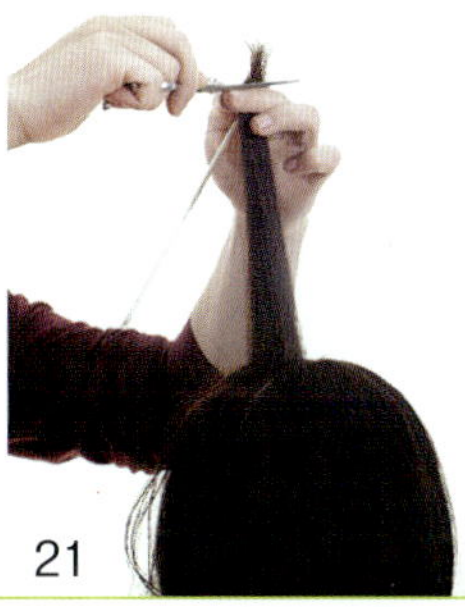
21

22

23

24

25

21. 방사형섹션으로 나누어서 다시한번 자연시술각 90˚로 시술한다.
22. 후하부와 후중부에서 나온 길이가이드와 슬라이드커트로 연결한다.
23. 중심부는 세로로 슬라이스를 두상이 함몰된 양쪽은 사선슬라이스를 떠서 시술한다.
24. 후하부, 후중부, 측두부가 시술이 종료된 상태이다.
25. 전두부에서부터 라인틴닝을 넣어 질감처리한다.

26

27

28

29

30

26. 측두부의 모발도 모발이 떨어진 순서대로 위가 짧게 틴닝가위를 사선으로 넣어 시술한다.
27. 후중부의 중심부는 볼륨을 주기 위한 이너그라데이션틴닝을 넣는다.
28. 두상이 함몰된 부분은 방향성을 제시하기위한 라인틴닝을 넣는다.
29. 모발을 앞쪽으로 당겨서 빗질하고 틴닝을 서선으로 넣어서 시술한다.
30. 시술이 종료된 상태이다.

실습날짜 :	요점정리

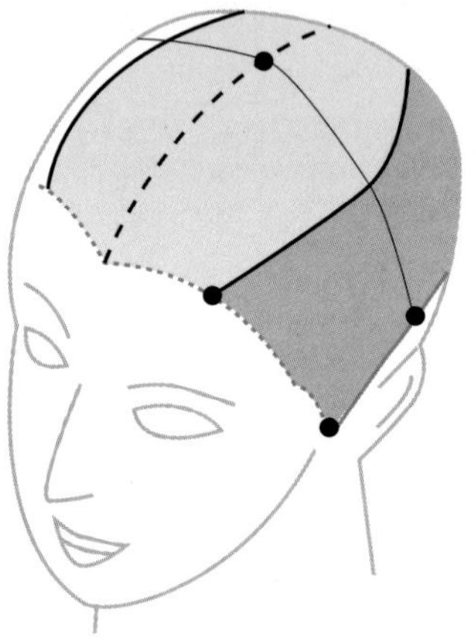

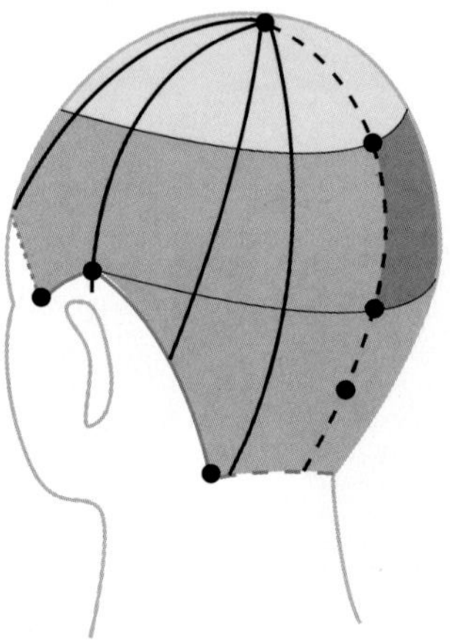

★ 나의 작품 뽐내보기 ★

역삼각형 - 혼합형 3

Mixing Style 3

앞선과 뒷선이 다르다는 것이 이 스타일의 포인트이다. 앞선에는 전대각섹션의 느낌으로 앞쪽의 모발이 길어지게 시술되고, 뒷선은 U라인의 형태선으로 샤기한 느낌을 주기 위해 스트록 커트로 시술되었다. 한 가지 헤어스타일에 싫증을 느끼거나 또 다른 변화를 헤어스트일에 주고자하는 경우에 하는 스타일로 드라마 싸인에 김아중 헤어스타일 변형이라고도 표현된다. 이 헤어스타일은 또한 후하부에는 거친느낌과 율동감을 표현하게 레이어로 시술되고 후중부영역에는 볼륨감을 주어 조금 긴 듯한 모발이 손질이 편안하고 자연스런 느낌을 준 헤어스타일이다.

혼합형 3

후하부는 율동감이 표현되고 후중부와 후상부에는 볼륨이 표현되는 2섹션 스타일

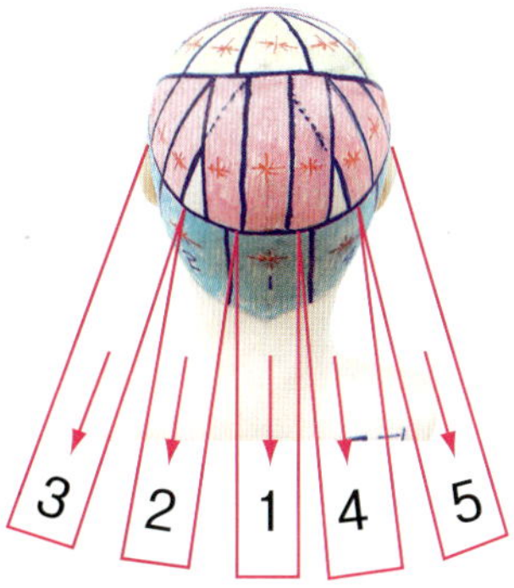

N.P길이 20cm
손가락 기울기 45도

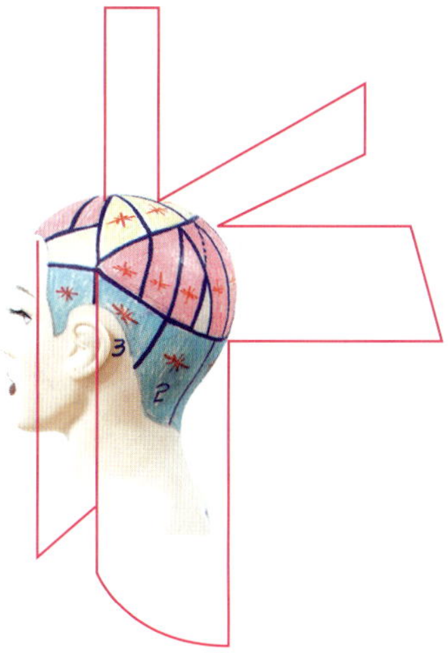

시술방법

1) 후하부 – 형태선 만들기 : U라인
   ① 후하부의 N.P에서 가이드를 20cm를 설정한 후 곡선으로 시술한다.
   ② 두상이 생긴모양을 표현하기 위해 온더베이스로 몸을 움직여 가면서 시술한다.
   ③ 나칭으로 형태선을 시술할때는 가위가 위를 향해 좌우가 위모발이 짧게 시술해야 한다.

2) 측두부 – 전대각사선 만들기
   ① E.P에서 길이가이드를 13cm를 설정한다.
   ② 전대각 사선으로 시술하기 위해 뒤쪽으로 빗질하여 시술한다.
   ③ 측두부와 후하부를 연결한다.

3) 후중부 – 시술각 : 일반시술각 90°
   ① U라인을 먼저 나누고 G.P에서 길이가이드를 17cm를 설정하여 G.P에서 일반시술각 90°가 되게 시술한다.
   ② B.P에서 G.P까지 슬라이스 중심부는 세로로 뜨고 두상이 함몰된 부분은 사선으로 하여 베이스는 온더베이스로 시술한다.
   ③ 좌우가 동일하게 시술할 수 있도록 한쪽을 시술할 때 다른쪽을 생각하고 정확한 베이스를 알고 시술해야 한다.

4) 전두부 – 층사선
   ① 층사선으로 시술한다.
   ② 가르마를 나누고 왼쪽은 오른쪽으로 오른쪽은 왼쪽으로 모발을 교차하여 시술한다.

5) 후상부 – 스퀘어
   ① 방사형섹션으로 나누어서 온더베이스로 곡면이 들어간 만큼 곡면을 길게 일직선으로 시술한다.
   ② 곡면이 들어간 만큼 곡면을 길게 시술하고 다시 한번 자연시술각 90°로 수직으로 끌어올려서 시술한다.

6) 질감처리 – 처내기 : 드라이한 것처럼
   ① 전두부의 층사선의 이미지는 그대로 둔채로 속에 있는 모발의 길이를 C커브를 그리면서 틴닝으로 시술한다.
   ② 후중부의 중심부 모발을 볼륨을 시술하는 그라데이션틴닝으로 시술한다.
   ③ 두상이 들어간 후중부의 시술은 방향성과 골격보정을 하기 위하여 모발을 앞쪽으로 당겨서 길이가 다르게 하기 위한 틴닝을 시술한다.
   ④ 측두부의 질감도 후대각 전대각사선의 형태선을 유지하고 모발이 떨어지는 순서대로 C커브를 그리면서 시술한다.

혼합형 3

01~02. 앞뒤의 모발을 나눈후 후하부에 U라인 형태선의 자연스러움을 표현하기 위하여 스트록커트 형태선을 시술한다.
03. 측두부의 선을 표현하기 위하여 E.P에서 길이가이드를 13cm를 설정한다.
04. 앞선이 더길게 표현하기 위하여 베이스를 E.P쪽으로 당겨서 시술한다.
05. 모발이 자연스럽게 융합되면서 떨어지게 스트록커트로 시술한다.

06. 측두부와 후하부의 선을 연결하기 위해 후대각으로 슬라이스를 나눈다.
07. E.P와 E.B.P의 선을 연결한다.
08. 반대편도 측두부의 선을 시술하기 위하여 길이가이드를 12cm로 설정한다.
09. 앞선이 더길게 표현하기 위하여 베이스를 E.P쪽으로 당겨서 시술한다.
10. 후하부와 측두부의 선을 연결한다.

11. 측두부와 후하부의 선을 연결하기 위해 후대각으로 슬라이스를 나눈 후 E.P와 E.B.P의 선을 연결한다.
12. 후중부를 시술하기 위하여 B.P의 길이가이드를 17cm로 설정한다.
13. 후중부 B.P-G.P를 일반시술각 90˚, 온더베이스 시술한다.
14. 모발이 겹치는 중심부는 세로 슬라이스로 모발의 판넬을 떠서 일반시술각 90˚로 시술한다.
15. 두상이 함몰된 부분은 사선으로 모발의 판넬을 떠서 중심부의 모발과 E.B.P의 모발과 연결한다.

Mixing Style 3

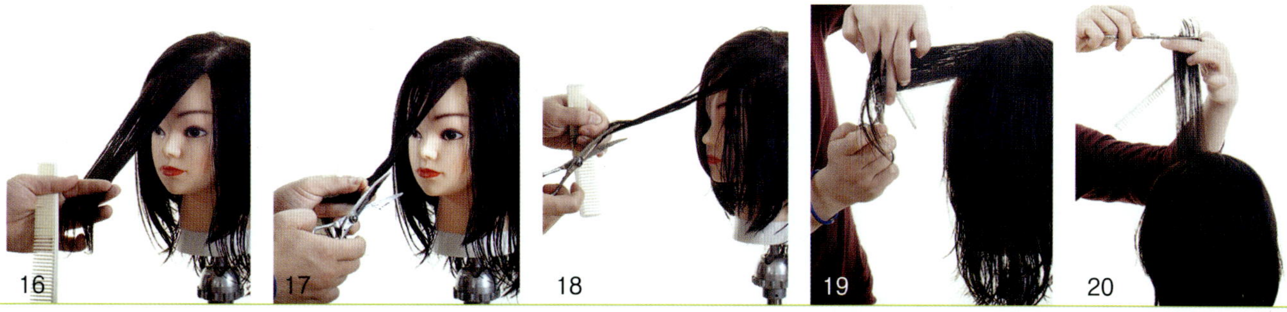

16. 전두부를 시술하기 위해 가르마를 나누고, 슬라이스를 사선으로 나눈후 손가락과 슬라이스를 평행하게 잡는다.
17. 슬라이스와 손가락을 평행하게 잡고 스트록커트로 시술한다.
18. 왼손의 가이드를 놓치지 않고 스트록 커트를 시술한다.
19. 후상부에 볼륨을 주기 위해 G.P-T.P를 자연시술각 90° 로 시술한다.
20. 두상이 함몰된 부분에서 너무길게 모발이 잘리므로 T.P 3cm안쪽에서 다시 모발을 들어 올려 수직인 자연시술각 90° 로 시술한다.

21. 후중부와 후하부를 연결하기 위하여 스트록커트를 시술한다.
22. 모발이 결치는 중심부는 세로 슬라이스로 떠서 스트록커트를 시술한다.
23. 곡선이 필요한 두상이 함몰된 사이드는 세로로 슬라이스로 시술한다.
24. 전두부에 드라이한것 처럼 자연스러움을 표현하기 위하여 이너틴닝을 시술한다.
25. 모발이 많은 경우에는 윗모발이 짧아지게 틴닝을 시술한다.

26. 모발이 뭉치는 것을 방지하고 자연스러움을 표현하기 위하여 모발끝부분에 라인틴닝을 시술한다.
27. 후중부 중심부에는 볼륨을 주기 위해 이너틴닝을 시술한다.
28. 두상이 함몰된 사이드는 모발의 방향성을 주기 위해 모바을 얼굴쪽으로 당겨서 가위가 위를 향하게 하고 틴닝을 시술한다.
29. 길이를 길고 짧음을 이용한 모발의 특성을 알고 가위를 빼내면서 시술한다.
30. 모발 끝부분에도 방향성을 제시하기 위한 틴닝을 시술한다.

실습날짜 :	요점정리

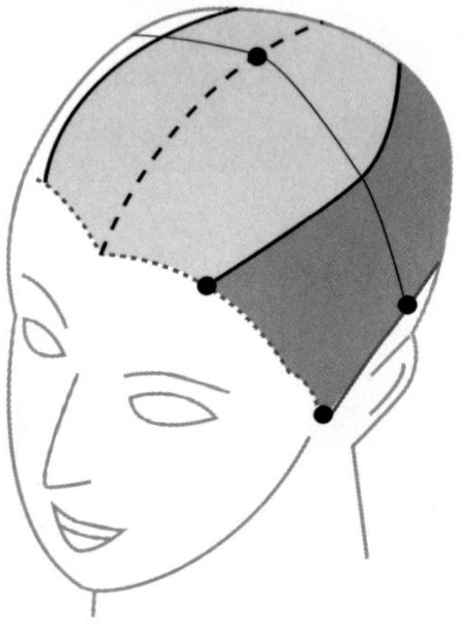

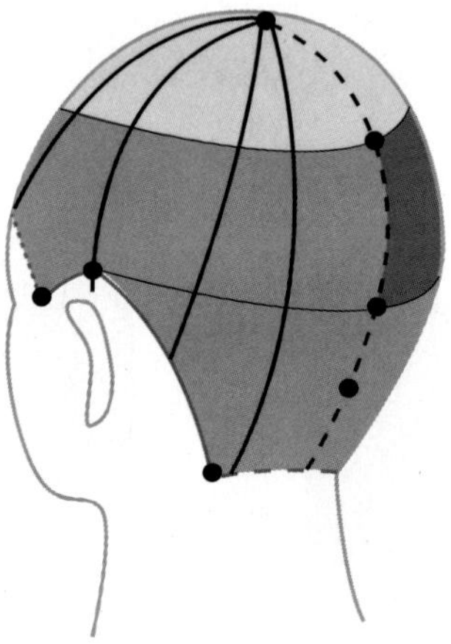

★ 나의 작품 뽐내보기 ★

역삼각형 - 4. 그래쥬에이션

U Line Gradu 3

뒤의 형태는 자연스런 두상의 형태를 연장한 U머라인를 볼륨을 만든 것이지만 앞부분을 사선으로 표현하여 둥근얼굴을 가진 고객에게 단점을 과감하게 피하고자 할때 하는 헤어스타일이다.

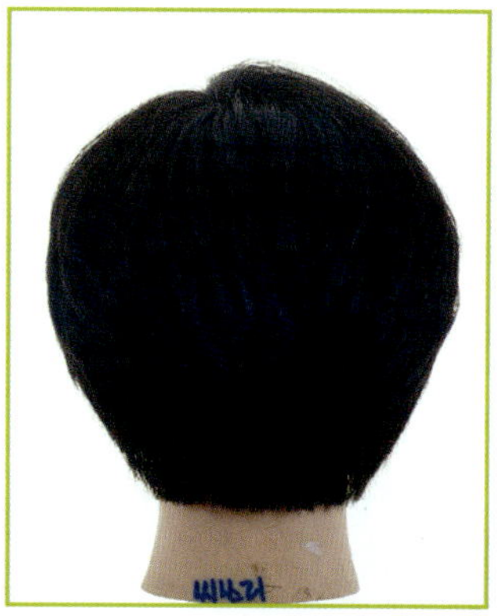

U라인 그래쥬에이션 3

깜직함을 주기 위한 짧은 헤어스타일

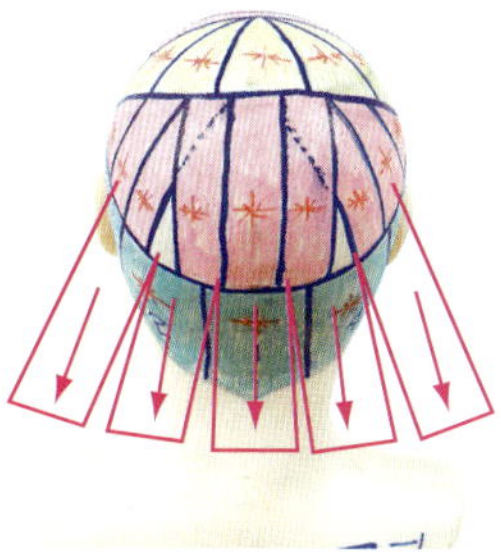

시술방법

1) 후하부 – 형태선 만들기 : U라인
   ① 후하부의 N.P에서 가이드를 2cm를 설정한 후 곡선으로 시술한다.
   ② 두상이 생긴모양을 표현하기 위해 온더베이스로 몸을 움직여 가면서 시술한다.
   ③ N.P의 자연시술각 70° 로 시술하여 층을 만들어주면서 중심부의 길이를 설정하고 온더베이스로 몸을 움직여 가면서 시술하고 모발이 없는 곳은 사이드베이스로 시술한다.

2) 후중부 – 시술각 : 자연시술각 45, 90°
   ① U라인을 먼저 나누고 후하부에서 길이가이드를 설정하여 자연시술각 45° 가 되게 시술한다.
   ② B.P에서 G.P까지 슬라이스 중심부는 세로로 떠서 자연시술각 90° 가 되게 시술한다.
   ③ 좌우가 동일하게 시술할 수 있도록 한쪽을 시술할 때 다른쪽을 생각하고 정확한 베이스를 알고 시술해야 한다.

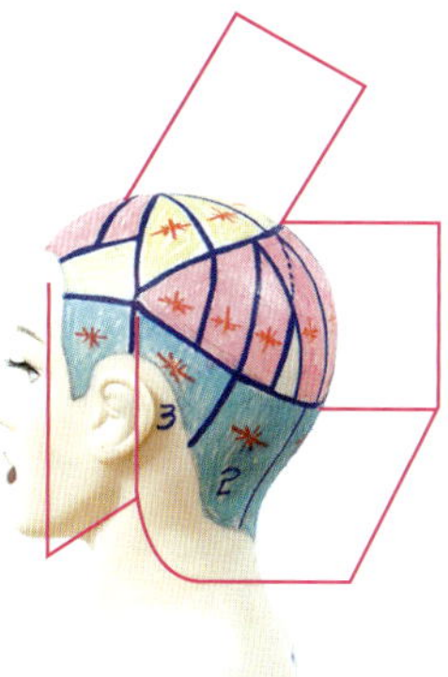

3) 측두부 – 전대각사선 만들기
   ① 후중부에서 가이드를 가지고 전대각 사선으로 시술한다.
   ② 전대각 사선으로 시술하기 위해 뒷쪽으로 빗질하여 시술한다.
   ③ 측두부와 후하부를 연결한다.

4) 후상부 – G.P에서 일반시술각 90°
   ① 방사형섹션으로 나누어서 온더베이스로 G.P에서 일반시술각 90° 로 시술한다.
   ② 곡면이 들어간 만큼 조금더 길게 커트하여 볼륨을 만들어 준다.

5) 전두부 – 곡선
   ① 모발을 일직선으로 시술하고 다시한번 원하는 사선을 만든다.
   ② 사선을 만들 때 짧게 하고자 하는 곳의 길이를 설정하고 연결한다.

6) 질감처리 – 처내기 : 드라이한 것처럼
   ① 전두부의 사선의 이미지는 그대로 둔채로 속에 있는 모발의 길이를 C커브를 그리면서 틴닝으로 시술한다.
   ② 후중부의 중심부 모발을 볼륨을 시술하는 그라데이션틴닝으로 시술한다.
   ③ 두상이 들어간 후중부의 시술은 방향성과 골격보정을 하기 위하여 모발을 앞쪽으로 당겨서 길이가 다르게 하기 위한 틴닝을 시술한다.
   ④ 측두부의 질감도 후대각 전대각사선의 형태선을 유지하고 모발이 떨어지는 순서대로 C커브를 그리면서 시술한다.

U라인 그래쥬에이션 3

01. 시술전의헤어스타일의 형태이다.
02. U라인의 섹션을 시술한 후 U라인의 형태선을 시술한다.
03. 낫칭으로 형태선을 시술하며 모발이 융합하여 예쁘게 표현되게 시술한다.
04. 중심부에서자연시술각 70˚가 되게 시술한다.
05. 모발이 없는 곳은 모발이 없는 만큼 베이스를 이동하여 시술하게 한다.

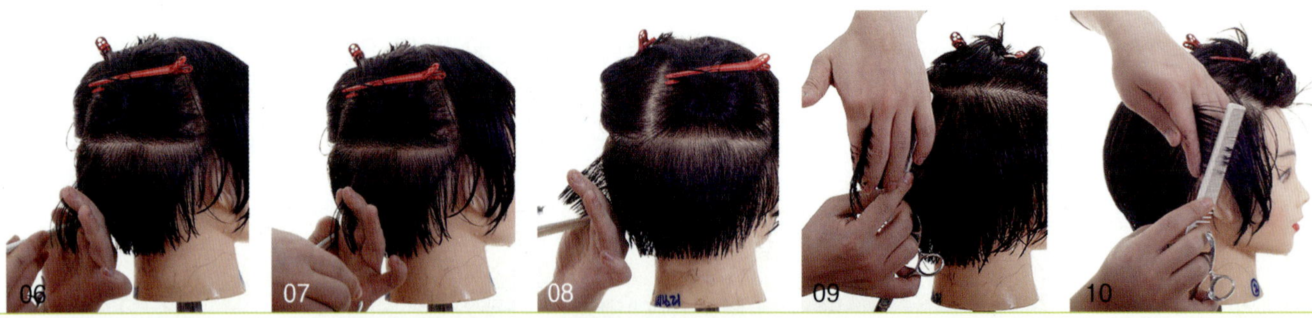

06. 후하부에서 자연시술각 45˚가 되게 시술한다.
07. 온더베이스로 자연시술각 45˚가 되게 시술한다
08. 가이드를 이동해가며 온더베이스가 되게 시술한다.
09. U라인 브록킹을 타서 남은 모발은 다시 자연시술각 90˚로 시술한다.
10. 측두부는 베이스를 E.P까지 당겨서 시술한다.

11. 베이스를 당겨서 시술해 놓은 상태이다.
12. 다시 한번 선을 확인하면서 시술한다.
13. 곡면이 함몰된 부분은 모류가 강하고 모질이 두꺼우므로 다시 한번 시술을 확인한다.
14. 측두부까지 시술이 종료된 상태이다.
15. 반대쪽도 동일한 방법으로 시술한다.

U Line Graduation 3

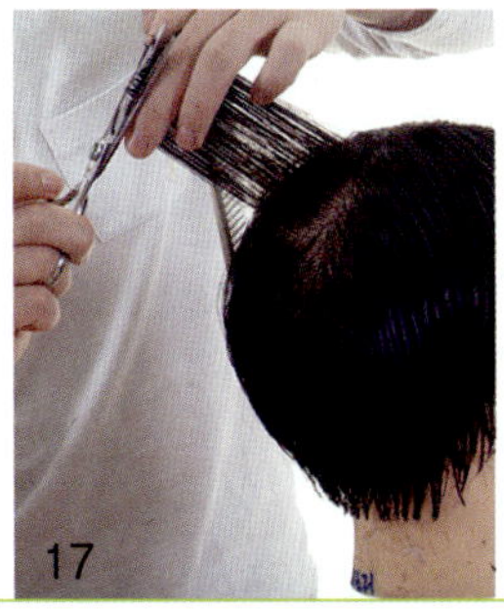

16. 두상이 함몰된 부분은 사선으로 슬라이스를 뜨고 낫칭으로 시술한다.
17. 후상부영역은 G.P에서 일반시술각 90˚로 시술한다.
18. 후상부에 볼륨을 얻기위해 윗모발이 조금길어지게 시술한다.
19. 전두부에 앞머리의 이미지를 설정한다.
20. 드라이한것 처럼 자연스러운 헤어스타일을 연출하기 위하여 라인틴닝을 시술한다.

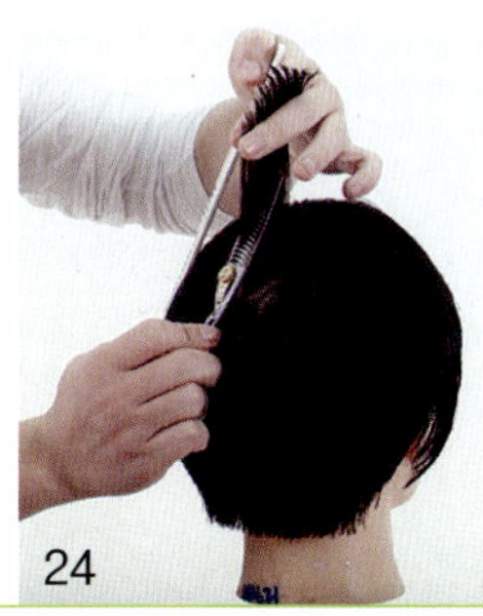

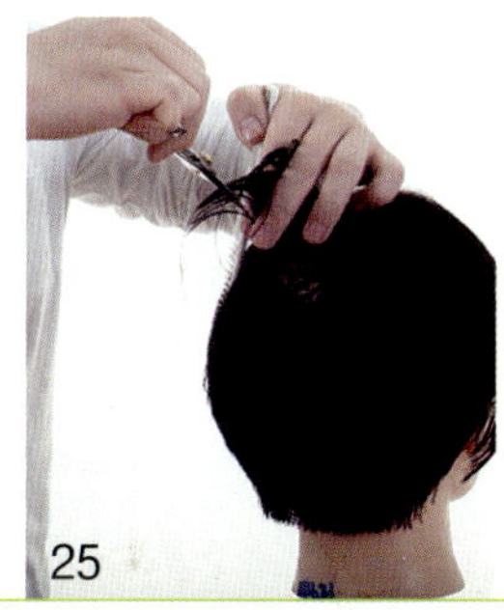

21. 틴닝을 사선으로 넣어 윗모발이 길고 아랫모발이 짧아지게 시술한다.
22. 볼륨을 주기 위한 이너그라에이션틴닝을 넣는다.
23. 윗모발이 길고 아랫모발이 짧아지는 틴닝을 넣기 위해 틴닝이 사선으로 들어간다.
24. 후상부에 볼륨을 주기 위한 이너그라데이션 틴닝을 넣는다.
25. 모발끝 부분에 볼륨을 주기 위해 라인틴닝을 넣는다.

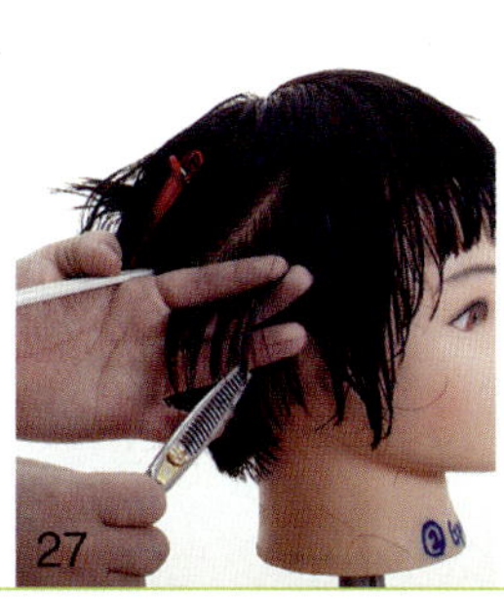

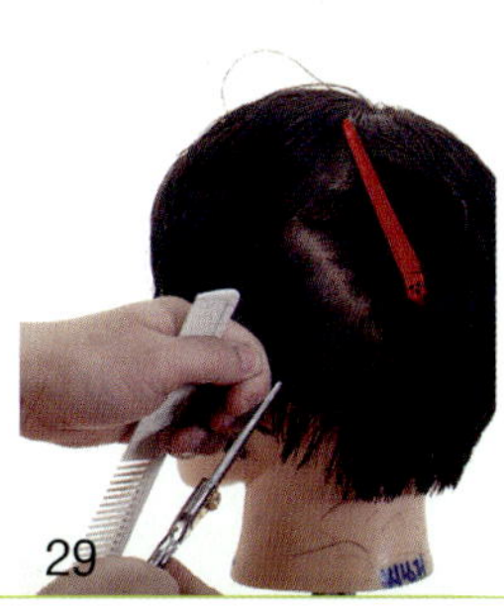

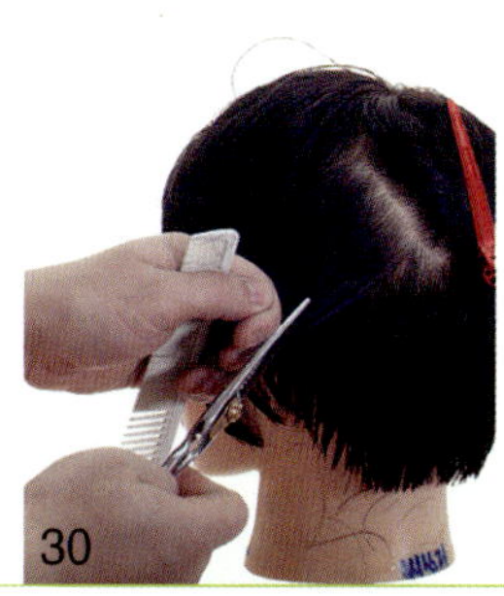

26. 후상부 중심부에도 볼륨을 주기 위하 이너그라데이션틴닝을 넣는다.
27. 곡면이 함몰된 부분은 방향성을 제시하기 위한 라인틴닝을 넣는다.
28. 반대편도 볼륨을 주기위한 이너그라데이션틴닝을 넣는다.
29. 방하성을 제시하기 위한 라인틴닝을 넣는다.
30. 틴닝을 사선으로 넣어 길이가 다르게하여 모발의 길이에 대한 성질을 이용하여 방향성을 제시한다.

실습날짜 :	요점정리

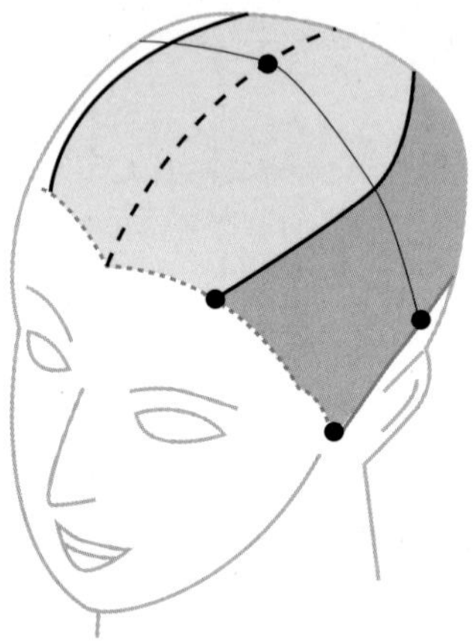

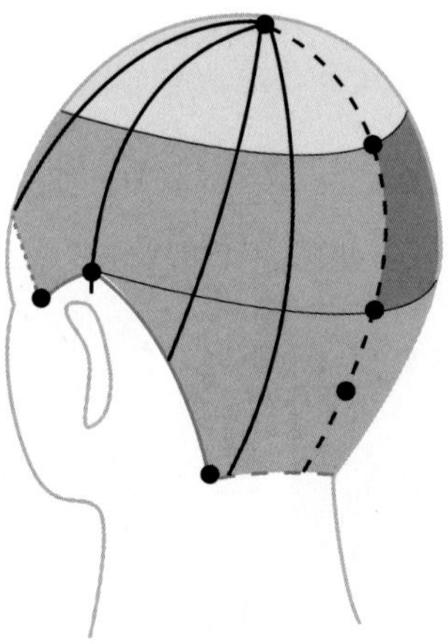

★ 나의 작품 뽐내보기 ★

역삼각형 - 5. 그래쥬에이션

U Line Gradu 4

무난한 헤어스타일이 지루하고 변화된 모습을 하고 싶을때 한쪽은 시술각을 낮추어서 길게 표현하고 한쪽을 시술각을 들어서 길이를 다르게 표현하면 또 다른 헤어스타일이 표현된다.
이때 얼굴형이 둥근혀이면 더욱 예쁘게 표현된다.

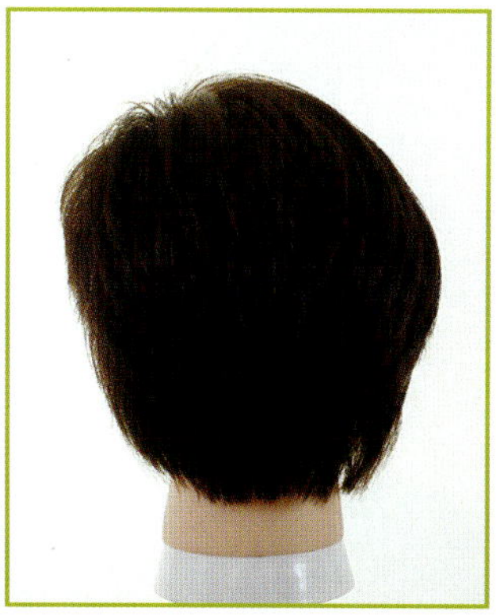

U라인 그래쥬에이션 2

멋지게 돋보이게 하고 싶을때 비대칭으로 세련미를 주는 헤어스타일

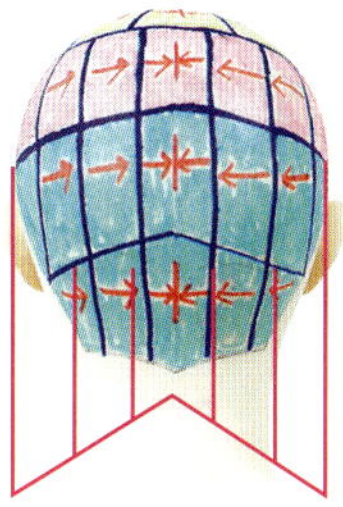

시술방법

1) 후하부 – 형태선 만들기 : U라인
   ① 후하부의 N.P에서 가이드를 2cm를 설정한 후 완만한 곡선으로 시술한다.
   ② 두상이 생긴모양을 표현하기 위해 온더베이스로 몸을 움직여 가면서 시술한다.

2) 후중부 – 시술각 : 자연시술각 90°
   ① U라인을 먼저 나누고 G.P에서 길이가이드를 설정하여 B.P에서 자연시술각 90°가 되게 온더베이스로 시술한다.
   ② B.P에서 G.P까지 슬라이스 중심부는 세로로 떠서 시술하고 두상이 함몰된 곳은 사선으로 슬라이스를 떠서 온더베이스로 시술한다.
   ③ 좌우가 동일하게 시술할 수 있도록 한쪽을 시술할 때 다른쪽을 생각하고 정확한 베이스를 알고 시술해야 한다.

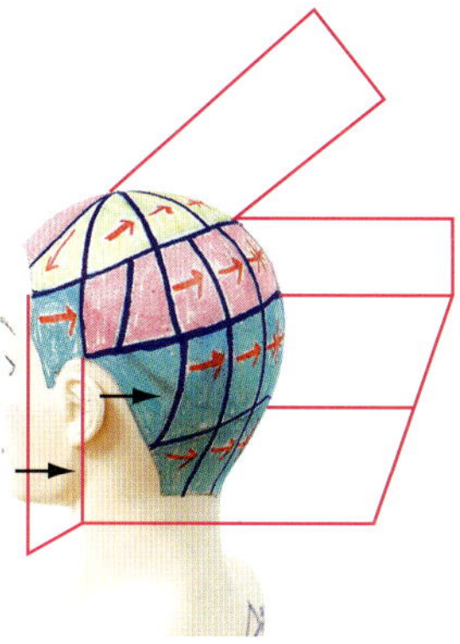

3) 측두부 – 전대각사선 만들기
   ① 후중부에서 가이드를 가지고 전대각 사선으로 시술한다.
   ② 전대각 사선으로 시술하기 위해 뒤쪽으로 빗질하여 시술한다.
   ③ 베이스를 E.P까지 당겨서 시술한다.

4) 후상부 – G.P에서 일반시술각 90°
   ① 방사형섹션으로 나누어서 온더베이스로 G.P에서 일반시술각 90°로 시술한다.
   ② 곡면이 들어간 만큼 조금더 길게 커트하여 볼륨을 만들어 준다.

5) 전두부 – 사선
   ① 일직선을 먼저 시술한 후 짧게 한 길이를 먼저 설정한 후 긴 모발을 향해 자른다.
   ② 사선을 시작하는 지점이 어디냐에 따라서 이미지가 달라진다.

6) 질감처리 – 처내기 : 드라이한 것처럼
   ① 전두부의 사선의 이미지는 그대로 둔채로 속에 있는 모발의 길이를 C커브를 그리면서 틴닝으로 시술한다.
   ② 후중부의 중심부 모발을 볼륨을 시술하는 그라데이션틴닝으로 시술한다.
   ③ 두상이 들어간 후중부의 시술은 방향성과 골격보정을 하기 위하여 모발을 앞쪽으로 당겨서 길이가 다르게 하기 위한 틴닝을 시술한다.
   ④ 측두부의 질감도 전대각사선의 형태선을 유지하고 모발이 떨어지는 순서대로 C커브를 그리면서 시술한다.

U라인 그래쥬에이션 4

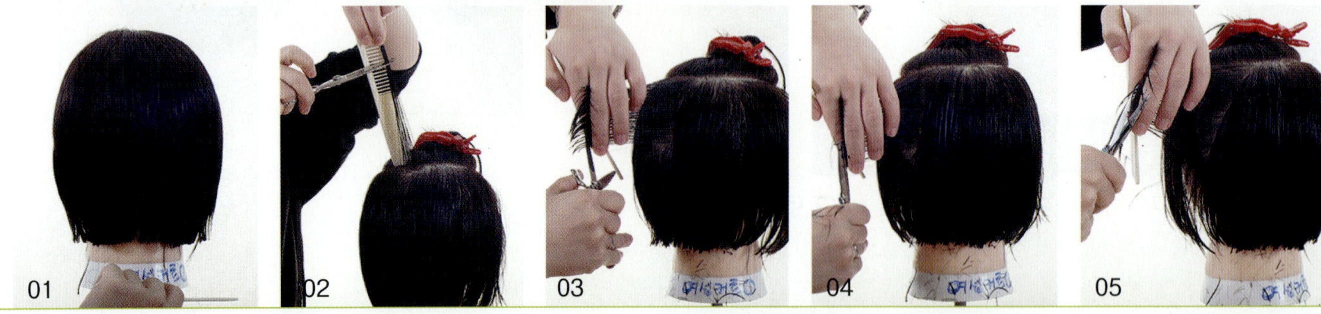

01. 시술전의 모발의 상태이다.
02. U라인 브록킹을 시술한 후 G.P에서 길이가이드를 13cm를 설정한다.
03. G.P의 길이가이드에 맞추어서 후중부의 영역을 자연시술각 70˚로 시술한다.
04. 다음 판넬도 자연시술각 70˚로 시술한다.
05. 두상곡면이 함몰된 영역은 사선으로 슬라이스를 떠서 낫칭으로 시술한다.

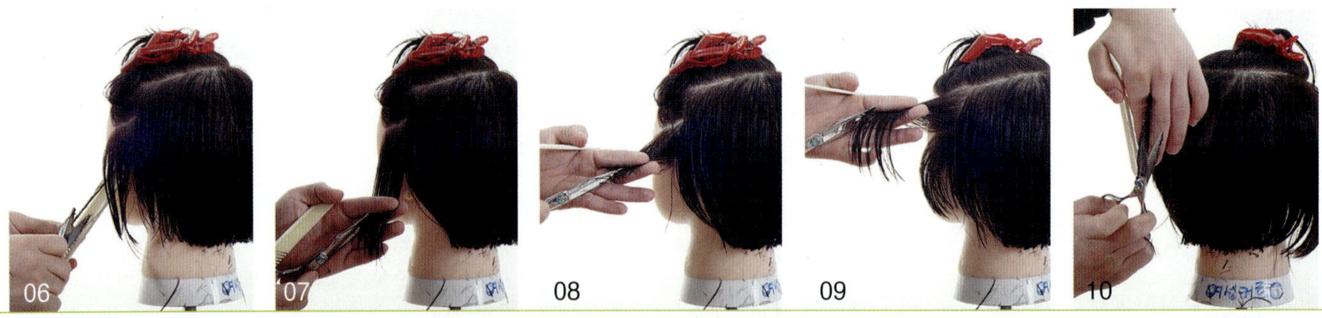

06. 측두부의 선의 길이를 설정한다(8cm).
07. 길이가이드를 시술각을 내려서 시술한다.
08. 윗 모발을 시술각을 들어서 시술한다.
09. 측두부의 아래의 선에 맞추어 윗모발도 시술한다.
10. 반대편의 후중부의 영역을 자연시술각 70˚의 동일한 방법으로 시술한다.

11. 후중부의 중심부는 세로로 슬라이스를 떠서 자연시술각 70˚로 시술한다.
12. 두상곡면이 함몰된 부분은 사선슬라이스를 떠서 낫칭으로 시술한다.
13. 측두부의 길이가이드를 설정한다(10cm).
14. 길이가이드에 맞추어 시술각을 내려서 가이드와 연결한다.
15. 시술각을 내려서 측두부의 모발을 다른쪽보다 길게 커트한다.

U Line Graduation 4

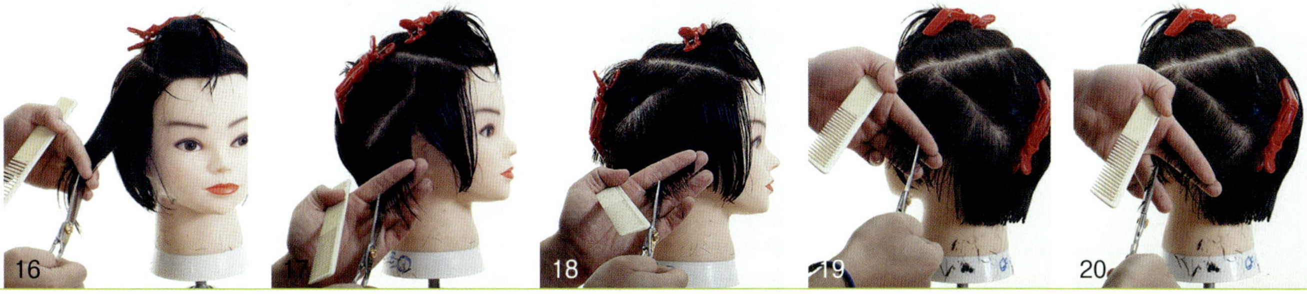

16. 측두부의 모발을 모두내려 가이드에 맞추어서 시술한다.
17. 한쪽은 후대각슬라이스를 타서 선을 한쪽이 짧게 형태선을 시술한다.
18. 다음판넬도 첫 번째의 가이드에 맞추어서 슬라이스와 평행하게 시술한다.
19. 다음판넬도 후대각으로 슬라이스를 타서 첫 번째 슬라이스에 맞추어서 시술한다.
20. 두상이 함몰된 부분은 모질이 두껍고 모류가 강하기 때문에 낫칭으로 시술한다.

21. 반대쪽은 전대각으로 연결한다.
22. 후하부의 형태선과 윗모발의 길이를 연결한다.
23. 중심부는세로슬라이스로 시술하고 두상이 함몰된 부분은 사선슬라이스를 떠서 시술한다.
24. 전두부는 앞머리를 시술하기 위해 가르마를 나누고 사선슬라이스를 나누고 슬라이스와 평행하게 시술한다.
25. 앞모발에 빠진 모발을 첫 번째 모발에 낮추어 시술한다.

26. 반대쪽도 앞모발의 가이드에 맞추어서 시술한다..
27. 후상부는 G.P에 일반시술각 90° 로 시술한다.
28. 모발의 방향성을 주기 위해 라인틴닝을 시술한다.
29. 후중부에 볼륨을 주기 위한 이너그라데이션틴닝을 시술한다.
30. 두상이 함몰된 부분은 방향서을 주기 위한 틴닝을 시술한다.

실습날짜 :	요점정리

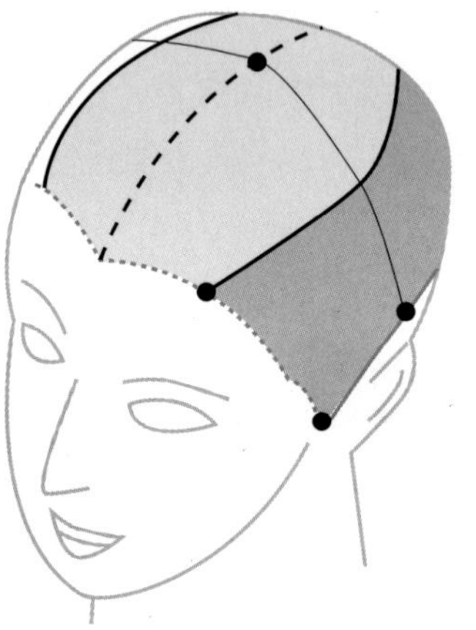

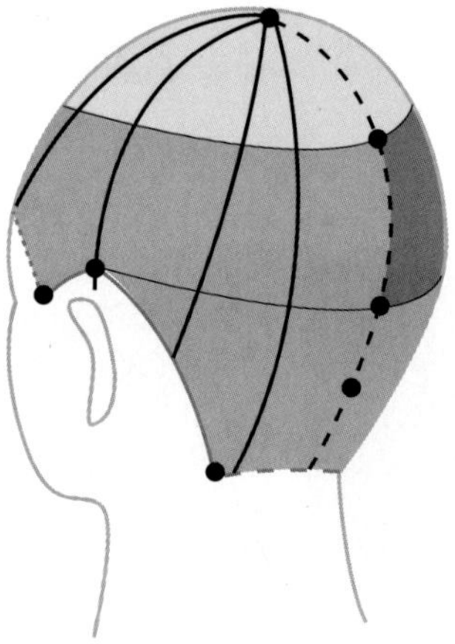

★ 나의 작품 뽐내보기 ★

삼각형 - 그래쥬에이션1

Graduation 1

목덜미의 모발은 짧게 하고 얼굴선쪽으로 점점 길게 표현하는 헤어스타일 똑바로 모발이 떨어질 듯한 뒤쪽에서 앞쪽으로 올수록 점점 길어지는 듯한 느낌으로 전대각 섹션을 이용하여 자연스런 볼륨과 얼굴선을 감싸는 표현을 하였고 앞머리는 완만한 일직선에 가까운 곡선으로 연출한 헤어스타일이다.

그래쥬에이션 1

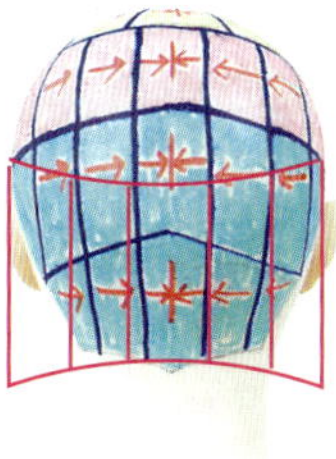

시술방법

1) 후하부 – 형태선 만들기 : A라인
   ① 후하부의 N.P에서 가이드를 3cm를 설정한 후 일직선을 먼저 시술한다.
   ② C.L에서 자연시술각 70°로 시술하고 베이스를 당겨서 A라인을 시술한다.
   ③ 후대각 슬라이스를 타고 자연시술각 70°가 되게 시술한다.

2) 후중부 – 시술각 : 자연시술각 45°
   ① 전대각 슬라이스를 나누고 중심부로 베이스를 당겨서 자연시술각 45°로 시술한다.
   ② B.P에서 G.P까지 슬라이스 중심부는 세로로 떠서 시술하고 두상이 함몰된 곳은 사선으로 슬라이스를 떠서 온더베이스로 시술한다.
   ③ 좌우가 동일하게 시술할 수 있도록 한쪽을 시술할 때 다른쪽을 생각하고 정확한 베이스를 알고 시술해야 한다.

3) 측두부 – 전대각사선 만들기
   ① 후중부에서 가이드를 가지고 전대각 사선으로 시술한다.
   ② 전대각 사선으로 시술하기 위해 뒤쪽으로 빗질하여 시술한다.
   ③ 전대각 사선 슬라이스와 손가락을 평행하게 하고 시술한다.

4) 후상부 – 평행하게 자연시술각 90°
   ① 방사형섹션으로 나누어서 평행하게 시술한다.
   ② 곡면이 들어간 만큼 조금더 길게 커트하여 볼륨을 만들어 준다.
   ③ 길게 잘린 모발은 다시 한번 수직으로 들어서 시술한다.

5) 전두부 – 일직선
   ① 모발을 손가락, 가위의 시술각이 0°가 되게 시술한다.
   ② 모류대로 자연스럽게 빗질하여 다시 한번 시술한다.

6) 질감처리 – 처내기 : 드라이한 것처럼
   ① 전두부의 일직선의 이미지는 그대로 둔채로 속에 있는 모발의 길이를 C커브를 그리면서 틴닝으로 시술한다.
   ② 후중부의 중심부 모발을 볼륨을 시술하는 그라데이션틴닝으로 시술한다.
   ③ 두상이 들어간 후중부의 시술은 방향성과 골격보정을 하기 위하여 모발을 앞쪽으로 당겨서 길이가 다르게 하기 위한 틴닝을 시술한다.
   ④ 측두부의 질감도 전대각사선의 형태선을 유지하고 모발이 떨어지는 순서대로 C커브를 그리면서 시술한다.

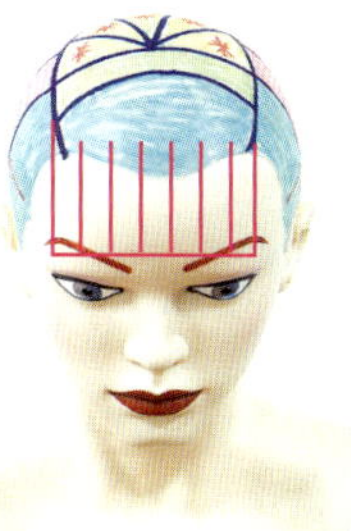

그래쥬에이션 1

01. 후하부와 측두부의 선에 해당하는 부분을 U라인으로 슬라이스를 타서 준비한다.
02. 모발의 양이 많은 부분을 틴닝을 사선으로 하여 질감처리를 한다.
03. 후하부의 영역만 먼저 일직선으로 형태선을 만든다.
04. 후하부의 중심부를 자연시술각 90°가 되게 하여 시술한다.
05. 다음 판넬을 중심으로 모발을 당겨서 시술한다.

06. E,P에 있는 모발까지 중심부로 모발을 당겨서 중심부의 가이드에 맞추어서 시술한다.
07. 반대쪽도 판넬을 중심으로 모발을 당겨서 시술한다.
08. 빗질을 뒤쪽으로 당겨서 시술하고 손가락도 전대각이 되게 시술한다.
09. 이때 시술하기 전에 전대각 슬라이스를 타서 놓으면 슬라이스와 평행하게 시술하면 된다.
10. 빗질을 뒤쪽으로 당겨서 시술하고 손가락도 전대각이 되게 시술한다.

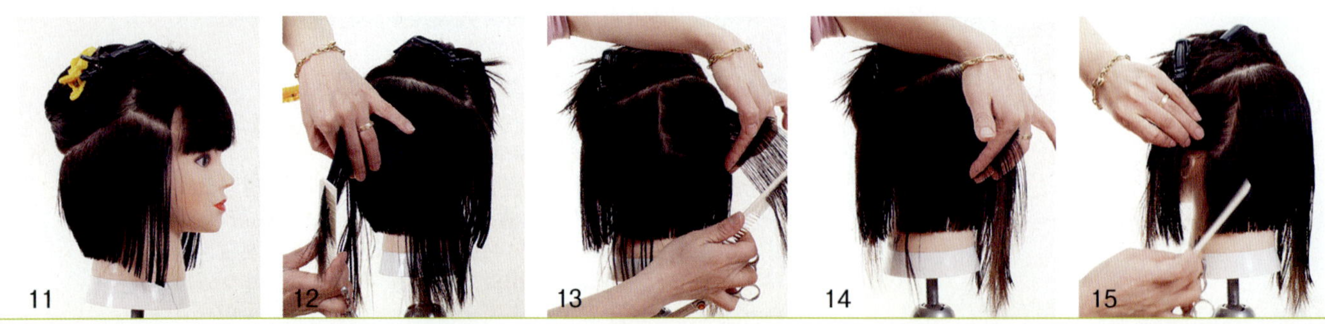

11. 후하부와 측두부의 형태선을 시술한 상태이다.
12. 전대각으로 슬라이스를 나눈다.중심부의 모발을 세로로 판넬을 뜬다.
13. 시술했던 형태선의 가이드에 맞추어서 자연시술각 90°로 시술한다.
14. 다음 판넬을 중심부로 베이스를 당겨서 먼저 했던 가이드에 맞추어서 시술한다.
15. 형태선의 가이드와 중심부의 가이드를 연결하기 위하여 사선으로 슬라이스를 뜬다.

Graduation 1

16. 반대쪽도 중심부는 세로로 판넬을 뜬다.
17. 다음 판넬을 중심부로 베이스를 당겨서 먼저 했던 가이드에 맞추어서 시술한다.
18. G.P의 모발까지는 밑길이에 맞추어서 면에 대한 90˚로 시술한다.
19. 반대쪽도 중심부로 베이스를 당겨서 시술한다.
20. 윗부분의 3cm 정도의 모발은 위로 끌어 올려서 자연시술각 90˚가 되게 시술한다.

21. 모발을 떨어 뜨린 상태에서 원하는 형태선을 다시 한번 다듬는다.
22. 전두부의 앞머리모양을 시술하기 위하여 모발을 모아서 빗질하고 눈썹의 길이에 맞추어서 일직선으로 시술한다.
23. 앞머리 표정만들기를 시술하고 난 모발을 다시 한번 잡고 시술한다.
24. 후중부에 볼륨을 주기 위해 라인틴닝을 시술한다.
25. 두상이 함몰된 부분은 방향성을 주기 위해 틴닝을 사선으로 하고 윗모발이 짧게 하여 시술한다.

26. 측두의 옆선도 무거움을 유지하기 위하여 볼륨을 만들 수 있는 C컬의 틴닝을 시술한다.
27. 두상이 함몰된 부분은 방향성을 주기 위해 틴닝을 사선으로 하고 윗모발이 짧게 하여 시술한다.
28. A라인을 다시 한번 빗으로 시술하고 혹시 잘리지 않아서 무거운 부분은 틴닝으로 다시 한번 정리한다.
29. 후하부의 형태선이 무거운 부분은 다시 한번 틴닝가위를 사선으로 하여 시술한다.
30. 반대쪽도 형태선이 무거운 부분은 다시 한번 틴닝가위를 사선으로 하여 시술한다.

실습날짜 :	요점정리

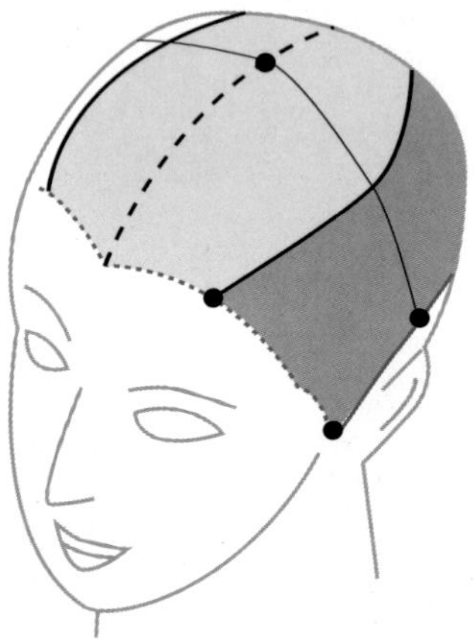

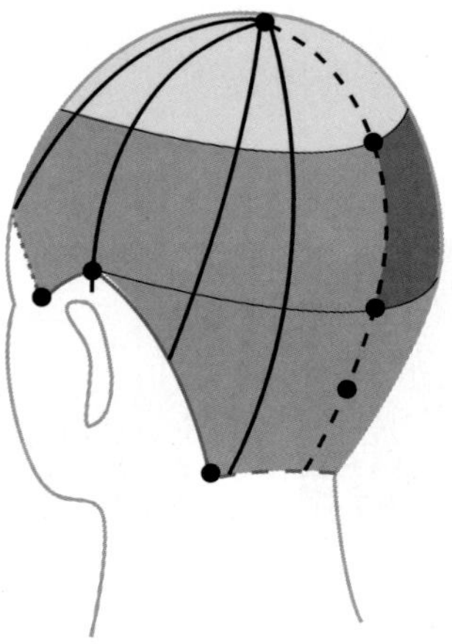

★ 나의 작품 뽐내보기 ★

삼각형 - 그래쥬에이션2

Graduation 2

후하부는 레이어에 가깝게 시술하여 표현하고 후중부는 베이스의 변화와 시술각을 이용하여 중심부의 볼륨과 방향성을 표현하여 자연스러운 볼륨이 있는 헤어스타일로 손질이 편리하여 줌마들이 선호하는 스타일이다.

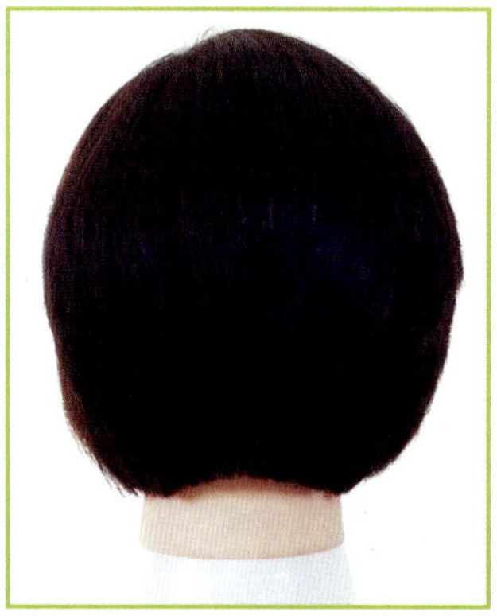

그래쥬에이션 2

얼굴선을 따라 볼륨이 연결된 줌마들의 헤어스타일

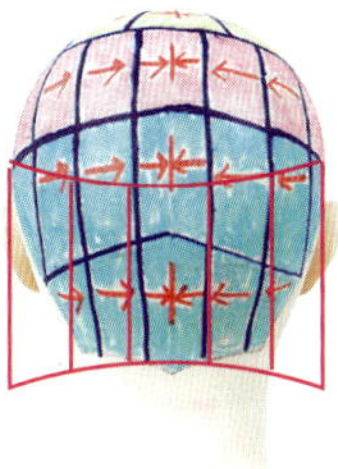

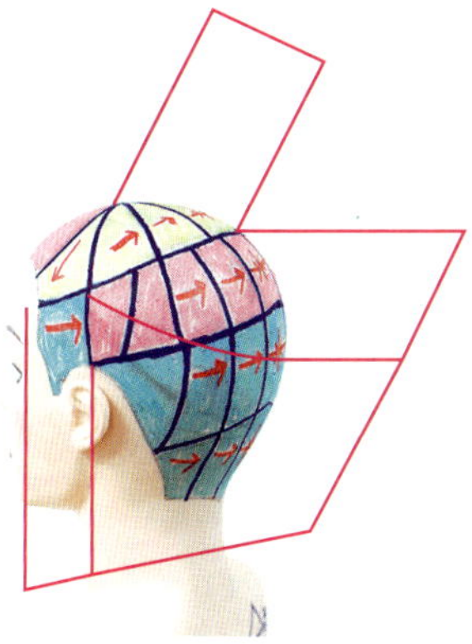

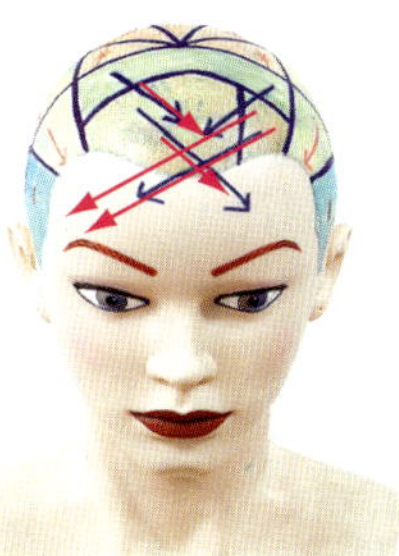

시술방법

1) 후하부 – 형태선 만들기 : A라인
   ① 후하부의 N.P에서 가이드를 3cm를 설정한 후 일직선을 먼저 시술한다.
   ② C.L에서 자연시술각 70°로 시술하고 베이스를 당겨서 A라인을 시술한다.
   ③ 후대각 슬라이스를 타고 자연시술각 70°가 되게 시술한다.

2) 후중부 – 시술각 : 자연시술각 90°
   ① 전대각 슬라이스를 나누고 중심부로 베이스를 당겨서 자연시술각 90°로 시술한다.
   ② B.P에서 G.P까지 슬라이스 중심부는 세로로 떠서 시술하고 두상이 함몰된 곳은 사선으로 슬라이스를 떠서 온더베이스로 시술한다.
   ③ 좌우가 동일하게 시술할 수 있도록 한쪽을 시술할 때 다른쪽을 생각하고 정확한 베이스를 알고 시술해야 한다.

3) 측두부 – 일직선
   ① 후중부에서 가이드를 가지고 일직선으로 시술한다.
   ② 수직으로 빗질하여 일직선으로 시술한다.

4) 후상부 – G.P에서 일반시술각 90°
   ① 방사형섹션으로 나누어서 평행하게 시술한다.
   ② 곡면이 들어간 만큼 조금더 길게 커트하여 볼륨을 만들어 준다.

5) 전두부 – 사선
   ① 먼저 일직선을 시술한 후 짧은 길이를 설정하고 베이스를 당겨서 시술한다.
   ② 모류대로 자연스럽게 빗질하여 다시 한번 시술한다.

6) 질감처리 – 처내기 : 드라이한 것처럼
   ① 전두부의 사선의 이미지는 그대로 둔채로 속에 있는 모발의 길이를 C커브를 그리면서 틴닝으로 시술한다.
   ② 후중부의 중심부 모발을 볼륨을 시술하는 그라데이션틴닝으로 시술한다.
   ③ 두상이 들어간 후중부의 시술은 방향성과 골격보정을 하기 위하여 모발을 앞쪽으로 당겨서 길이가 다르게 하기 위한 틴닝을 시술한다.
   ④ 측두부의 질감도 전대각사선의 형태선을 유지하고 모발이 떨어지는 순서대로 C커브를 그리면서 시술한다.

그래쥬에이션 2

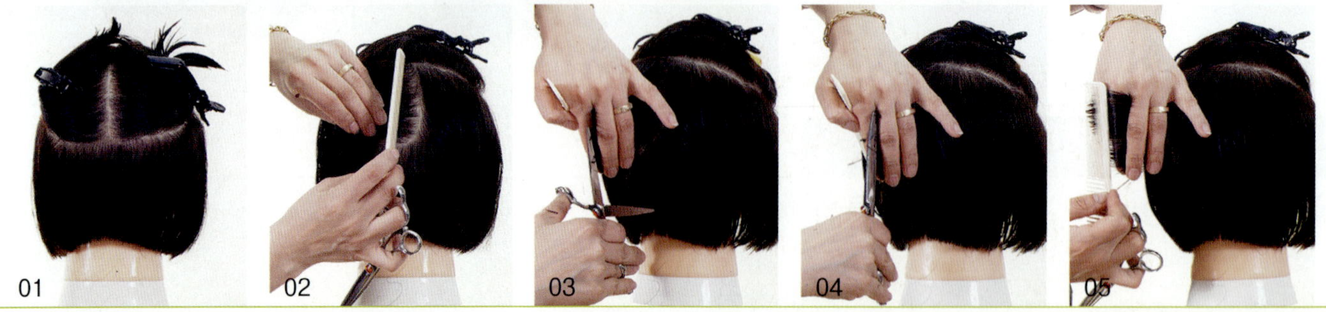

01. 후하부에 A라인 형태선을 시술한다.
02. 형태선의 가이드에 맞추어서 후중부를 자연시술각 70° 로 시술한다.
03. 다음 판넬을 중심부로 베이스를 당겨서 시술한다.
04. 다음 판넬도 베이스를 중심부로 당겨서 이전 판넬의 가이드에 맞추어서 시술한다.
05. 후하부의 형태선의 가이드에 맞추어서 사선으로 판넬을 떠서 시술한다.

06. 다음 판넬도 사선으로 판넬을 뜬다.
07. 사선으로 판넬을 떠서 나칭으로 시술한다.
08. 이전의 가이드와 형태선의 가이드에 맞추어서 시술한다.
09. 반대쪽도 판넬을 중심부로 베이스를 당겨서 시술한다.
10. 측두부의 길이와 선을 결정한다.

11. 후상부를 G.P의 일반시술각 90° 로 시술한다.
12. 방사형으로 섹션을 떠서 온더베이스로 시술한다.
13. 측두부의 길이와 선을 결정한다.
14. 선을 결정하는 시술은 손가락 안쪽에서 0° 로 시술하면 선이 분명하다.
15. 전두부에 앞머리 표정만들기를 위하여 영역을 나눈다.

Graduation 2

16. 사선으로 손가락 안에서 길이를 만들어 준다.
17. 손가락과 가위를 점점 길이를 길게 하기 위하여 사선으로 하고 내리면서 시술한다.
18. 먼저 앞머리가 시술이 되어 있는 상태이다.
19. 다음 모발도 먼저 시술된 가이드에 맞추어 시술한다.
20. 선을 분명하게 하기 위하여 손가락과 가위를 평행하게 하고 시술한다.

21. 다음 판넬도 이전의 가이드에 맞추어서 시술한다.
22. 길이를 다르게 하고 손질이 편리하게 하기 위하여 틴닝가위를 사선으로 넣는다.
23. 앞머리를 자연스럽게 하기 위하여 사선으로 넣어서 길이를 조합한다.
24. 측두부에 모발도 틴닝가위를 위가 짧게 사선으로 넣어서 C컬을 그리면서 시술한다.
25. 다음 판넬도 위와 동일하게 시술한다.

26. 후상부에 볼륨을 주기 위한 이너그라데이션 틴닝을 넣는다.
27. 길이를 이용하여 볼륨을 만든다.
28. 두상이 함몰된 이곳은 방향성을 주기위한 틴닝을 하기 위하여 틴닝가위를 위가 가게 사선으로 넣어서 C컬을 그리면서 시술한다. 29.다음 판넬도 위와 동일하게 시술한다.
30. 무거운 부분을 찾아서 다시 한번 시술한다.

실습날짜 :	요점정리

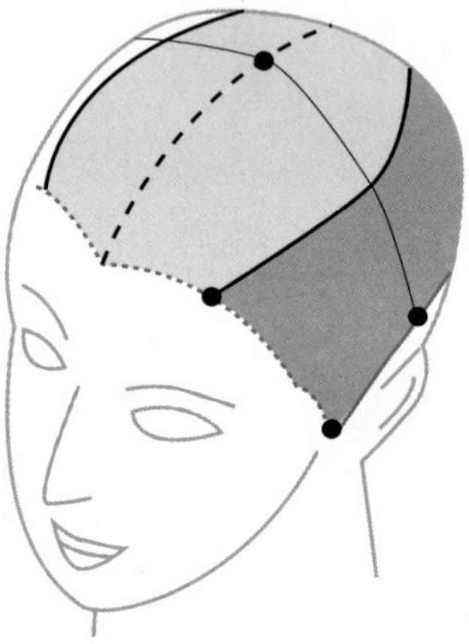

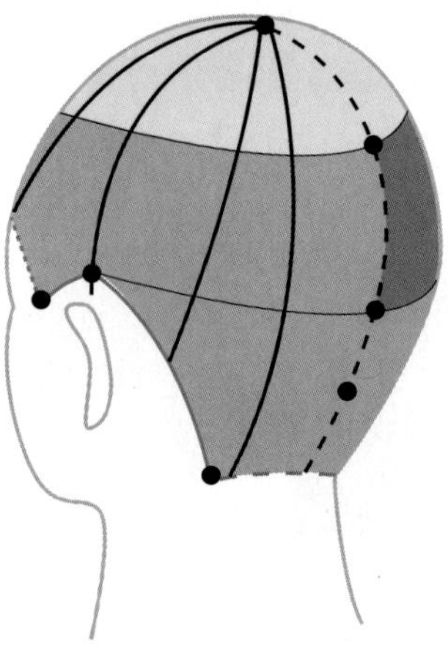

★ 나의 작품 뽐내보기 ★

삼각형 - 그래쥬에이션3

Graduation 3

앞면과 뒷면의 표정을 확실하게 바꾸어 놓은 헤어스타일이다. 후하부는 레이어에 가깝게 시술하여 짧게 표현하고 후중부는 베이스의 변화와 시술각을 이용하여 중심부의 볼륨과 방향성을 표현하여 자연스러운 볼륨이 있는 여성스러운 줌마헤어스타일이면서 앞머리는 일직선으로 깜직함을 표현한 양면의 헤어스타일

그래쥬에이션 3

여성스러운 줌마헤어스타일

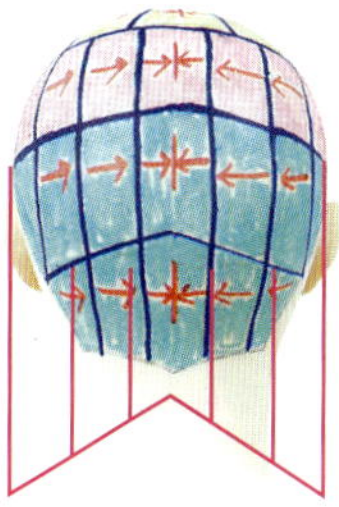

시술방법

1) 후하부 – 형태선 만들기 : A라인
   ① 후하부의 N.P에서 가이드를 3cm를 설정한 후 일직선을 먼저 시술한다.
   ② C.L에서 자연시술각 70˚로 시술하고 베이스를 당겨서 A라인을 시술한다.
   ③ 전대각 슬라이스를 타고 자연시술각 70˚가 되게 시술한다.

2) 후중부 – 시술각 : 자연시술각 45˚
   ① 전대각 슬라이스를 나누고 중심부로 베이스를 당겨서 자연시술각 45˚로 시술한다.
   ② B.P에서 G.P까지 슬라이스 중심부는 세로로 떠서 시술하고 두상이 함몰된 곳은 후대각 사선으로 슬라이스를 시술한다.
   ③ 좌우가 동일하게 시술할 수 있도록 한쪽을 시술할 때 다른쪽을 생각하고 정확한 베이스를 알고 시술해야 한다.

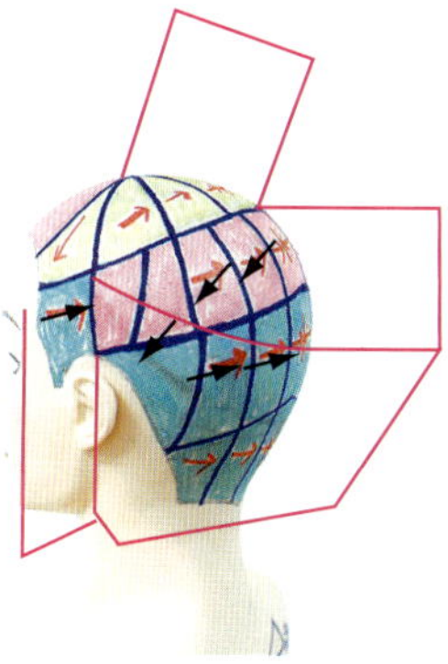

3) 측두부 – 전대각사선 만들기
   ① 후중부에서 가이드를 가지고 전대각 사선으로 시술한다.
   ② 전대각 사선으로 시술하기 위해 뒤쪽으로 빗질하여 시술한다.
   ③ 전대각 사선 슬라이스와 손가락을 평행하게 하고 시술한다.

4) 후상부 – G.P에서 일반시술각 90˚
   ① 방사형섹션으로 나누어서 평행하게 시술한다.
   ② 곡면이 들어간 만큼 조금더 길게 커트하여 볼륨을 만들어 준다.

5) 전두부 – 일직선
   ① 일직선으로 시술한다.
   ② 모류대로 자연스럽게 빗질하여 다시 한번 시술한다.

6) 질감처리 – 처내기 : 드라이한 것처럼
   ① 전두부의 일직선의 이미지는 그대로 둔채로 속에 있는 모발의 길이를 C커브를 그리면서 틴닝으로 시술한다.
   ② 후중부의 중심부 모발을 볼륨을 시술하는 그라데이션틴닝으로 시술한다.
   ③ 두상이 들어간 후중부의 시술은 방향성과 골격보정을 하기 위하여 모발을 앞쪽으로 당겨서 길이가 다르게 하기 위한 틴닝을 시술한다.
   ④ 측두부의 질감도 전대각사선의 형태선을 유지하고 모발이 떨어지는 순서대로 C커브를 그리면서 시술한다.

그래쥬에이션 3

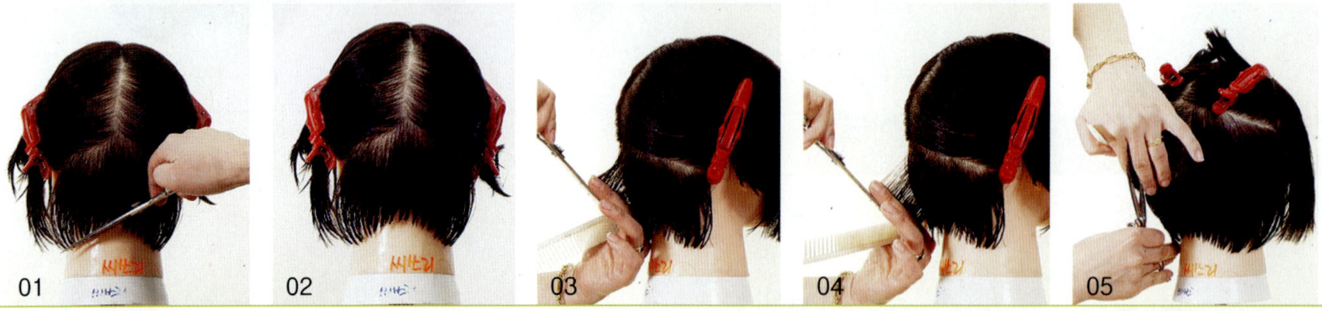

01. 후하부에 A라인 형태선을 시술한다.
02. A라인 형태선을 시술한 상태이다.
03. 중심부에서가이드를 6cm 선정하여 N.P의 모발과 연결한다.
04. 다음 판넬을 중심부로 베이스를 당겨서 시술한다.
05. 전대각으로 섹션을 나누고 중심부를 세로로 판넬을 떠서 자연시술각 90°로 시술한다.

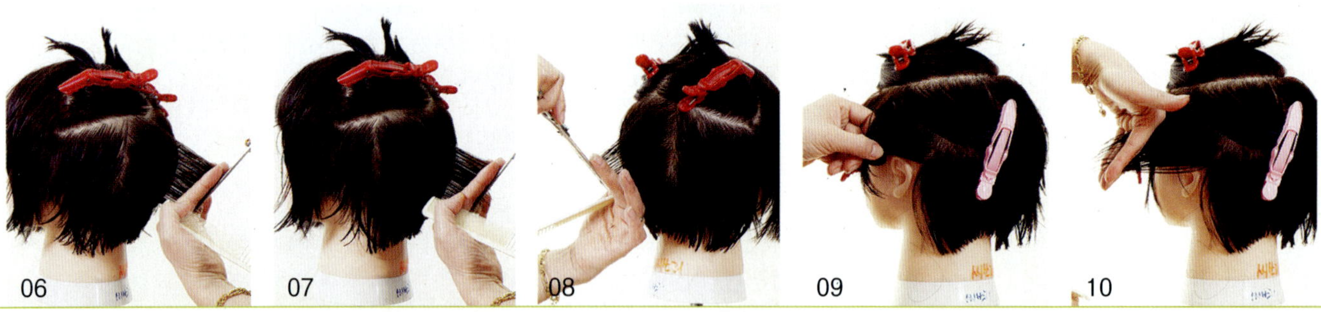

06. 손가락의 기울기와 빗질을 정성들여 시술한다.
07. 다음 판넬도 중심부로 베이스를 당겨서 시술한다.
08. 반대쪽도 판넬을 중심부로 베이스를 당겨서 시술한다.
09. 다시 후대각 섹션을 따서 형태선을 수정할 판넬을 잡는다.
10. 옆선을 길게 표현하기 위하여 손가락을 인크리스레이어로 판넬을 잡는다.

11. 다음 판넬도 시술했던 가이드에 맞추어서 시술한다.
12. 이곳의 모류가 강하고 모질이 두꺼우므로 나칭으로 시술한다.
13. 중심부로 모발을 당겨서 시술한다.
14. 측두부의 옆선을 시술하기 위하여 모발을 E.P까지 당겨서 시술한다.
15. 윗모발을 아래모발에 맞추어서 시술한다.

Graduation 3

16

17

18
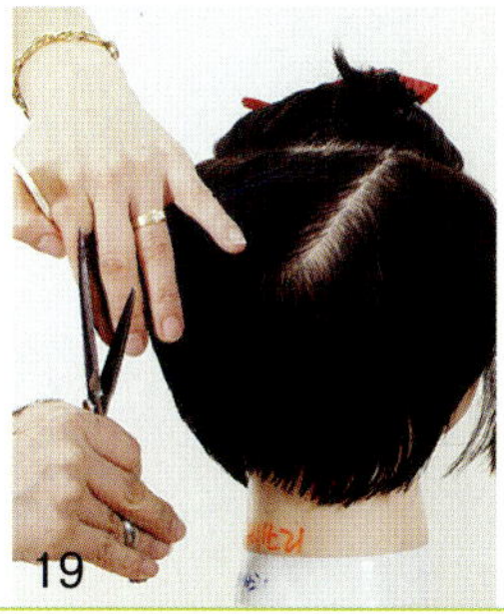
19

20

16. 반대쪽의 모발도 후대각 섹션을 따서 형태선을 수정할 판넬을 잡는다.
17. 옆선을 길게 표현하기 위하여 손가락을 레이어로 판넬을 잡는다.
18. 후대각 슬라이스로 이전의 모발을 연결하여 시술한다.
19. 중심부로 모발을 당겨서 시술한다.
20. 측두부의 옆선을 시술하기 위하여 모발을 E.P까지 당겨서 시술한다.

21

22

23

24

25

21. 전두부의 앞머리모양을 시술하기 위하여 모발을 모아서 빗질하고 눈썹의 길이에 맞추어서 일직선으로 시술한다.
22. 후상부는 G.P에서 일반시술각 90˚로 시술한다.
23. 방사형섹션을 나누고 G.P에서 일반시술각 90˚로 시술한다.
24. 앞머리를 손질하기 편하게 틴닝으로 길이를 다르게 하여 질감처리 한다.
25. 측두부의 옆선도 모발이 떨어지는 순서대로 위가 짧게 틴닝가위를 넣고 질감처리한다.

26

27
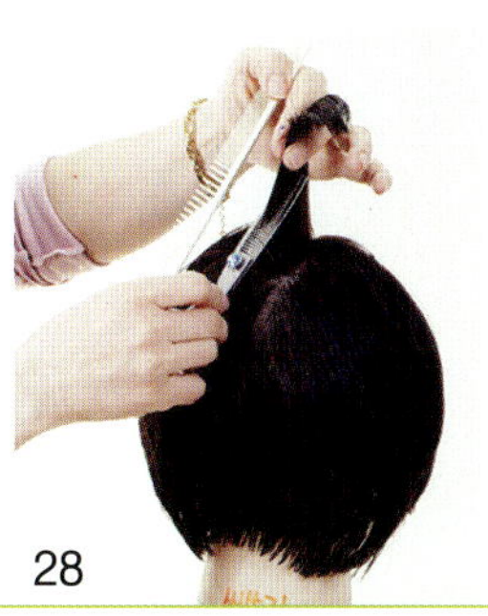
28

29

30

26. 위가 짧게 틴닝가위를 넣고 C커브를 그리면서 모발을 빼내면서 질감처리한다.
27. 다음 모발도 위와 동일한 방법으로 시술한다.
28. 후상부 부분은 볼륨을 주기 위한 이너그라데이션 틴닝을 시술한다.
29. 후중부에는 볼륨을 주기 위한 이너그라데이션 틴닝을 시술한다.
30. 두상이 함몰된 부분은 방향성을 주기 위해 틴닝을 사선으로 하고 위가 짧게 하여 시술한다.

실습날짜 :	요점정리

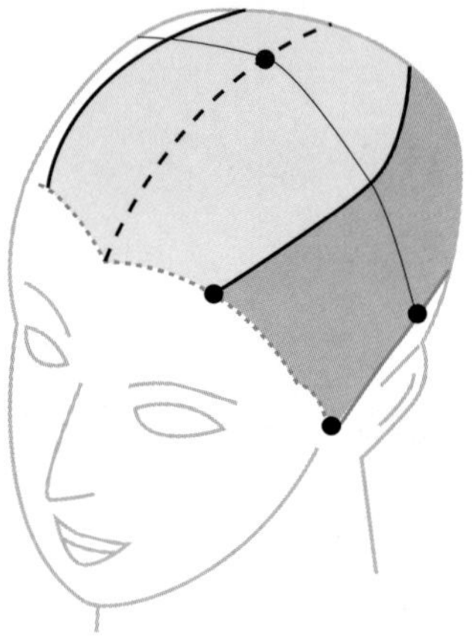

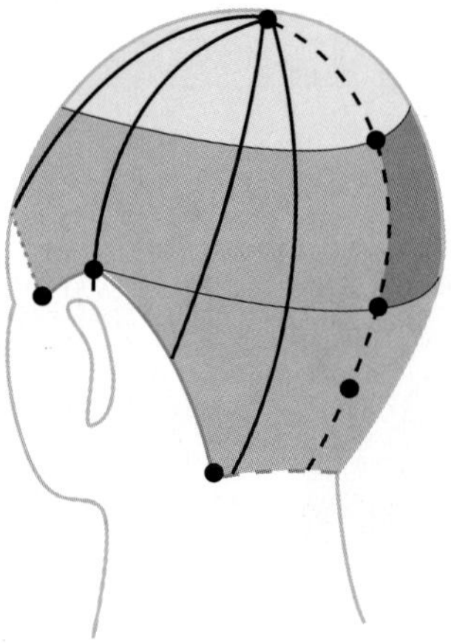

★ 나의 작품 뽐내보기 ★

삼각형 - 그래쥬에이션4

Graduation 4

뒷부분은 안정되게 분위기로 시술하고 앞부분을 비대칭으로 시술하여 둥근얼굴을 좀더 샤프하게 표현하고자 할때 고객들을 설문지를 통하여 가장 선호한 헤어스타일이다.

그래쥬에이션 4

멋진여성을 샤프하게 보이는 줌마스타일의 헤어스타일

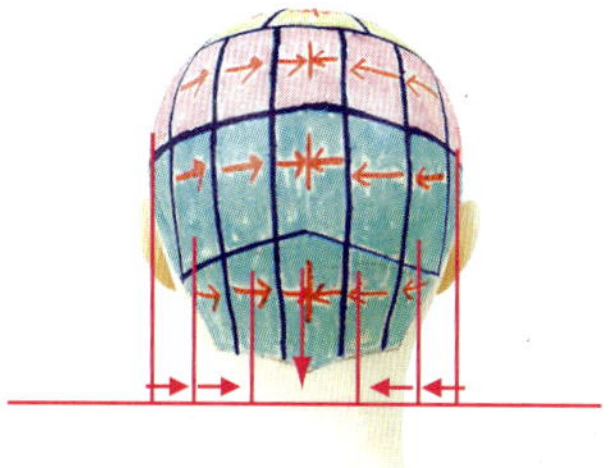

시술방법

1) 후하부 – 형태선 만들기 : A라인
① 후하부의 N.P에서 가이드를 5cm를 설정한 후 일직선을 먼저 시술한다.
② C.L에서 자연시술각 70° 로 시술하고 베이스를 당겨서 A라인을 시술한다.
③ 가로로 슬라이스를 타고 자연시술각 70° 가 되게 시술한다.

2) 후중부 – 시술각 : 자연시술각 70°
① U라인 브록킹을 시술한후 후중부를 자연시술각 70° 가 되게 시술한다.
② B.P에서 G.P까지 슬라이스 중심부는 세로로 떠서 시술하고 두상이 함몰된 곳은 후대각 사선으로 슬라이스를 시술한다.
③ 좌우가 동일하게 시술할 수 있도록 한쪽을 시술할 때 다른쪽을 생각하고 정확한 베이스를 알고 시술해야 한다.

3) 측두부 – 전대각사선 만들기
① 후중부에서 가이드를 가지고 전대각 사선으로 시술한다.
② 전대각 사선으로 시술하기 위해 뒤쪽으로 빗질하여 시술한다.
③ 측두부를 시술한 후에 후하부와 연결한다.

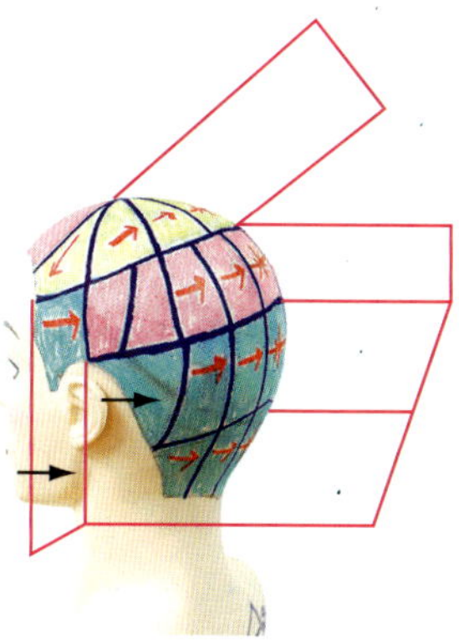

4) 후상부 – G.P에서 일반시술각 90°
① 방사형섹션으로 나누어서 평행하게 시술한다.
② 곡면이 들어간 만큼 조금더 길게 커트하여 볼륨을 만들어 준다.

5) 전두부 – 사선
① 일직선으로 시술한후 짧게 하고자한 길이를 설정하여 연결한다.
② 모류대로 자연스럽게 빗질하여 다시 한번 시술한다.

6) 질감처리 – 처내기 : 드라이한 것처럼
① 전두부의 사선의 이미지는 그대로 둔채로 속에 있는 모발의 길이를 C커브를 그리면서 틴닝으로 시술한다.
② 후중부의 중심부 모발을 볼륨을 시술하는 그라데이션틴닝으로 시술한다.
③ 두상이 들어간 후중부의 시술은 방향성과 골격보정을 하기 위하여 모발을 앞쪽으로 당겨서 길이가 다르게 하기 위한 틴닝을 시술한다.
④ 측두부의 질감도 전대각사선의 형태선을 유지하고 모발이 떨어지는 순서대로 C커브를 그리면서 시술한다.

그래쥬에이션 4

01. 형태선을 일직선을 시술하기 위해 중심부에서 10cm의 일직선을 잡는다.
02. 중심부의 일직선에 맞추어서 빗질을 시술한 후 베이스를 틀어서 수평이 되게 하여 일직선을 시술한다.
03. B.P에서 길이가이드를 6cm로 설정한다.
04. N.P의 길이와 B.P의 길이가이드를 연결하고 다음판넬 부터는 중심부로 베이스를 당겨서 시술하여 형태선이 일직선과 A라인을 형성한다.
05. 후중부에서 B.P길이에 맞추어 자연시술각 70° 로 시술하여 중심부에 길이가이드를 설정한다.

06. 다음 판넬의 베이스를 중심부로 끌여당겨서 시술한다.
07. 형태선에서 만들어 놓은 가이드와 중심부에서 온 가이드를 연결한다.
08. 이곳의 모발은 모질이 굵고 모류가 강하므로 길이를 다르게 하는 낫칭으로 시술해야 헤어스타일이 융합하여 예쁘게 표현된다.
09. 길이가이드를 17cm를 설정한다.
10. 후중부에서 길이가이드에 G.P에서 일반시술각 90° 로 시술하면 이전에 정해진 길이가이드와 동일하게 시술된다.

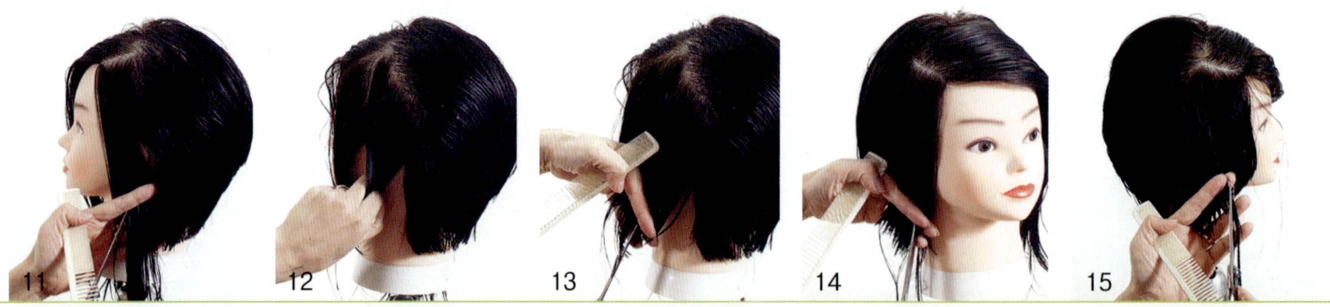

11. 측두부의 길이가이드를 선정하고 뒤쪽으로 빗질하여 전대가의 느낌을 시술한다.
12. 측두부와후하부를 연결하기 위한 모발을 잡는다.
13. 후하부와 측도부를 연결하여 시술한다.
14. 측두부의 옆선을 반대편과 동일한 방법으로 시술한다.
15. 측두부와 후하부를 연결한다.

Graduation 4

16. 전두부에서 앞머리의 길이가이드를 설정한다.
17. 선이 정확하게 하기 위해 모발판넬 안쪽에서 가위를 수평으로 하여 10를 일직선으로 시술한다.
18. 사선으로 시술하기 위한 지점에서 짧은 길이를 설정한다.
19. 짧은길이와 처음의 길이를 사선으로 연결한다.
20. 반대편 연결하여 시술한다.

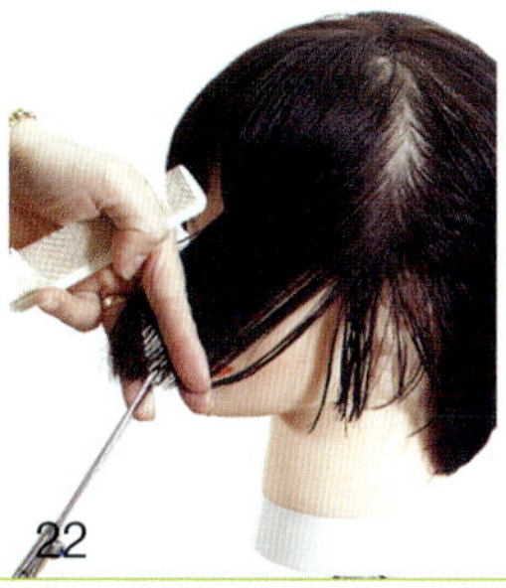

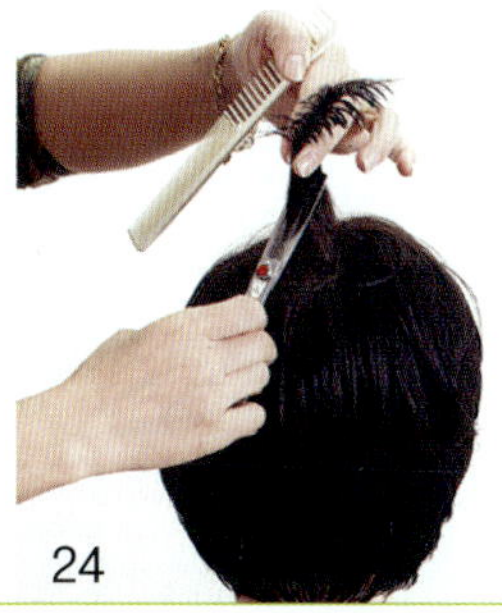

21. 무겁게 떨어진 모발을 자연스럽게 표현하기 위하여 질감처리한다.
22. 옆선의 떨어진 모발을 자연스럽게 하기 위하여 라인틴닝을 시술한다.
23. 위가 짧게 하여 틴닝을 한다.
24. 후상부의 볼륨을 주기 위한 이너틴닝을 시술한다.
25. 후중부에 볼륨을 주기 위한 라인틴닝을 시술한다.

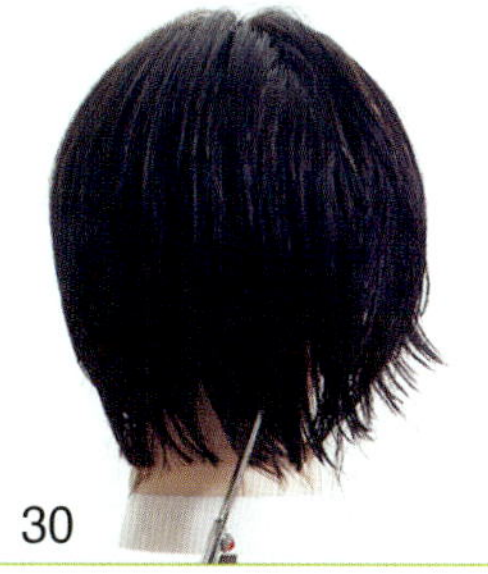

26. 방향성을 주기 위한 틴닝을 시술한다.
27. 귀바퀴방향으로 모발이 흐르게 하기위한 방법으로 모발을 앞쪽으로 당겨서 틴닝을 루트틴닝과 이너틴닝을 동시에 시술한다.
28. 반대쪽도 동일한 방법으로 시술한다.
29. 선의 자연스러움을 표현하기 위해 틴닝을 사선으로 하여 시술한다.
30. 반대편도 동일한 방법으로 시술한다.

실습날짜 :	요점정리

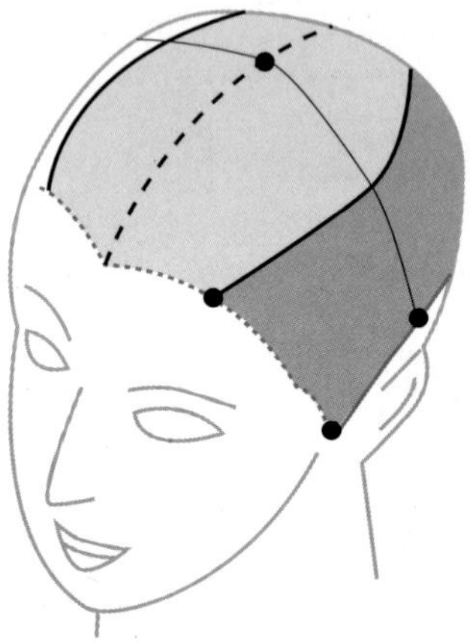

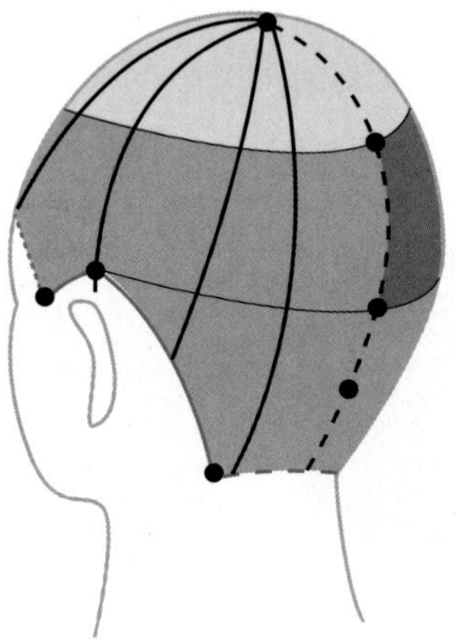

★ 나의 작품 뽐내보기 ★

삼각형 - 그래쥬에이션 5

Graduation 5

다양한 변화가 가능한 보브스타일을 이번 작품에는 옆선을 길게 변형하여 턱선을 감싸는 듯한 느낌을 주어얼굴선을 샤프하게 표현하고, 앞머리는 가르마를 옆으로 타서 모발의 길이의 길고 짧음을 혼합하여 자연스럽게 흘러내림을 표현하였다. 드라이를 하지 않아도 손쉽게 헤어스타일을 연출할 수 있는 질감처리를 하여 여성들에게 대부분이 어울리는 기본 헤어 스타일이다.

그래쥬에이션 5

후중부와 후상부에는 볼륨이 표현된 헤어스타일

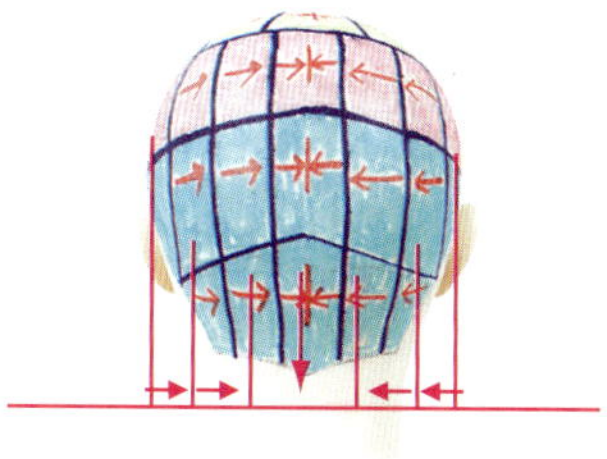

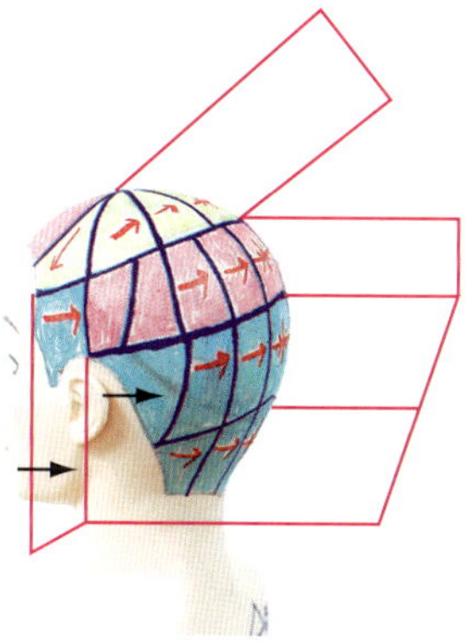

시술방법

1) 후하부 – 형태선 만들기 : 일직선+A라인
   ① 후하부의 N.P에서 가이드를 3cm를 설정한 후 일직선을 먼저 시술한다.
   ② C.L에서 자연시술각 70° 로 시술하고 베이스를 당겨서 A라인을 시술한다.
   ③ 가로로 슬라이스를 타고 자연시술각 45° 가 되게 시술한다.

2) 후중부 – 시술각 : 자연시술각 70°
   ① U라인 브록킹을 시술한후 후중부를 자연시술각 70° 가 되게 시술한다.
   ② B.P에서 G.P까지 슬라이스 중심부는 세로로 떠서 시술하고 다음 판넬부터는 베이스를 중심부로 이동하여 시술한다.
   ③ 좌우가 동일하게 시술할 수 있도록 한쪽을 시술할 때 다른쪽을 생각하고 정확한 베이스를 알고 시술해야 한다.

3) 측두부 – 전대각사선 만들기
   ① 후중부에서 가이드를 가지고 전대각 사선으로 시술한다.
   ② 전대각 사선으로 시술하기 위해 뒤쪽으로 빗질하여 시술한다.
   ③ 측두부를 시술한 후에 모발이 떨어지는 순서대로 다시한번 시술한다.

4) 후상부 – G.P에서 일반시술각 90°
   ① 방사형섹션으로 나누어서 면에 대해 평행하게 시술한다.
   ② 곡면이 들어간 만큼 길게 커트하고 다시 한번 판넬을 수직으로 들어서 시술한다.

5) 전두부 – 층사선
   ① 층사선으로 시술한다.
   ② 가르마를 나누고 왼쪽은 오른쪽으로 오른쪽은 왼쪽으로 모발을 교차하여 시술한다.

6) 질감처리 – 처내기 : 드라이한 것처럼
   ① 전두부의 층사선의 이미지는 그대로 둔채로 속에 있는 모발의 길이를 C커브를 그리면서 틴닝으로 시술한다.
   ② 후중부의 중심부 모발을 볼륨을 시술하는 그라데이션틴닝으로 시술한다.
   ③ 두상이 들어간 후중부의 시술은 방향성과 골격보정을 하기 위하여 모발을 앞쪽으로 당겨서 길이가 다르게 하기 위한 틴닝을 시술한다.
   ④ 측두부의 질감도 전대각사선의 형태선을 유지하고 모발이 떨어지는 순서대로 C커브를 그리면서 시술한다.

그래쥬에이션 5

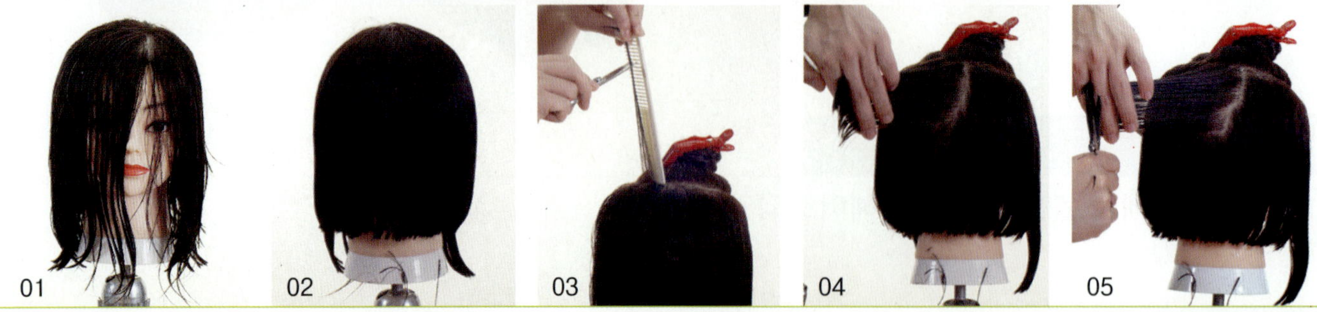

01. 시술전
02. 후하부에서 일직선의 형태선을 시술한다.
03. 후중부를 시술하기 위하여 G.P의 길이가이드를 15cm로 시술한다.
04. 후중부영역 B.P-G.P까지 자연시술각 90° 로 온더베이스로 시술한다.
05. 다음 판넬은 중심부로 베이스를 당겨서 자연시술각 90° 로 시술한다.

06. E.P까지 후중부의 모발은 중심부로 베이스를 당겨서 시술한다.
07. 반대편의 다음판넬도 중심부로 모발을 당겨서 시술한다.
08. E.P까지 후중부의 모발은 중심부로 베이스를 당겨서 시술한다.
09. 자연시술각은 가이드를 모발판넬의 맨 밑에서 설정이 되므로 주의해야 한다.
10. 후하부의 선을 다시 만들기 위해 전대각슬라이스를 나눈후 자연시술각 45° 로 시술한다.

11. 베이스를 중심부로 당기면서 중심부의 가이드에 맞추어서 시술한다.
12. 반대쪽도 동일한 방법으로 시술한다.
13. 측두부를 시술하기 위해 E.P에서 가이드를 설정하고 E.P쪽으로 당겨서 옆선이 길어지게 시술한다.
14. 반대쪽도 동일하게 시술한다.
15. 모발이 떨어지는 대로 잡고 순서대로 낫칭으로 시술한다.

Graduation 5

16

17

18

19

20

16. 전두부의 모발을 시술하기 위하여 가르마를 나누고 슬라이스를 사선으로 하여 슬라이스와 손가락과 평행하게 하여 시술한다.
17. 모발의 길고 짧음을 이용한 낫칭으로 시술하여 자연스럽게 모발이 떨어짐을 표현한다.
18. 모발의 길이가 다르게 하여 모발이 서로 어울어지게 시술한다.
19. 반대쪽은 가르마의 가이드에 맞추어서 시술한다.
20. 다음 모발은 첫 번째의 가드에 맞추어서 시술한다.

21

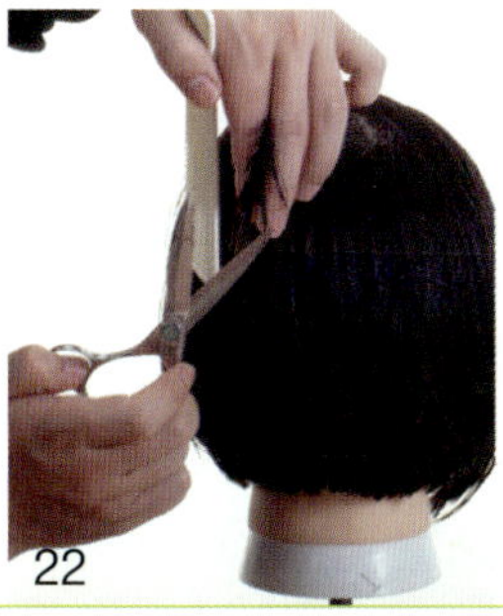
22

23

24

25

21. 전두부를 시술해 놓은 상태이다.
22. 후상부의 볼륨을 주기 위해 자연시술각 90° 로 시술한다.
23. 후상부를 시술할때는 고객의 두상의 조건을 보면서 시술한다.
24. T.P에서 3cm 안쪽에서 보발을 다시 들어서 수직으로 자연시술각 90° 로 시술한다.
25. 전두부의 모발의 자연스러움을 표현하기 위하여 라인틴닝을 시술한다.

26

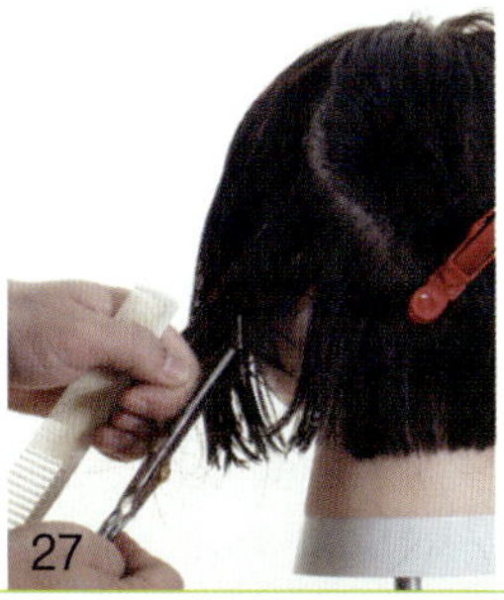
27

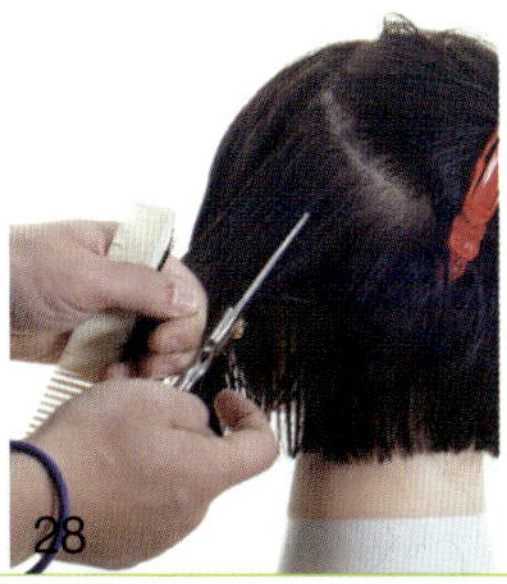
28

29

30

26. 모발의 양이 많은 경우에는 윗모발을 짧게하여 이너틴닝을 시술한다.
27. 두상이 함몰된 부분은 모발의 방향성이 표현되기 때문에 가위를 위가 짧게 하고 앞쪽으로 당겨서 시술한다.
28. 모량을 보면서 시술하고 모발의 양이 많은 경우에는 안쪽부분에도 시술한다.
29. 반대쪽도 27, 28과 동일하게 시술한다.
30. 시술이 종료된 상태이다.

실습날짜 :	요점정리

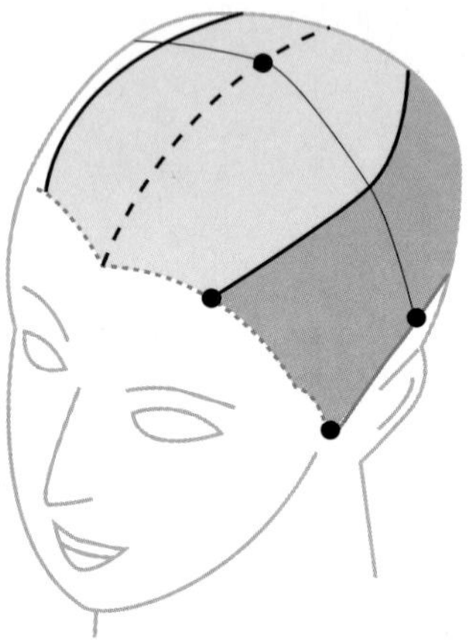

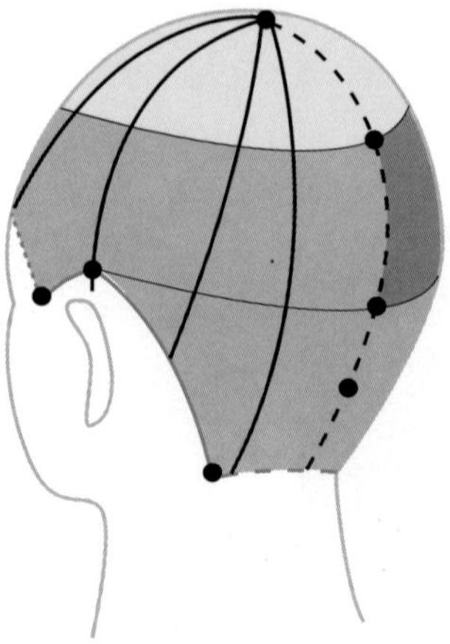

★ 나의 작품 뽐내보기 ★

디스커넥션으로 골격보정을

별모양 - 유니폼레이어 변형 1

Uniform Layer 1

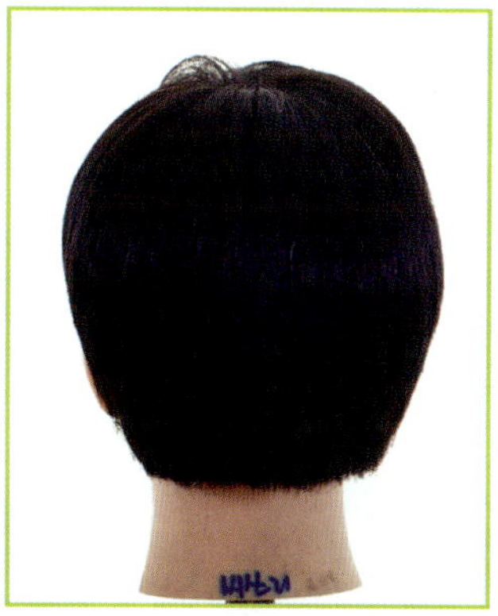

유니폼레이어 변형 헤어스타일

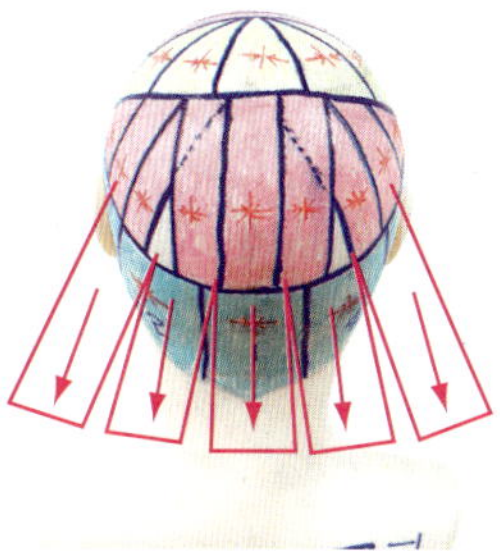

시술방법

1) 후하부 – 형태선 만들기 : U라인
   ① 후하부의 N.P에서 가이드를 2cm를 설정한 후 곡선으로 시술한다.
   ② 두상이 생긴모양을 표현하기 위해 온더베이스로 몸을 움직여 가면서 시술한다.
   ③ 5cm의 길이가이드를 설정하고 N.P의 길이가이드와 연결하여 층을 만들어주면서 중심부의 길이를 설정하고 온더베이스로 몸을 움직여 가면서 시술하고 모발이 없는 곳은 사이드베이스로 시술한다.

2) 후상부 – G.P에서 일반시술각 90°
   ① 가로로 슬라이스를 떠서 자연시술각 90° 로 스퀘어 상태를 만들면서 시술한다.
   ② 곡면이 들어간 만큼 조금더 길게 커트하여 볼륨을 만들어 준다.

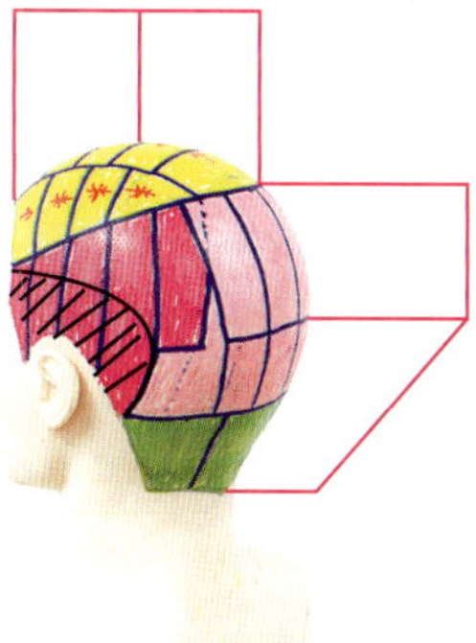

3) 후중부 – 시술각 : 자연시술각 90°
   ① U라인을 먼저 시술한 후 후상부에서 길이가이드를 설정하여 B.P에서 자연시술각 90° 가 되게 시술한다.
   ② B.P에서 G.P까지 슬라이스 중심부는 세로로 뜨고 두상이 함몰된 부분은 사선으로 하여 베이스는 온더베이스로 시술한다.
   ③ 좌우가 동일하게 시술할 수 있도록 한쪽을 시술할 때 다른쪽을 생각하고 정확한 베이스를 알고 시술해야 한다.

4) 측두부 – 디스커넥션으로 모발의 길이를 없앤다
   ① 이곳은 모발이 뜨는 곳이므로 모발의 길이를 짧게 하여 모류보정을 한다.
   ② 블럭을 정한후 틴닝가위를 이용하여 먼저 길이를 없앤다.
   ③ 위에 모발을 내려서 선을 다시 한번 정리한다.

5) 전두부 – 층사선
   ① 층사선으로 시술한다.
   ② 가르마를 나누고 왼쪽은 오른쪽으로 오른쪽은 왼쪽으로 모발을 교차하여 시술한다.

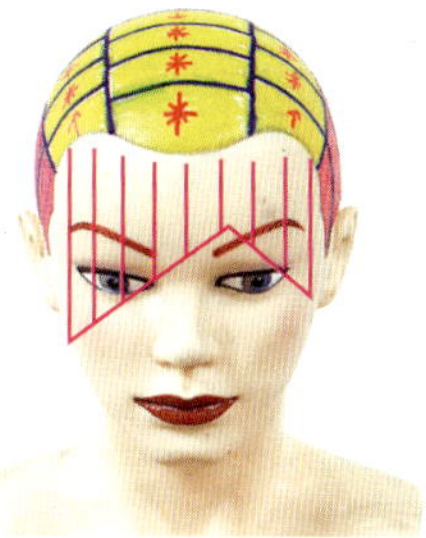

6) 질감처리 – 처내기 : 드라이한 것처럼
   ① 전두부의 층사선의 이미지는 그대로 둔채로 속에 있는 모발의 길이를 C커브를 그리면서 틴닝으로 시술한다.
   ② 후중부의 중심부 모발을 볼륨을 시술하는 그라데이션틴닝으로 시술한다.
   ③ 두상이 들어간 후중부의 시술은 방향성과 골격보정을 하기 위하여 모발을 앞쪽으로 당겨서 길이가 다르게 하기 위한 틴닝을 시술한다.
   ④ 측두부의 질감도 전대각사선의 형태선을 유지하고 모발이 떨어지는 순서대로 C커브를 그리면서 시술한다.

유니폼레이어 변형 1

01
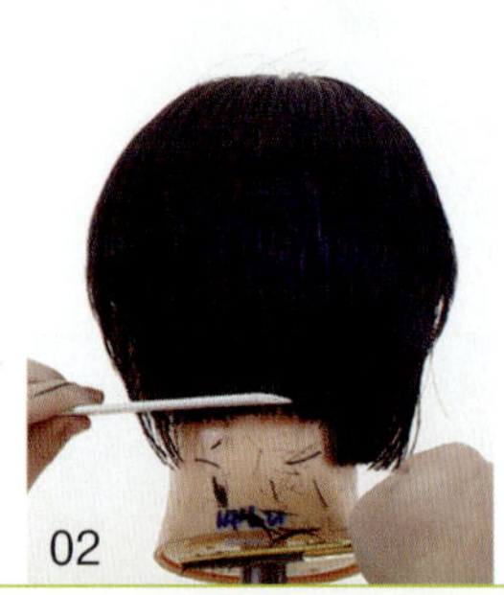
02

03

04

05

01. 시술전 모발의 상태
02. 후하부에서 형태선을 시술한다.(3cm 이하는 손가락이 아닌 빗으로 형태선을 시술)
03. 후상부 T.P에서 10cm의 길이를 자연시술각 90° 로 시술한다.
04. T.P를 중심으로 후상부의 모발을 당겨서 시술한다.
05. 후상부의 앞부분도 T.P에 향해 베이스를 당겨서 시술한다.

06

07

08

09
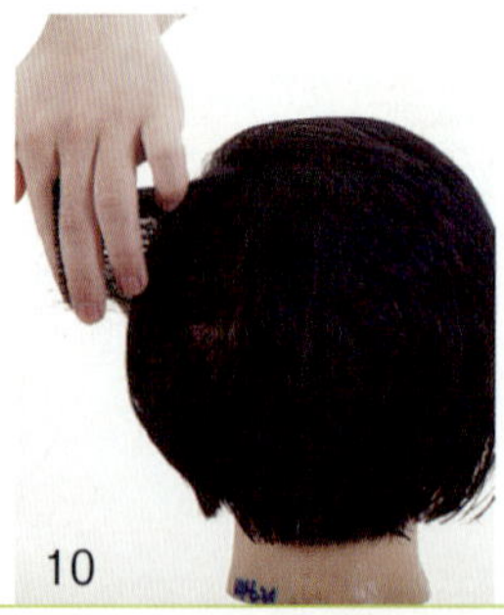
10

06. 전두부의 모발까지 동일한 방법으로 시술한다.
07. 전두부의 함몰된 부분에는 모발의 양이 적기 때문에 더 베이스를 당기는 느낌으로 시술한다.
08. T.P를 중심에서 하나의 박스모양을 형성한다고 생각하면서 시술한다.
09. 빠진 부분을 다시 한번 확인하면서 시술한다.
10. 후중부는 다시 자연시술각으로 시술한다.

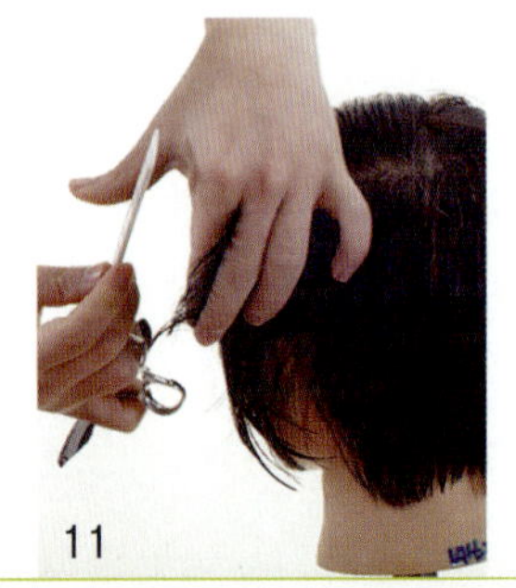
11

12

13

14

15

11. 측두부는 사선으로 섹션을 떠서 일반시술각 90° 로 시술한다.
12. 10cm 이하의 길이는 모류가 솟구치기 때문에 이곳을 모발이 뜬다. 이것을 보정하기 위하여 섹션을 나눈다.
13. 이곳에 모발을 틴닝과 클리퍼를 이용하여 1cm 이하로 커트한다.
14. 깔금하게 선을 다시한번 다듬는다.
15. 훼이스라인도 다시한번 정리한다.

Uniform Layer 1

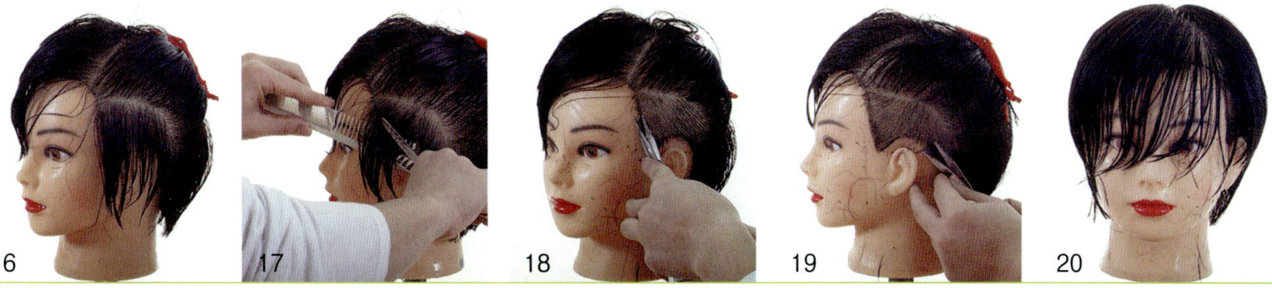

16. 반대편도 동일한 방법으로 섹션을 나눈다.
17. 틴닝을 이용하여 짧게 시술한다.
18. 깔끔한 선을 다시한번 다듬는다.
19. 헴라인도 다시한번 정리한다.
20. 시술해 놓은 상태이다.

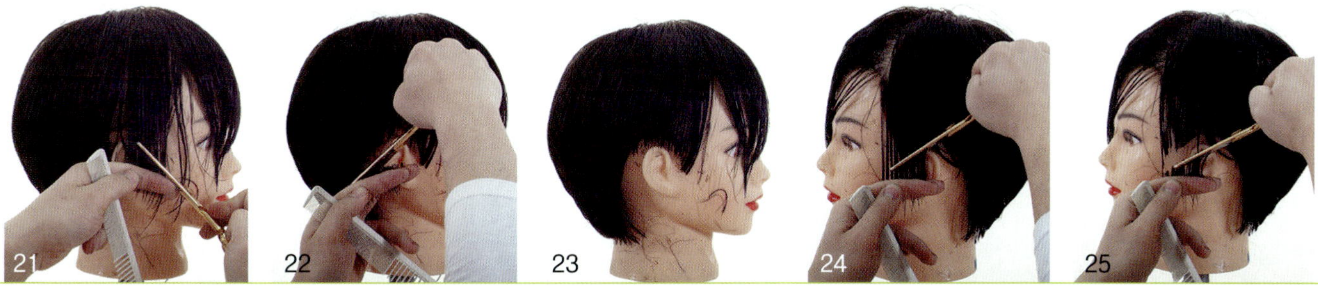

21. 윗모발을 선을 만들어 놓은 곳까지 와서 길이를 정리한다.
22. 헴라인도 선을 만들어 놓은 곳까지 윗모발을 당겨서 시술한다.
23. 시술이 시술을 해놓은 상태이다.
24. 반대편도 동일한 방법으로 시술한다.
25. 가위가 들어가는 방향이 선을 만든다고 생각하면서 시술한다.

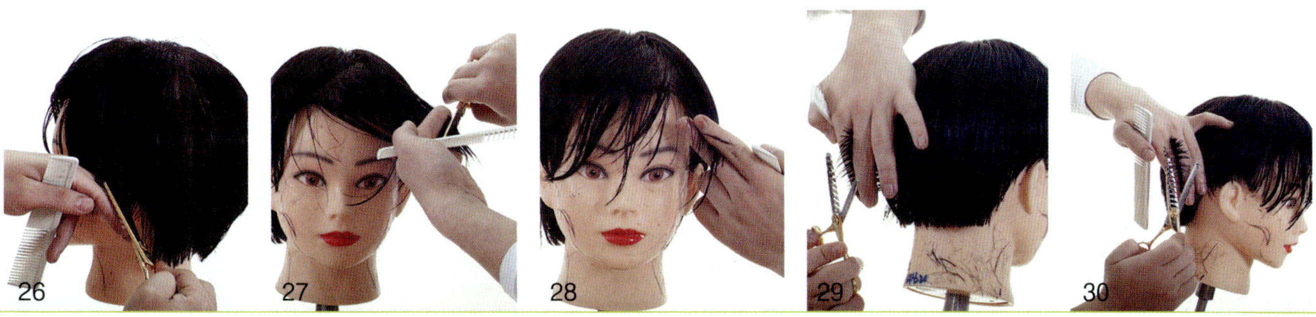

26. 뒷선도 먼저 정해놓은 선에 맞추어 시술한다.
27. 전두부의 앞머리는 서로 모발을 교차하여 시술한다.
28. 반대편에 앞머리부분의 모발을 옆선과 연결하여 시술한다.
29. 후하부의 무거운선을 다시한번 정리한다.
30. 두상이 함몰된 부분은 사선으로 슬라이스를 뜨고 정리한다.

실습날짜 :	요점정리

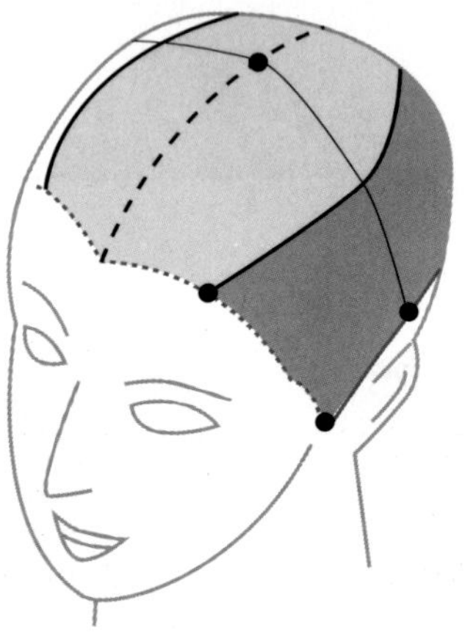

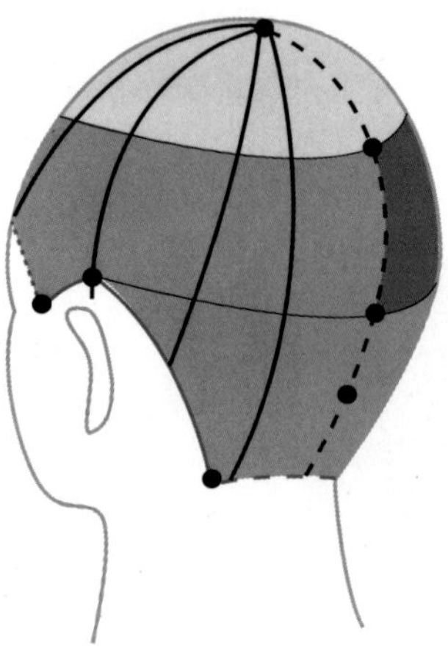

★ 나의 작품 뽐내보기 ★

별모양 - 유니폼레이어 변형 2

Uniform Layer 2

20-30대의 젊은이들이 선호하는 헤어스타일로 뒷부분을 자연스러운 적당한 볼륨을 앞머리 부분에는 얼굴선의 둥근라인을 그대로 살려 손질이 편안한 스타일이다.

귀엽고 깜직한 헤어스타일

얼굴선의 둥근라인으로 귀여움과 깜직함을 표현한 헤어스타일

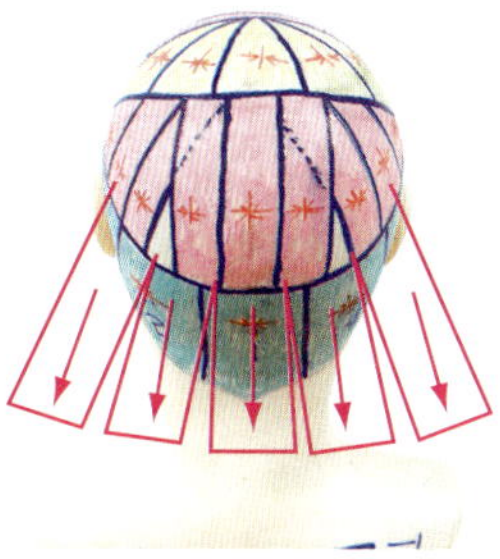

시술방법

1) 후하부 – 형태선 만들기 : U라인
   ① 후하부의 N.P에서 가이드를 3cm를 설정한 후 곡선으로 시술한다.
   ② 두상이 생긴모양을 표현하기 위해 온더베이스로 몸을 움직여 가면서 시술한다.
   ③ 5cm의 길이가이드를 설정하고 N.P의 길이가이드와 연결하여 층을 만들어주면서 중심부의 길이를 설정하고 온더베이스로 몸을 움직여 가면서 시술하고 모발이 없는 곳은 사이드베이스로 시술한다.

2) 후중부 – 시술각 : 자연시술각 90˚
   ① U라인을 먼저 나누고 후하부에서 길이가이드를 설정하여 B.P에서 자연시술각 90˚가 되게 시술한다.
   ② B.P에서 G.P까지 슬라이스 중심부는 세로로 뜨고 두상이 함몰된 부분은 사선으로 하여 베이스는 온더베이스로 시술한다.
   ③ 좌우가 동일하게 시술할 수 있도록 한쪽을 시술할 때 다른쪽을 생각하고 정확한 베이스를 알고 시술해야 한다.

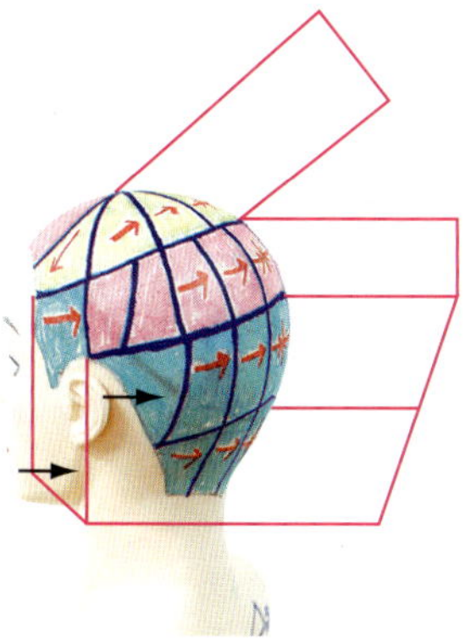

3) 측두부 – 후대각사선 만들기
   ① 후중부에서 가이드를 가지고 후대각으로 하여 시술한다.
   ② 후대각 사선으로 시술하기 위해 앞쪽으로 빗질하여 시술한다.
   ③ 측두부와 후하부를 연결한다.

4) 후상부 – G.P에서 일반시술각 90˚
   ① 방사형섹션으로 나누어서 온더베이스로 G.P에서 일반시술각 90˚로 시술한다.
   ② 곡면이 들어간 만큼 조금더 길게 커트하여 볼륨을 만들어 준다.

5) 전두부 – 곡선
   ① 모발을 중심부로 당겨서 일직선으로 시술하고 다시한번 원하는 곡선을 만든다.
   ② 곡선을 만들때 중심부의 중심축은 일직선으로 잡아야 안정감이 있다.

6) 질감처리 – 처내기 : 드라이한 것처럼
   ① 전두부의 곡선의 이미지는 그대로 둔채로 속에 있는 모발의 길이를 C커브를 그리면서 틴닝으로 시술한다.
   ② 후중부의 중심부 모발을 볼륨을 시술하는 그라데이션틴닝으로 시술한다.
   ③ 두상이 들어간 후중부의 시술은 방향성과 골격보정을 하기 위하여 모발을 앞쪽으로 당겨서 길이가 다르게 하기 위한 틴닝을 시술한다.
   ④ 측두부의 질감도 후대각 전대각사선의 형태선을 유지하고 모발이 떨어지는 순서대로 C커브를 그리면서 시술한다.

유니폼 레이어 변형 2

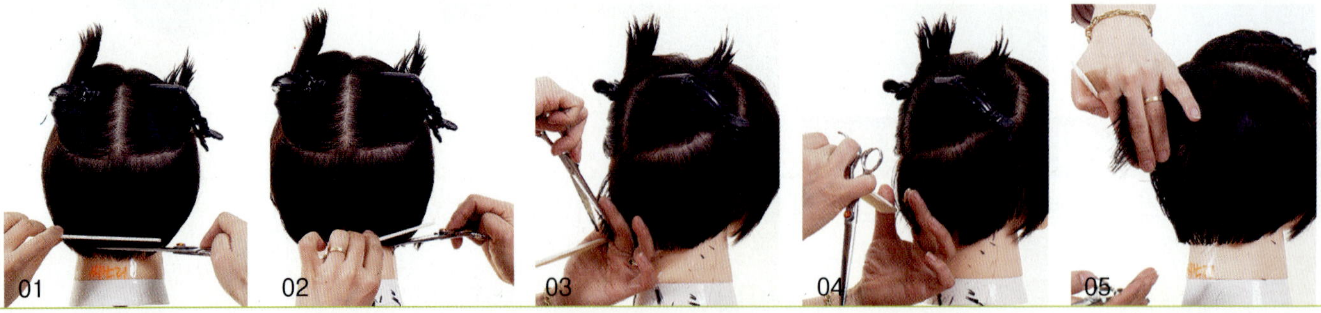

01. U라인의 슬라이스를 나누고 중심부에서후하부에 형태선을 먼저 시술한다.
02. 다음 판넬도 온더베이스로 U라인의 형태선을 연결한다.
03. 후하부의 자연시술각 90˚로 하고 온더베이스로 하여 시술한다.
04. 다음 판넬도 온더베이스로 자연시술각 45˚로 시술한다
05. 후중부의 모발을 자연시술각 70˚로 하고 온더베이스로 시술한다.

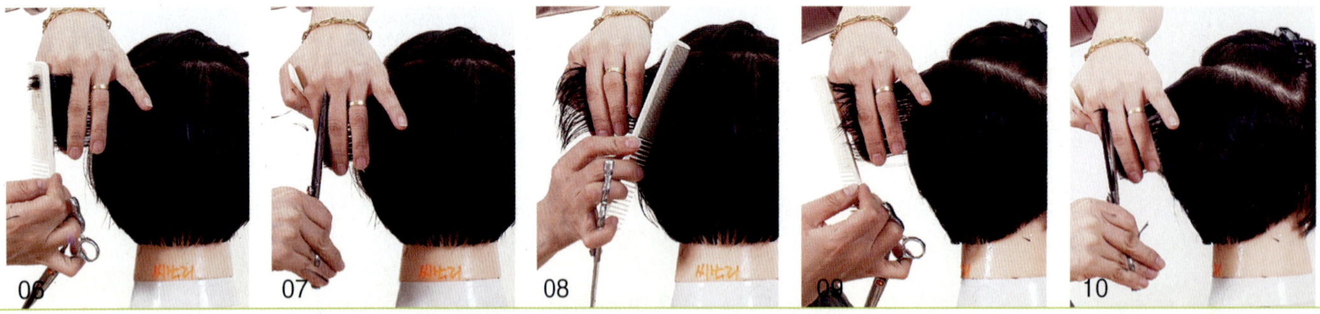

06. 다음 모발을 자연시술각 70˚로 하고 온더베이스로 모발을 빗질한다.
07. 세로로 판넬을 떠서 시술한다.
08. 두상이 함몰된 부분은 곡선을 만들기 위해 사선으로 슬라이스를 뜬다.
09. 반대쪽도 모발을 자연시술각 70˚로 하고 온더베이스로 모발을 빗질한다.
10. 모발을 자연시술각 70˚로 하고 온더베이스로 시술한다.

11. 중심부의 가이드를 이동하여 모발을 자연시술각 70˚로 하고 온더베이스로 모발을 빗질한다.
12. 모발을 자연시술각 70˚로 하고 온더베이스로 시술한다.
13. 모발이 겹치는 중심부는 세로로 판넬을 떠서 시술한다.
14. 후상부는 방사형섹션을 떠서 온더베이스로 일반시술각 90˚로 시술한다.
15. 다음 판넬도 14번과 동일한 방법으로 시술한다.

Uniform Layer 2

16

17

18

19
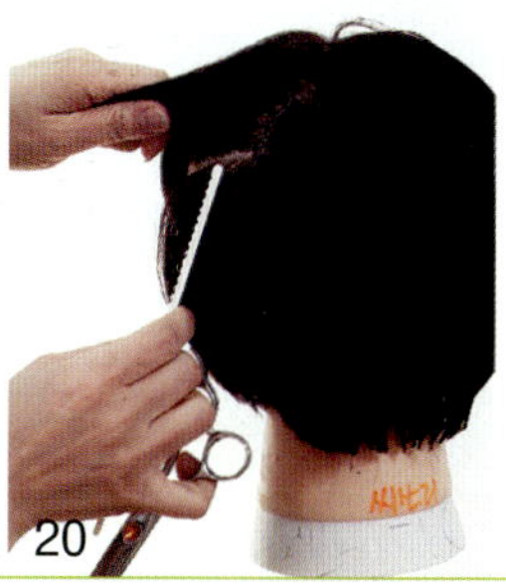
20

16. 방사형으로 삼각으로 판넬을 떠서 일반시술각 90°로 시술한다.
17. 베이스를 이동해 가면서 시술한다.
18. 뒷모발을 뒤에서 방사형섹션으로 나누어서 모두 시술한다.
19. 전두부에 앞머리를 중심부로 빗질하여 일직선으로 시술한다.
20. 측두부의 선을 만들기 위해 나눈다.

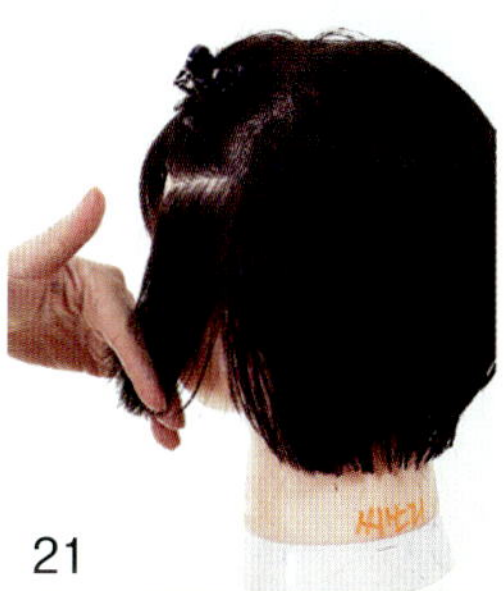
21

22

23

24

25

21. 측두부의 옆선을 후대각으로 하여 시술한다.
22. 입술선에 맞추어서 후대각으로 손가락의 기울기를 잡고 시술한다.
23. 중심부로 당겨서 일직선을 시술한 앞머리는 당긴만큼 곡선이 시술된 것을 다시 한번 수정한다.
24. 커브가위를 이용하여 다시 한번 수정한다.
25. 모발의 자연스런 흐름을 위하여 겉모발을 두고 속모발만 C커브를 그리면서 틴닝으로 시술한다.

26

27

28
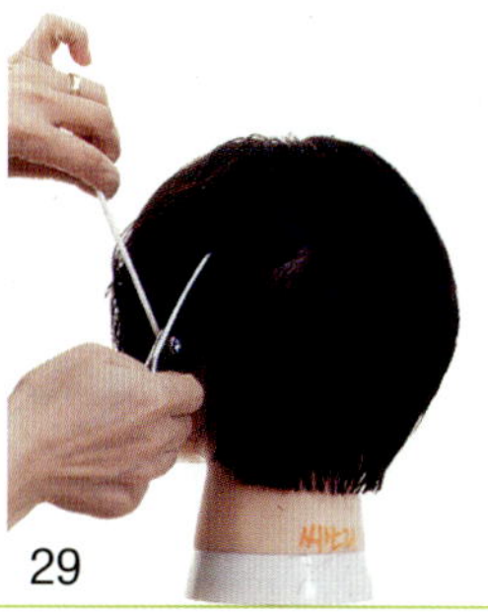
29
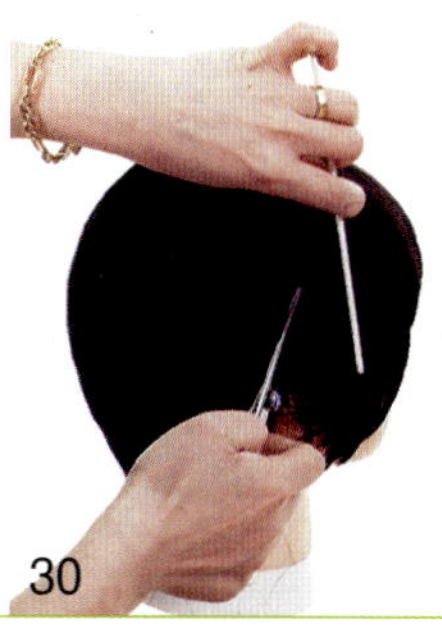
30

26. 측두부의 모발도 길이를 다르게 하기 위하여 겉모발을 두고 속모발만 C커브를 그리면서 틴닝으로 시술한다.
27. 윗모발이 짧고 아래모발이 길게 하고 틴닝가위가 사선으로 넣어 C커브를 그리면서 틴닝으로 시술한다.
28. 후중부는 볼륨을 주기 위한 이너그라데이션 틴닝을 시술한다.
29. 두상이 함몰된 부분은 방향성을 주기위한 틴닝을 모발을 앞쪽으로 당겨서 앞모발이 짧고 뒷모발이 길게 하기 위한 틴닝을 시술한다.
30. 반대쪽도 모발을 앞쪽으로 당겨서 앞모발이 짧고 뒷모발이 길게 하기 위한 틴닝을 시술한다.

실습날짜 :	요점정리

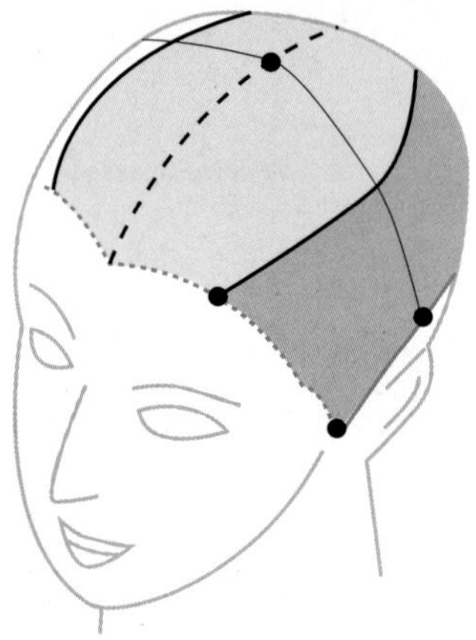

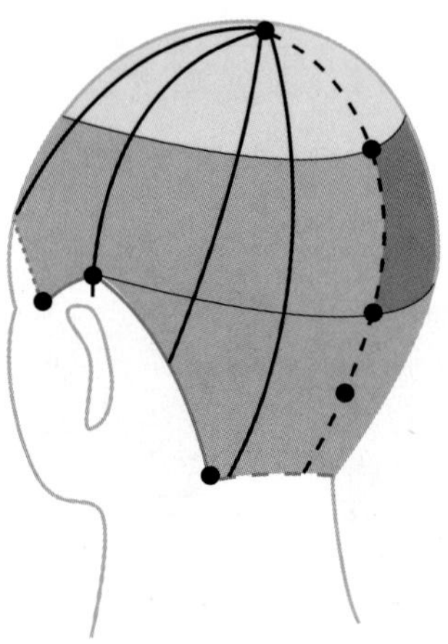

★ 나의 작품 뽐내보기 ★

별모양 - 유니폼레이어 변형 3

Uniform Layer 3

머리숱이 적은 사람에게 전두부에 무거움을 주고자 함을 베이스를 당겨서 표현하여 무거워 보이지만 공기감을 넣어 준 듯한 질감을 넣어 깃털같이 살짝뜨는 자연스런 모발을 시술하였다.

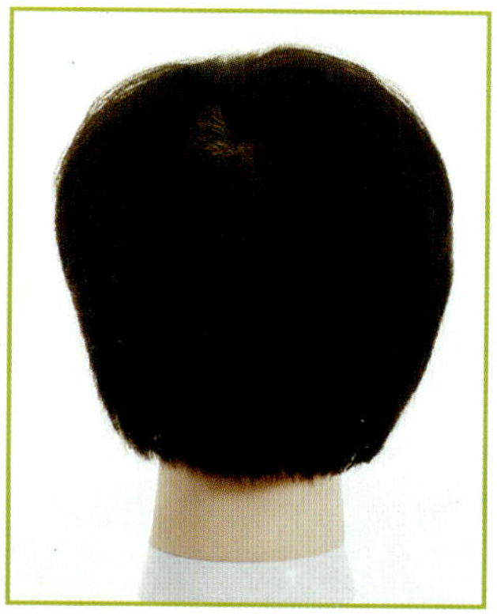

유니폼레이어 변형 3

꾸밈없는 얼굴선을 강조하여 귀여움을 표현한 헤어스타일

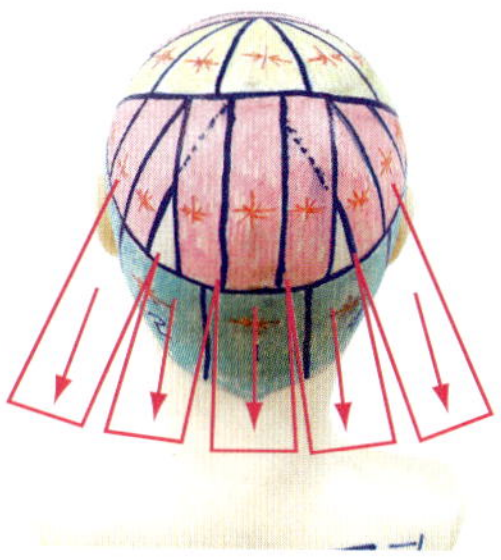

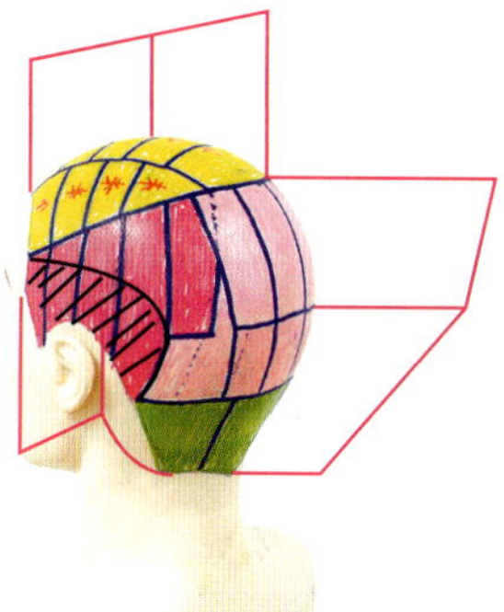

시술방법

1) 전두부
   ① 베이스를 앞쪽으로 밀면서 앞쪽의 길이가이드가 짧게 시술한다.
   ② 두상이 함몰된 부분만 벗어나면 온더베이스로 시술한다.
   ③ 위에 모발을 내려서 선을 다시 한번 정리한다.

2) 후상부
   ① 가로로 슬라이스를 떠서 베이스를 앞쪽으로 밀면서 시술한다.
   ② 곡면이 들어간 만큼 조금더 길게 커트하여 볼륨을 만들어 준다.

3) 후중부 – 시술각 : 자연시술각 70˚
   ① U라인을 먼저 시술한 후 후상부에서 길이가이드를 설정하여 B.P에서 자연시술각 90˚가 되게 시술한다.
   ② B.P에서 G.P까지 슬라이스 중심부는 세로로 뜨고 두상이 함몰된 부분은 사선으로 하여 베이스는 온더베이스로 시술한다.
   ③ 좌우가 동일하게 시술할 수 있도록 한쪽을 시술할 때 다른쪽을 생각하고 정확한 베이스를 알고 시술해야 한다.

4) 측두부 – 전대각과 후대각 연결
   ① 앞모발과 뒷모발을 나누고 선을 만들 블록을 지정한다.
   ② 블럭을 정한후 커브가위를 이용하여 측두부의 전대각선과 후하부의 후대각선을 만든다.
   ③ 위에 모발을 내려서 선을 다시 한번 정리한다.

5) 후하부 – 형태선 만들기 : U라인
   ① 후하부의 N.P에서 가이드를 2cm를 설정한 후 곡선으로 시술한다.
   ② 두상이 생긴모양을 표현하기 위해 온더베이스로 몸을 움직여 가면서 시술한다.

6) 질감처리 – 처내기 : 드라이한 것처럼
   ① 전두부의 이미지는 그대로 둔채로 속에 있는 모발의 길이를 C커브를 그리면서 틴닝으로 시술한다.
   ② 후중부의 중심부 모발을 볼륨을 시술하는 그라데이션틴닝으로 시술한다.
   ③ 두상이 들어간 후중부의 시술은 방향성과 골격보정을 하기 위하여 모발을 앞쪽으로 당겨서 길이가 다르게 하기 위한 틴닝을 시술한다.
   ④ 측두부의 질감도 후대각 전대각사선의 형태선을 유지하고 모발이 떨어지는 순서대로 C커브를 그리면서 시술한다.

유니폼레이어 변형 3

01

02

03
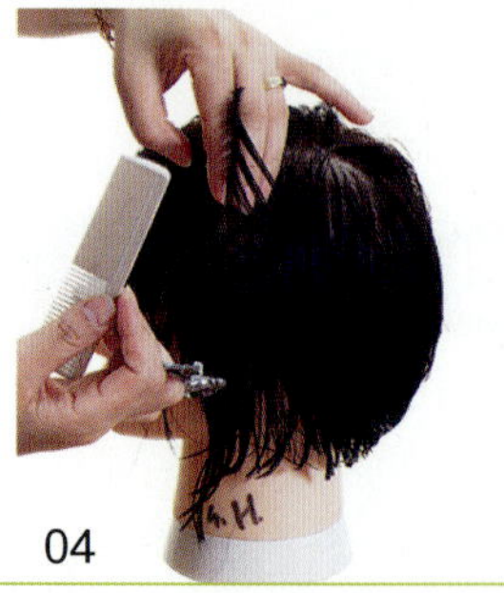
04

05

01. 전두부에서 길이가이드를 설정하여 시술한다.
02. 베이스를 앞쪽으로 당겨서 뒷모발이 길어지게 시술한다.
03. 중심부의 가이드에 맞추어서 온더베이스로 약간의 그라데이션이 되게 시술한다.
04. 후상부의 영역을 온더베이스로 베이스를 옮겨 가면서 시술한다.
05. 후중부는 자연시술각 90˚ 가 되게 시술한다.

06

07
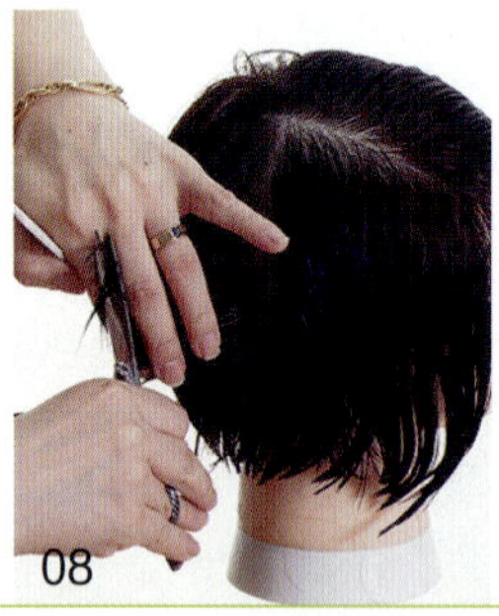
08

09
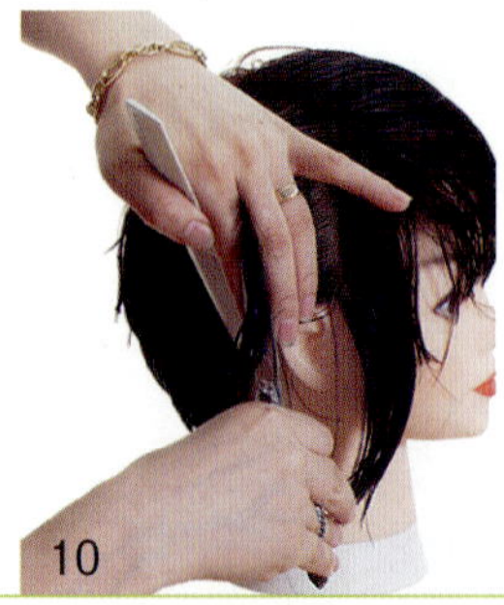
10

06. 중심부는 세로로 슬라이스를 떠서 시술한다.
07. 두상이 함몰된 부분은 사선으로 슬라이스를 떠서 온더베이스를 시술한다.
08. 반대쪽도 중심부는 세로로 슬라이스를 떠서 시술한다.
09. 두상이 함몰된 부분은 사선으로 슬라이스를 떠서 온더베이스를 시술한다.
10. 측두부에 해당하는 부분까지 사선으로 베이스를 떠서 온도베이스를 시술한다.

11

12
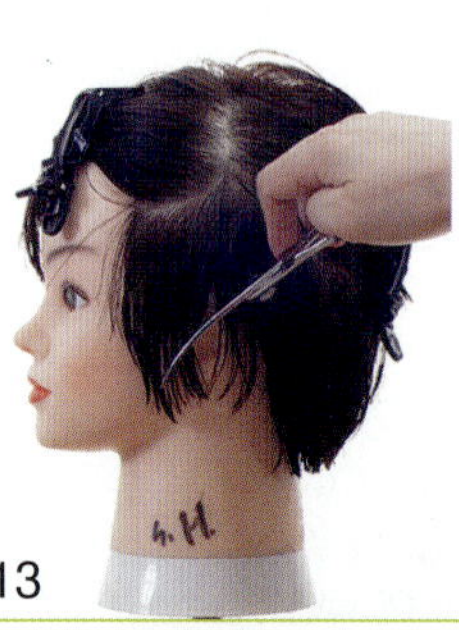
13
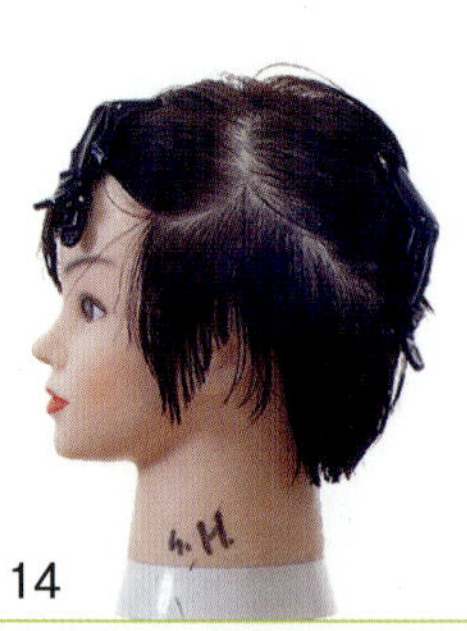
14

15

11. 측두부에 해당하는 부분을 사선으로 일반시술각 90˚ 로 시술한다.
12. 옆선을 시술하기위해 E.P에서 길이 가이드를 설정한다.
13. 길이 가이드를 설정하여 연결한다.
14. 측두부에 선을 시술해 놓은 상태이다.
15. 후하부의 형태선과 연결한다.

Uniform Layer 3

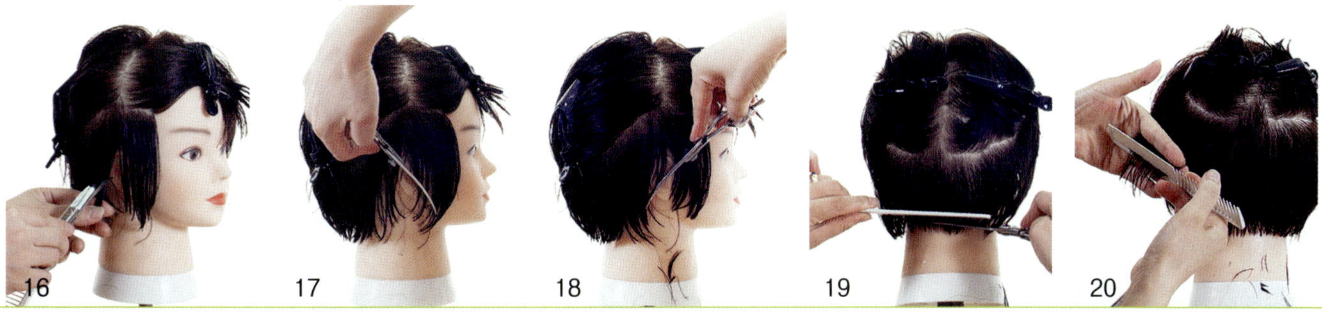

16. 반대쪽에 옆선을 시술하기위해 E.P에서 길이 가이드를 설정한다.
17. 길이 가이드를 설정하여 연결한다.
18. 후하부의 형태선과 연결한다.
19. 후하부의 형태선을 시술한다. 이때 길이 가이드가 3cm 이하 일때는 빗으로 형태선을 만든다.
20. 후하부에 해당하는 부분에 층을 내기 위해 후대각으로 판넬을 잡고 슬라이스아 평행하게 하여 시술한다.

21. 반대쪽도 후대각으로 판넬을 잡고 슬라이스와 평행하게 하여 시술한다.
22. 두상이 함몰된 부분을 판넬을 뒤집어서 다시 한번 시술하여 층을 자연스럽게 만든다.
23. 반대쪽도 두상이 함몰된 부분을 판넬을 뒤집어서 다시 한번 시술하여 층을 자연스럽게 만든다.
24. 전두부에 모발을 눈썹 길이에 빗질하여 일직선으로 시술한 후 질감처리 한다.
25. 볼륨을 주기 위해 이너그라데이션 틴닝으로 시술한다.

26. 틴닝가위로 판넬을 C컬을 그리면서 모발을 빼내면서 시술한다.
27. 자연시술각 90˚로 다시 한번 모발을 당겨서 시술하거 질감처리한다.
28. 후상부의 중심부는 볼륨을 주기 위한 이너그라데이션 틴닝을 시술한다.
29. 모발을 앞쪽으로 빗질하여 앞모발이 짧고 뒷모발이 길어지게 틴닝으로 시술한다.
30. 반대쪽도 29 와 동일하게 시술한다.

실습날짜 :	요점정리

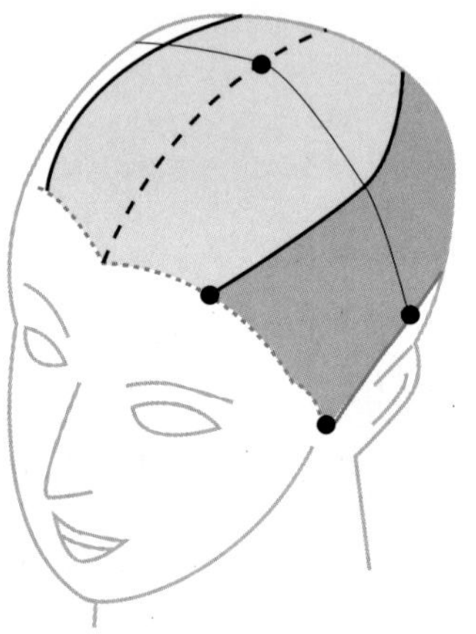

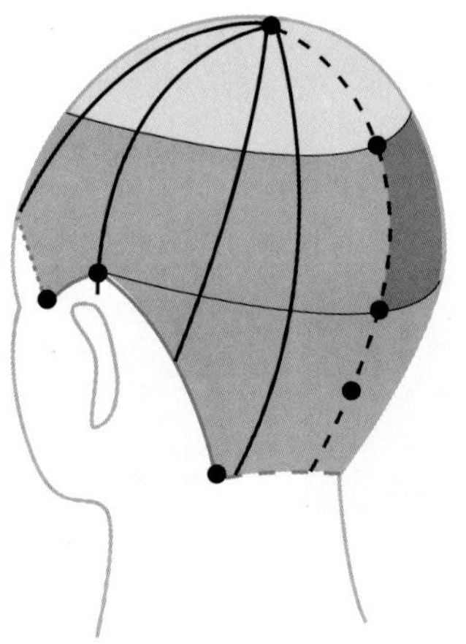

★ 나의 작품 뽐내보기 ★

별모양 - 유니폼레이어 변형 4

Uniform Layer 4

골격보정이나 모류보정이 필요한 곳을 짧게 자르고 남은 모발은 전체에 레이어를 넣어 꾸미지 않아도 머리끝의 움직임을 볼수 있는 헤어스타일

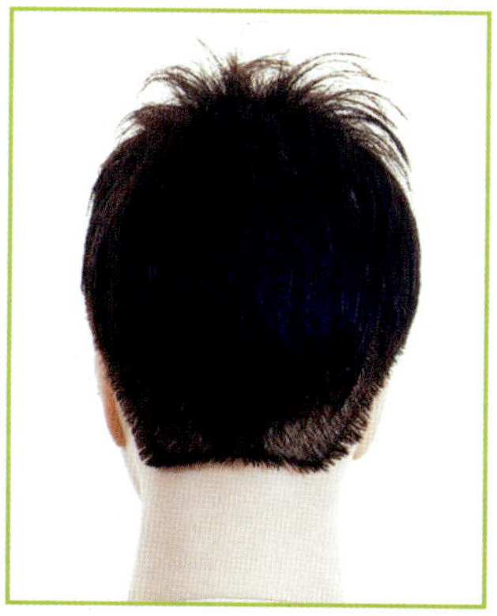

유니폼레이어 변형 4

꾸미지 않아도 깜찍한 멋쟁이로 변신하는 헤어스타일

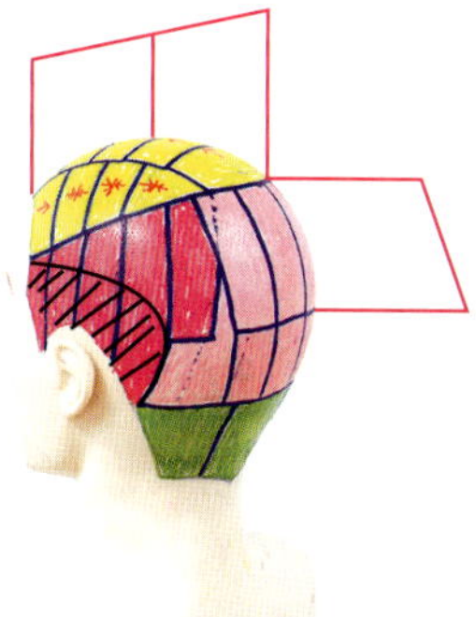

시술방법

1) 후상부
① 가로로 슬라이스를 떠서 베이스를 앞쪽으로 밀면서 시술한다.
② 곡면이 들어간 만큼 조금더 길게 커트하여 볼륨을 만들어 준다.

2) 후중부 – 시술각 : 일반시술각 90°
① U라인을 먼저 시술한 후 후상부에서 길이가이드를 설정하여 B.P에서 일반시술각 90°가 되게 시술한다.
② B.P에서 G.P까지 슬라이스 중심부는 세로로 뜨고 두상이 함몰된 부분은 사선으로 하여 베이스는 온더베이스로 시술한다.
③ 좌우가 동일하게 시술할 수 있도록 한쪽을 시술할 때 다른쪽을 생각하고 정확한 베이스를 알고 시술해야 한다.

3) 측두부 – 전대각과 후대각 연결
① 앞모발과 뒷모발을 나누고 선을 만들 블록을 지정한다.
② 블럭을 정한후 틴닝가위를 이용하여 측두부의 전대각선과 후하부의 후대각선을 만든다.
③ 위에 모발을 내려서 선을 다시 한번 정리한다.

4) 전두부
① 짧게 하고자하는 블록을 정한다.
② 블록을 정한 곳을 틴닝가위를 이용하여 길이를 짧게 한다.
③ 위에 모발을 내려서 선을 다시 한번 정리한다.

5) 후하부 – 형태선 만들기 : U라인
① 짧게 하고자하는 블록을 정한다.
② 블록을 정한 곳을 틴닝가위를 이용하여 길이를 짧게 한다.
③ 위에 모발을 내려서 선을 다시 한번 정리한다.

6) 질감처리 – 처내기 : 드라이한 것처럼
① 전두부의 이미지는 그대로 둔채로 속에 있는 모발의 길이를 C커브를 그리면서 틴닝으로 시술한다.
② 두상이 들어간 후중부의 시술은 방향성과 골격보정을 하기 위하여 모발을 앞쪽으로 당겨서 길이가 다르게 하기 위한 틴닝을 시술한다.
③ 위에 모발을 내려서 선을 다시 한번 정리한다.

유니폼레이어 변형 4

01. 후상부에서 길이가이드를 설정한다.
02. 다음 판넬을 온더베이스로 일반시술각 90˚ 로 시술한다.
03. 2번의 가이드에 맞추어서 다음 판넬을 온더베이스로 일반시술각 90˚ 로 시술한다.
04. 중심부의 모발은 동일한 방법으로 시술한다.
05. 중심부의 가이드에 맞추어서 일반시술각 90˚ 로 시술한다.

06. 5번의 가이드에 맞추어서 온더베이스 일반시술각 90˚ 로 시술한다.
07. 빗질이 먼저 시술하고 손가락이 빗질한 대로 시술해야 정확한 시술을 할 수 있다.
08. 반대쪽도 온더베이스 일반시술각 90˚ 로 시술한다.
09. 후상부 영역을 온더베이스 일반시술각 90˚ 로 시술한다.
10. 후중부도 후상부의 가이드에 맞추어서 시술한다.

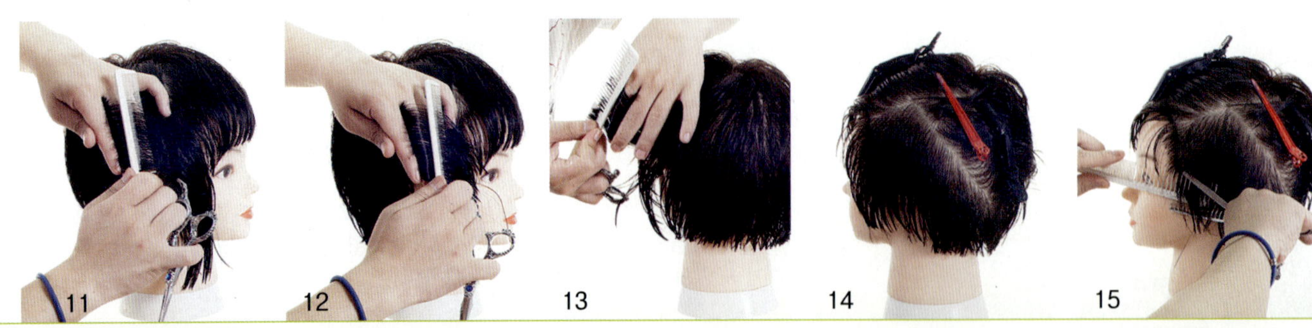

11. 두상이 함몰된 부분은 사선으로 슬라이스를 뜨고 온더베이스로 시술한다.
12. 다음 판넬도 사선으로 슬라이스를 뜨고 온더베이스로 시술한다.
13. 반대족도 두상이 함몰된 부분은 사선으로 슬라이스를 뜨고 온더베이스로 시술한다.
14. 이곳은 골격보정이나 모류보정을 하기 위한 헤어스타일로 길이를 짧게 하기 위해 나눈다.
15. 틴닝가위를 이용하여 길이를 짧게한다.

Uniform Layer 4

16
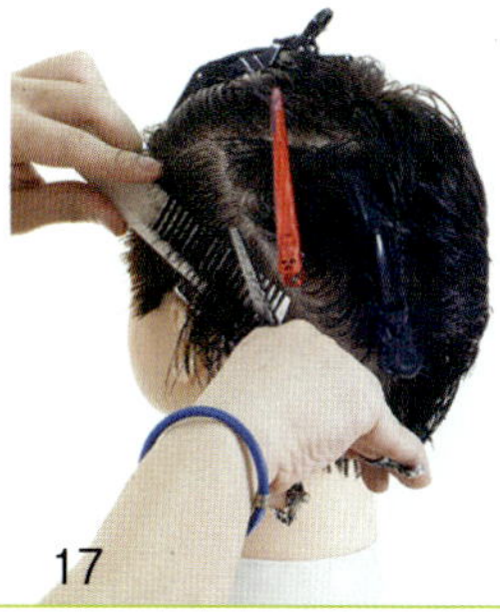
17

18

19

20

16. 가위와 빗을 이용하여 리듬을 타면서 시술한다.
17. 뒤의 형태선이 있는 부분까지 시술한다.
18. 한쪽에 시술이 종료된 상태이다.
19. 반대쪽도 시술을 하기 위하여 나눈다.
20. 틴닝가위를 이용하여 가위와 빗으로 리듬을 타면서 길이를 짧게한다.

21

22
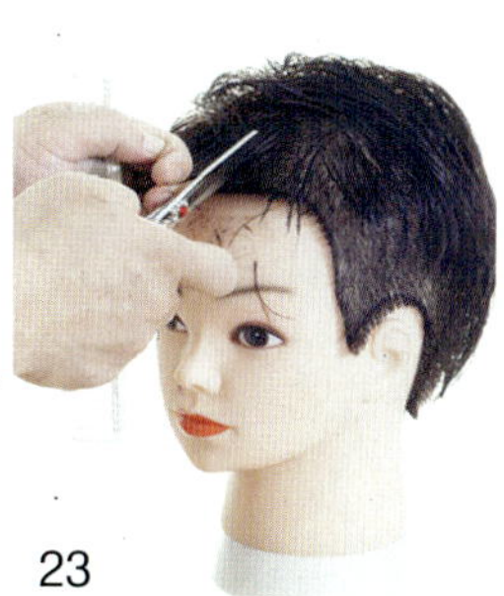
23

24
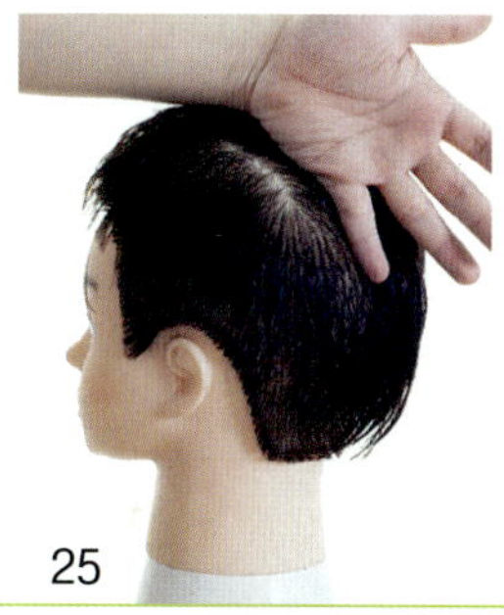
25

21. 앞머리의 표정에 해당하는 부분을 나눈다.
22. 이곳의 모발을 짧게 틴닝을 이용하여 시술한다.
23. 그다음 판넬을 나누고 틴닝가위를 이용하여 모발을 앞쪽으로 당기면서 시술한다.
24. 모발의 양을 조절하면서 시술한다.
25. 다음시술을 위하여 슬라이스를 나누고 틴닝가위를 이용하여 사선으로 끌어 당기면서 시술한다.

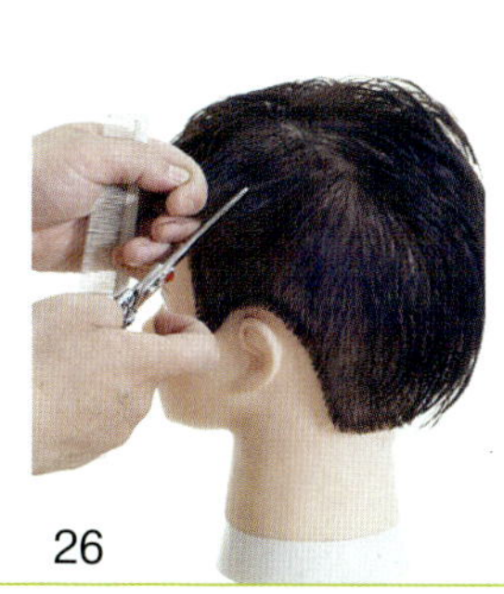
26
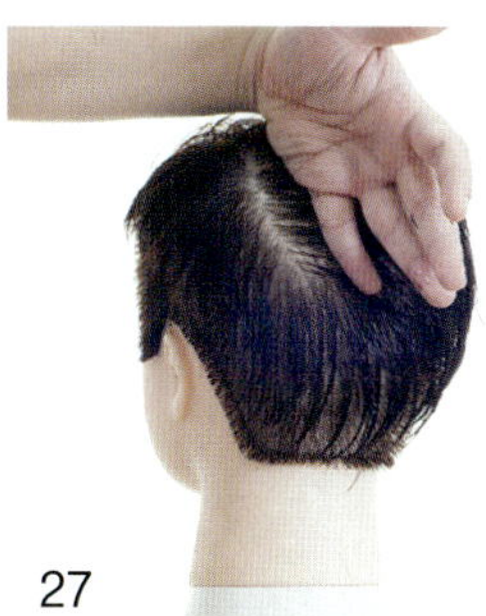
27

28

29
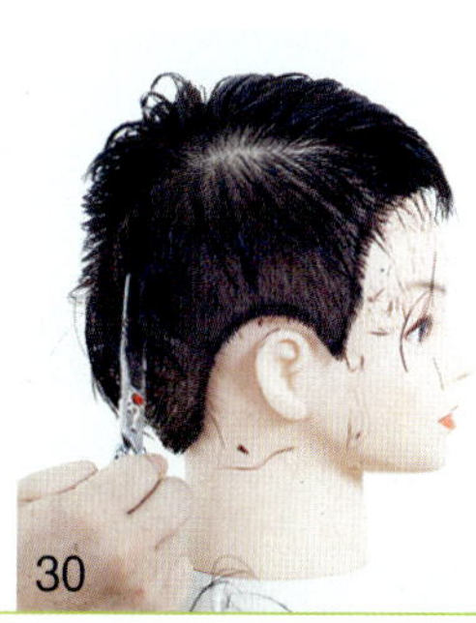
30

26. 다음 판넬도 앞쪽으로 당기면서 시술한다.
27. 모발의 양을 조절하여 슬라이스를 나누면서 시술한다.
28. 모발을 사선으로 앞쪽으로 당기면서 시술한다.
29. 반대쪽도 다음 판넬도 앞쪽으로 당기면서 시술한다.
30. 모발을 사선으로 앞쪽으로 당기면서 시술한다.

실습날짜 :	요점정리

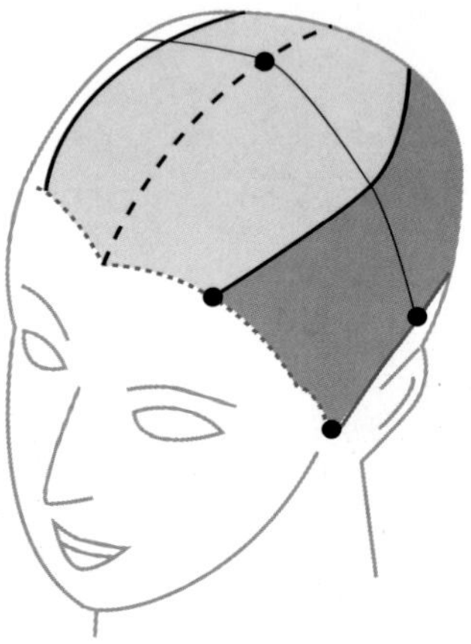

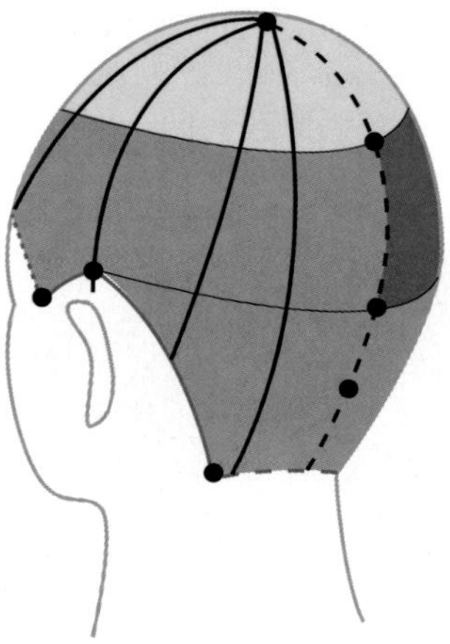

★ 나의 작품 뽐내보기 ★

별모양 - 유니폼레이어 변형 5

Uniform Layer 5

필요한 부분을 남기고 다른 부분을 짧게 처리하여 모발을 없애고 남긴 부분을 틴닝을 이용하여 머리숱과 얼굴형에 따라 모발의 양을 조절하면서 샤기표현을 한 헤어스타일

유니폼레이어 변형 5

머리끝의 움직임을 샤기하게 표현한 멋있는 헤어스타일

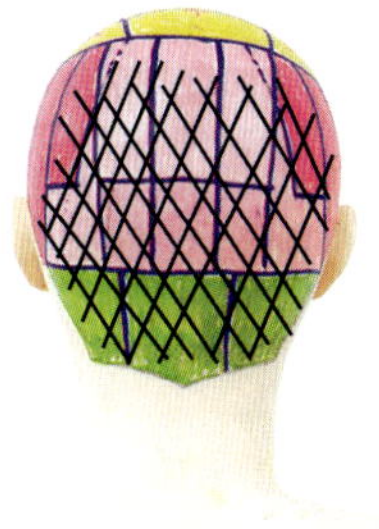

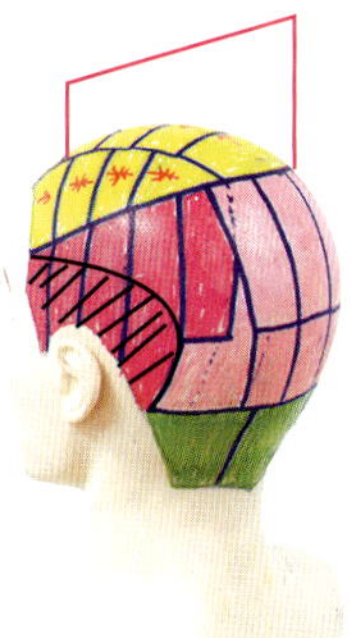

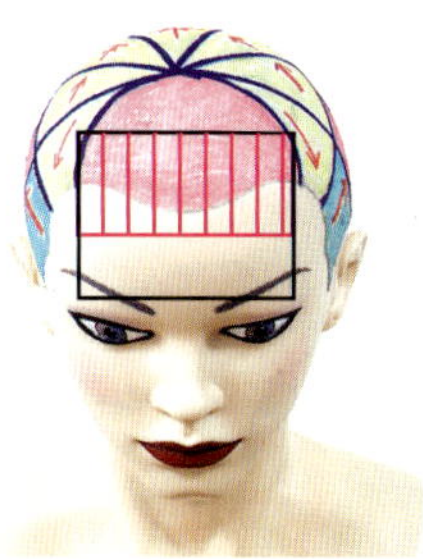

시술방법

1) U라인 영역 설정
① U라인 영역 설정하여 블럭을 둔다.
② 아래에 시술이 끝난후에 베이스를 전두부까지 밀어서 시술한다.

2) U라인 영역 설정 아래 모발
① 틴닝가위를 이용하여 길이를 짧게 한다.
② 클리퍼를 이용하여 길이를 짧게 한다.
③ 3mm의 보조날을 끼워서 시술해도 좋다.

3) 전두부
① 짧게 하고자하는 길이를 설정한다.
② 틴닝가위를 이용하여 길이를 혼합시킨다.
③ 후상부의 모발을 내려서 이곳에 길이와 연결한다.

4) 후상부
① 가로로 슬라이스를 떠서 앞쪽으로 당기면서 틴닝을 넣어준다.
② 다음 판넬도 가로로 슬라이스를 떠서 앞쪽으로 당기면서 틴닝을 넣어준다.

5) 후하부 – 형태선 만들기 : U라인
① 짧게 하고나서 클리퍼로 선을 만들어 준다.

6) 질감처리 – 처내기 : 드라이한 것처럼
① 전두부의 이미지는 그대로 둔채로 속에 있는 모발의 길이를 C커브를 그리면서 틴닝으로 시술한다.

유니폼레이어 변형 5

01. 필요한 U라인 영역을 나눈다.
02. 세로존 1번영역을 밑에서 위를 향해 리듬을 타면서 틴닝으로 시술한다.
03. 세로존 2번영역을 밑에서 위를 향해 리듬을 타면서 틴닝으로 시술한다.
04. 반대쪽 세로존 1번영역을 밑에서 위를 향해 리듬을 타면서 틴닝으로 시술한다.
05. 세로존 2번영역을 밑에서 위를 향해 리듬을 타면서 틴닝으로 시술한다.

06. 세로존 1번영역을 클리퍼를 이용하여 짧게 시술한다.
07. 세로존 1번영역을 클리퍼를 이용하여 짧게 시술하고 다시 한번 밑에서 위를 향해 수정한다.
08. 세로존 2번영역을 클리퍼를 이용하여 짧게 시술하고 다시 한번 밑에서 위를 향해 수정한다.
09. 클리퍼를 이용하여 짧게 시술하고 다시 한번 밑에서 위를 향해 수정한다.
10. 클리퍼를 이용하여 짧게 시술한다.

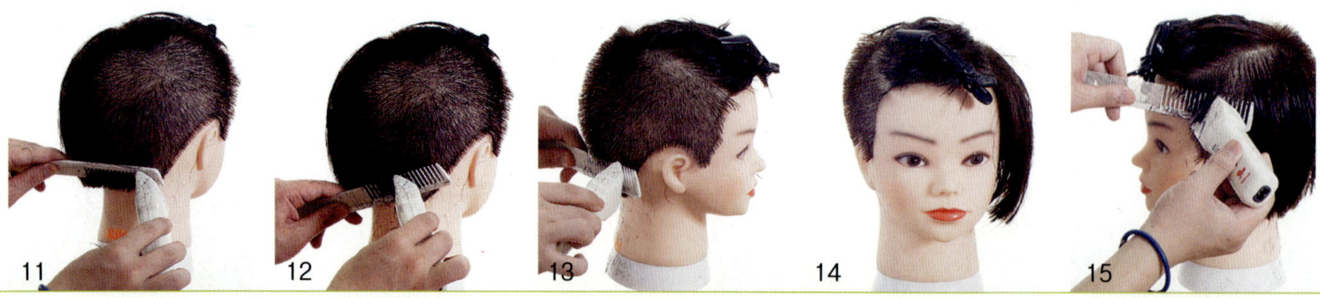

11. 빗등의 길이 만큼 잘리지 않은 모발을 빗을 거꾸로 대고 시술한다.
12. 클리퍼를 이용하여 짧게 시술하고 다시 한번 밑에서 위를 향해 수정한다.
13. 빗과 클리퍼를 이용하여 모발을 모나지 않게 시술한다.
14. 한쪽을 시술해 놓은 상태이다.
15. 반대쪽도 1번 영역부터 클리퍼를 이용하여 시술한다.

Uniform Layer 5

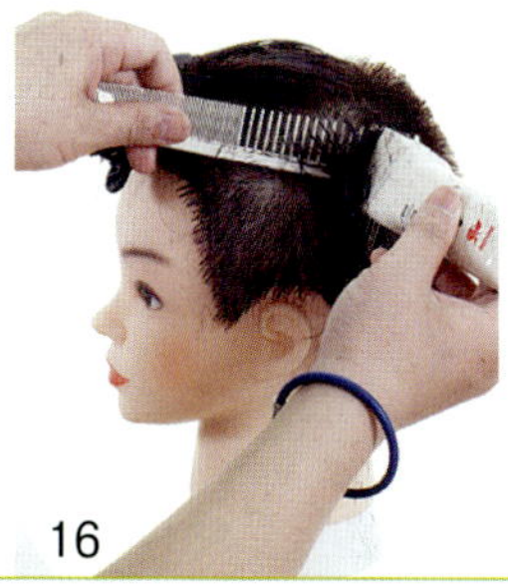
16
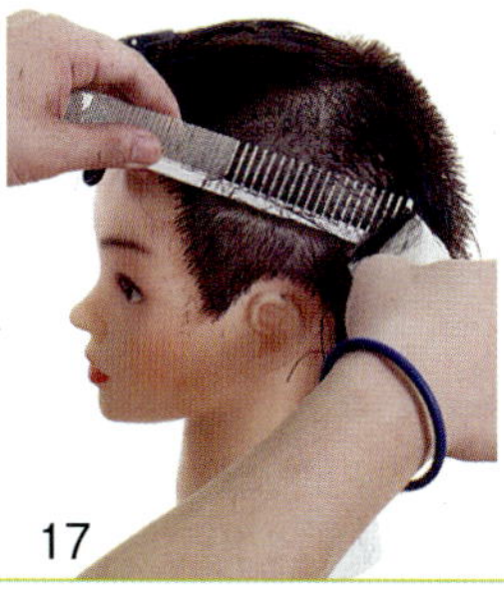
17
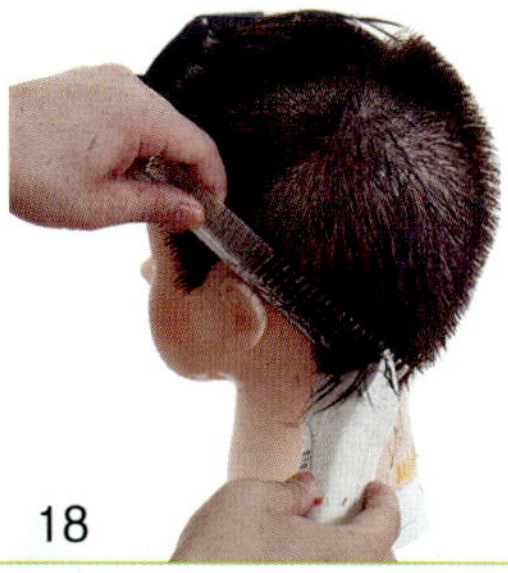
18

19

20

16. 클리퍼를 이용하여 짧게 시술하고 다시 한번 밑에서 위를 향해 수정한다.
17. 클리퍼를 빗에 사선으로 대고 모발을 짧게 시술한다.
18. 두상이 함몰된 부분을 시술할 때는 몸의 자세도 낮추어 가면서 시술한다.
19. 원하는 영역만 남기고 다른 부분은 모발을 짧게 시술한 상태이다.
20. 전두부의 모발을 앞쪽으로 끌어 당겨서 빗질한다.

21

22

23

24
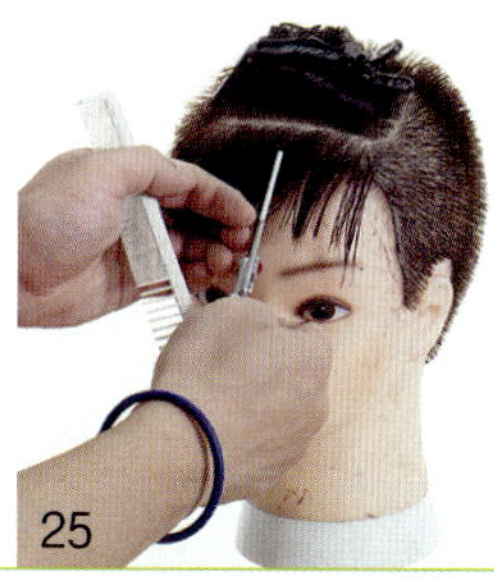
25

21. 손가락이 일자가 되게 모발을 앞쪽으로 당겨서 시술한다.
22. 다음 판넬도 앞쪽으로 당겨서 일자가 되게 시술한다.
23. 전두부의 영역을 앞족으로 끌어 당겨서 일자가 되게 시술한다.
24. 전두부에 앞머리를 표현하는 3cm의 모발을 따로 나눈다.
25. 틴닝가위를 사선으로 하여 모발의 길이를 자른다.

26
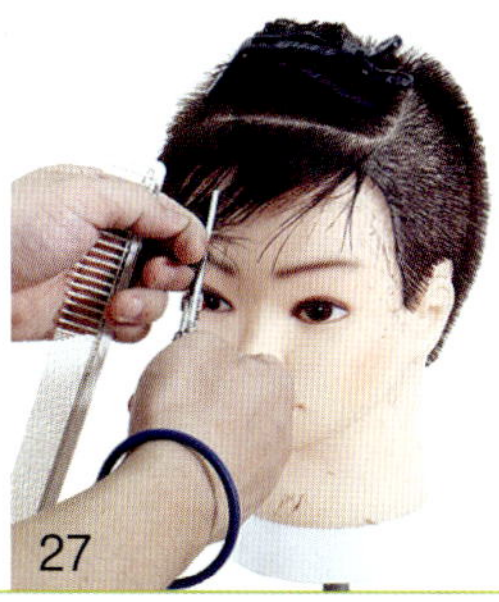
27

28

29
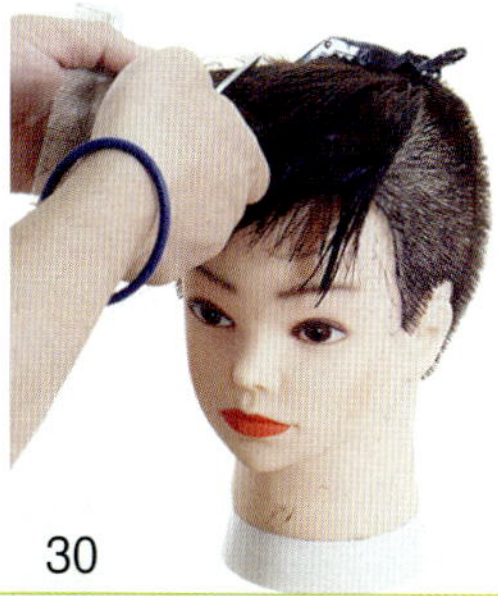
30

26. 나눈 앞머리를 모두다 방향을 잡아 가면서 시술한다.
27. 모발의 양을 조절하면서 다시 한번 양이 많으면 시술한다.
28. 다음모발도 첫 번째 다음으로 슬라이스를 나누어서 위와 동일한 방법으로 시술한다.
29. 모발의 각도를 들고 틴닝가위를 사선으로 하여 시술한다.
30. 뒤를 향해 갈수록 모발의 각도를 들어서 시술한다.

실습날짜 :	요점정리

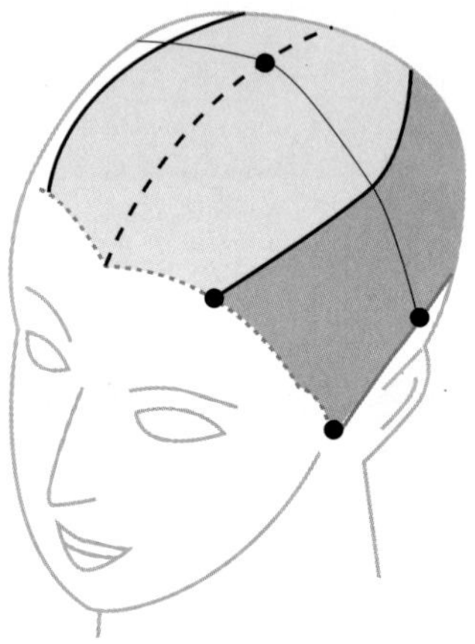

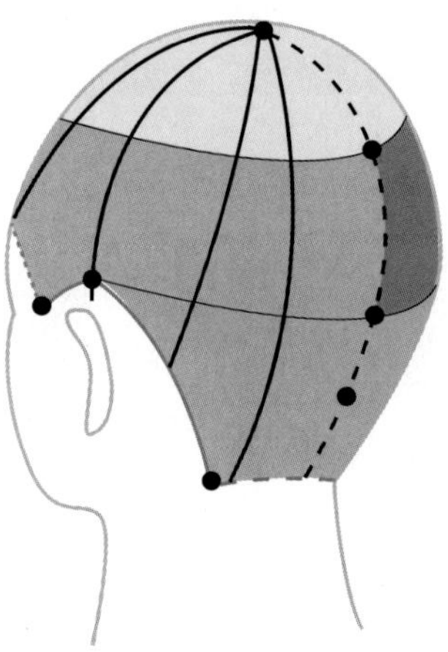

★ 나의 작품 뽐내보기 ★

용어해설

『A』

아킹(Arching) ⇨ 아킹 동작으로 머리카락 또는 모발을 커트하는 레져 커팅 기법으로 사용되는 아크의 크기는 원하는 머리형과 커트길이와 관련이 있다.

액티베이티드(Activated) ⇨ 커트한 머리끝이 보이는 거친 머리표면

앵글(Angle) ⇨ 각도에는 두가지 측정방법이 있다.

셀레스철 엑시스(Celestial Axis) ⇨ 천체축에 의한 각도

헤드앵글(Head Angle) ⇨ 두상에 의한 각도

어 큐트 앵글(A Cute Angle) ⇨ 날카로운 각도

어 핑거스 위드(A Finger's Width) ⇨ 손가락 한 개의 넓이

어나토미(Anatomy) ⇨ 신체 구조에 관한 과학

어댑터벌(Adaptable) ⇨ 개인의 해부학적 구조, 성장 패턴, 머리숱과 생활 양식에 맞추는 것

어젠트 커트(Argent Cut) ⇨ 은발의 커트라고 불리어지는 남성용의 롱스타일. 톱의 전방과 후방의 모발을 브러쉬 다운하여 관자놀이의 백발을 특수한 형으로 브러쉬 엎하는 로맨스 그레이의 이미지를 나타낸 헤어스타일. 흑발에도 어울린다.

어케이드 커트(Arcade Cut) ⇨ 남성의 롱 헤어스타일의 일종. 라인을 거의 면도로 밀어낸 정도로 짧게 깎는 것이 특징

어팩스(Apex) ⇨ 가장 높은 지점, 혹은 봉우리. 두상의 탑 부분

얼터네이트(Alternate) ⇨ 교체, 바꿈의 뜻

에어리어(Area) ⇨ 특별한 공간

에이시머트리(Asymmetry) ⇨ 대칭이 맞지 않음. 비대칭(좌우의 밸런스가 동일하지 않는 것)

올시저스(All Scissors) ⇨ 전부 가위로 자르는 커트

『B』

바이어스 스라이스(Bias Slice) ⇨ 본래는 복식 용어로 비스듬히란 뜻. 커트에서는 패널을 잡아낼 때 방사선상으로 패널을 잡아내는 것을 '바이어스 스라이스하여 패널을 잡아낸다' 고 한다.

바이어스 커트(Bias cut) ⇨ 사선 슬라이스로 커트하는 방법

백 사이드(Back Side) ⇨ 두상의 뒤쪽을 가리킨다. 즉 두상 또는 두상형의 뒤쪽부분을 말한다. 일반적으로는 후두부, 목덜미라고도 불리 우고 있는 부분

뱅(Bang) ⇨ 수직으로 내린 앞머리를 가리킴

베벌(Bevel) ⇨ 커팅 효과의 하나로 머리끝부분을 바깥쪽이나 안쪽에서 테이퍼링하여 형태선을 컵 안쪽이나 컵 바깥쪽 모양처럼 만드는 것

베이스 라인(Base line) ⇨ 헤어 커트의 기초가 되는 부분으로 가이드를 말함

베이스(Base) ⇨ 기본, 토대, 뿌리

베이직 레이어링(Basic layering) ⇨ 두피에 대해서 전부 90°로 잡아당겨 모두 같은 길이로 자르는 스타일

베이직 롱 레이어(Basic long layer) ⇨ 머리 전체의 모발을 평면에 대해서 수평으로 잡아올려 커트하는 방법

보브(Bob) ⇨ 머리카락을 빗어서 동일선 상에서 커트한 스타일

보스 사이드 테이퍼(Both side taper) ⇨ 가벼운 끝맺음을 하고 싶을 때나 모발의 안쪽과 바깥쪽 양쪽에서 면도날을 넣어서 테이퍼한다.

보올 커트(Bowl Cut) ⇨ 1964년경부터 유행, '보올(화분)'을 뒤집어씌운 것 같이 눈썹도 덮어주는 풀 뱅(full bang)의 베리쇼트 보브

보이스 보브(Boys bob) ⇨ 남자 머리의 깎아올린 스타일

복스 보브(Box bob) ⇨ 매끄러운 머리흐름에 의한 패널의 아름다움을 표현한 보브스타일. 모든 면을 4각 라인으로 트리밍(triming : 정발)하여 예리한 젊음을 잡은 디자인

브로스 커트(Brosse Cut) ⇨ 짧게 깍는 것. 모발단면의 연속으로 만들어진 스타일로 '브로'란 '브러쉬'란 뜻

브로스(Brosse) ⇨ 브로스커트의 한 수법. 브러쉬와 같은 느낌의 헤어스타일을 각지게 깎는 머리형과 동일한 것. 정면에서 본 톱의 평면 부위가 6cm 전후이다.

블런트 커트(Blunt Cut) ⇨ 직선적으로 커트하는 방법. 구리브 커팅이라고도 한다. 머리칼의 선단을 가장 무겁게 하기위해 모든 패널을 바른 각도로 커트하는 것이 중요하다. 원랭스 커트(one-length cut). 그래쥬에이션 커트(graduation cut). 레이어 커트(layer cut), 스퀘어 커트(square cut), 이븐 랭스 커트(even length cut) 등이 대표적이다.

블로킹(Blocking) ⇨ 한 구획을 만드는 것. 구분하는 것 및 그 기법. 블로킹(blocking)은 사이드(side), 프론트(front), 톱(top), 크라운(crown), 백(back), 네이프(nape)의 6구분이다.

비베링(Beveling) ⇨ 비스듬히 자르는 것. 원랭스 커트의 경우 또는 레이어의 경우 등은 선단에서부터 윗쪽으로 감에 따라 서서히 길게 커트하여 가는데 그때에 사용하는 기법

비즈니스 커트(Business cut) ⇨ 회사 · 상사 · 은행원 등 비즈니스에 맞는 스타일

『C』

C-커브 츄어(C-Curve true) ⇨ C자형으로 커트하는 테크닉

센터 백 파트(Center back part) ⇨ 모발을 가르는 방법의 하나. 센터파트의 가름선을 더욱 뒤쪽으로 진행시켜 후두부의 목덜미 중심까지 세로로 갈라 나눈 것.

센터 파트(Center part) ⇨ 모발을 이마의 가운데에서 가르는 것.

센터 포인트(Center point) ⇨ 중심선과 크라운의 앞부분을 연결하는 포인트

셀레스철 스피어(Celestial sphere) ⇨ 머리둘레 부위의 높이를 나타내는 입체적 측정 시스템

셀레스철 액시스(Celestial Axis) ⇨ 선, 방향, 시술각을 나타내기 위해 사용되는 2차원적인 기호

방향 ⇨ 위, 아래, 앞, 뒤, 왼쪽, 오른쪽

선 ⇨ 수평, 수직, 우대각, 좌대각

시술각 ⇨ 0°, 45°, 90°

채널 커트(Channel cut) ⇨ 서로의 길이가 교대로 대조를 이루며 행해지는 커트 테크닉

체크 커트(Check cut) ⇨ 커트가 끝난 다음 간추리지 않는 머리칼이나 수정 등에 행하는 커트

카우릭 파트(Cowlick part) ⇨ 카우릭 파트는 이마 위에 흐트러진 머리카락이 일어선 모발. 가리마를 중심으로 하여 머리 흐름에 따라 사방으로 가르는 분할방법

커넥션(Connection) ⇨ 연결, 접속, 연락, 결합의 뜻. 가이드를 연결하여 외형적인 커트의 스타일을 만드는 것

커스텀 커트(Custom cut) ⇨ 습관, 주문, 준비작업을 한다는 뜻. 하나의 스타일을 만들기 위해 그 스타일에 맞추어서 커트하는 것.

커팅 앵글(Cutting angle) ⇨ 커트할 때 패널을 잡는 방법

컨백스(Convex) ⇨ 구의 바깥처럼 바깥쪽으로 휘어진 표면

컨버전 레이어링(Conversion layering) ⇨ 인크리스 레이어링에 사용되는 기본적 커팅시술. 머리를 길게 남기고자하는 부분의 반대쪽에 위치한 고정 디자인 라인쪽으로 머리를 빗어준다.

컨셉(Concept) ⇨ 특이한 사례나 사건으로부터 파생한 일반적인 견해나 이해, 착상 고안.

컨케이브(Concave) ⇨ 구의 안쪽같이 휘어진

컨투어 테이퍼링(Contour tapering) ⇨ 밀착된 머리를 만들기 위해서 양을 제거하는 머리질감 만들기 기법

컴비네이션(Combination) ⇨ 두 가지 형의 혼합형

컴포지션(Composition) ⇨ 전체를 형성하기 위해 구성요소를 조합하는 것

커트 앤드(Cut end) ⇨ 절단면

커트 앵글(Cut angle) ⇨ 잡아낸 머릿단에 대해서 가위의 들어가는 각도를 말한다.

커트(Cut) ⇨ 자르다. 절단하다의 뜻. 주된 방법은 브런트 커트, 테이퍼 커트, 틴닝커트, 스트록커트 등이 있다.

코너(Coner) ⇨ 각 또는 구석이란 뜻. 커트하기 위해서 잡아낸 패널이나 섹션의 각을 말한다. 패널의 코너 머리카락이 두상의 어느 위치에 고정시키느냐에 따라서 볼륨감이나 흐름 헤어라인이 결정된다.

코밍(Combing) ⇨ 빗을 조작하는 일

콘케이브 커트(Concave cut) ⇨ 움푹 패이게 한다는 뜻. 머리흐름의 원천(머리흐름이 시작되는 곳)이 제일 짧고, 즉 '짧은 머리칼은 긴 머리칼을 밀어낸다'의 머리칼의 특징을 살려서 계산된 커트기법

콘티넨탈 브로스(Continental brosse) ⇨ 서구풍의 약간 긴 편인 브로스

콤 쓰루(Comb through) ⇨ 빗이 머릿결을 지나가는 것. 즉 빗질 도중을 일컬음

콤 아웃(Comb out) ⇨ 빗을 머리로부터 떼는 것

콤 워크(Comb work) ⇨ 빗을 써서 커트하는 것

콤 컨트롤(Comb control) ⇨ 커팅 기법의 하나로 손가락이 아닌 빗살로 머리를 제 자리에 잡아주는 기법. 머리에 최소한의 텐션을 준다.

크레스트 에어리어(Crest area) ⇨ 두상의 가장 넓은 부분. 크레스트 윗부분(interior 인티어리어)과 아랫부분(exterior 엑스티어리어)를 구분해 준다.

크로스 체크 커트(Cross cheek cut) ⇨ 커트를 끝낸 다음 체크 커트를 할 때 지금까지의 슬라이스선과 교차되도록 패널을 잡아내어 길이를 체크한다.

크리에이션 커트(Creation cut) ⇨ 창조적인 디자인 커트

클리퍼 오버 콤(Clipper-over-comb) ⇨ 두상에 붙는 효과를 만들기 위한 커팅기법. 머리길이를 잡아주는 가이드로 사용되는 빗 사이로 튀어나온 머리를 클리퍼로 커트한다.

클리퍼 워크(Clipper work) ⇨ 클리퍼에의한 작업 또는 조작. 클립퍼로 모발을 자르는 것.

클리퍼(Clipper) ⇨ 모발을 잘라내는 이발기, 정식으로는 '헤어 클립퍼'라고 부른다. 일본에서는 '바리깡'이라 부르고있는데 이는 프랑스의 '바리칸'이라는 사람에 의해서 클립퍼가 만들어진 데서 그 이름을 따서 유래된 것이다.

클리핑(Clipping) ⇨ 가위를 사용해서 튀어나온 모발을 잘라내는 것

『D』

다운 베이스(Down base) ⇨ 위쪽이 점점 길게된다.

다운 스템 커트(Down stem cutting) ⇨ 머리줄기의 밑뿌리가 두피에 대해서 내려가 있는 상태

다운 스트록(Down stroke) ⇨ 스트록 커트로 면도날의 날 끝이 아래쪽으로 향하게 하는 커트법

다이어고널 라이트(Diagonal right) ⇨ 오른쪽으로 향하는 대각선

다이어고널 레프트(Diagonal left) ⇨ 왼쪽으로 향하는 대각선

다이어고널 포워드(Diagonal forward) ⇨ 얼굴을 향하는 대각선

드라이 커팅(Dry cutting) ⇨ 헤어 커팅을 할때 모발을 적시지 않고 가위나 틴닝으로 커트한다.

디렉션(Direction) ⇨ 하나의 선이나 면이 가는 길

디스커넥션(Disconnection) ⇨ 단점, 분리, 차단의 뜻으로 가이드를 연결하지 않고 두상의 형태에서 영역을 나누어(1개 이상, 2, 3, 4) 영역을 연결하지 않고 스타일을 만드는 것

디스트리뷰션(Distribution) ⇨ 베이스 파팅과 관련되어 머리를 빗는 방향. 분배에는 자연분배 직각분배, 그리고 변이분배의 3가지가 있다.

디자인 디시젼(Design decision) ⇨ 최종 헤어 디자인과 관련하여 고객과의 충분한 상담을 통해 내려진 디자인 결정

디자인 엘러먼트(Design element) ⇨ 예술 형태의 주요 구성 성분. 헤어디자인에서 디자인 요소에는 머리형, 질감, 칼라가 있다.

디자인(Design) ⇨ 하나의 예술적 단위를 만들어내는 모양. 선, 장식효과의 배열

디크리싱 그래쥬에이션(Decreasing graduation) ⇨ 두 개의 비평행선 사이의 그래쥬에이션. 얼굴 뒤쪽으로 가면서 그래쥬에이션양이 감소한다.

딥 테이퍼(Deep taper) ⇨ 머리량이 너무 많을 때와 바깥쪽의 머리를 테이퍼 할 때 행한다. 2/3 밑뿌리에서부터 레져를 넣어서 테이퍼 한다.

『E』

에칭(Etching) ⇨ 레이져로 짧게 긁듯이 하여 윗모발이 짧고 아래가 길게 머리를 커트하는 레이져 커팅 기법

엔드 테이퍼(End taper) ⇨ 머리끝의 1/3부분을 가늘게 숱쳐내는 테이퍼 기법

엘리베이션(Elevation) ⇨ 높이, 올림, 위치

엣지(Edge) ⇨ 끝단, 칼날, 단선, 날선

이어 투 이어 라인(Ear to ear line) ⇨ 양쪽 귓바퀴의 위쪽 끝을 연결하는 선

이어 투 이어 파팅(Ear to ear parting) ⇨ 귀 뒤쪽에서 두부 정상을 가로 질러 다른 한쪽의 귀까지 상하로 갈라 나누는 것.

『F』

폴(Fall) ⇨ 비달사순 커트의 패턴, 후두부에 떨어지게 손질한 머리칼의 부분

폼(Form) ⇨ 어떤 물체의 윤곽 또는 겉모습

폼라인 테이퍼링(Form line tapering) ⇨ 머리 끝에 뭉침과 무게를 덜어주어 생동감을 살려주는 머리질감 만들기 기법

프론탈(Frontal) ⇨ 앞의, 이마의, 전부골

프론트 헤어라인(Front hair line) ⇨ 앞 얼굴 주변머리

프론트(Front) ⇨ 전두부, 앞머리, 정면, 전부

프리핸드 커팅(Free hands cutting) ⇨ 감각커팅, 내츄럴 상태에서 행해지며 느낌만으로 시술하는 테크닉

프린지(Fringe) ⇨ 앞머리부분

핑거/쉬어 포지션(Finger/Shear position) ⇨ 파팅 패턴에 따른 손가락과 커트 라인의 위치

핑거스 앵글(Finger' s angle) ⇨ 손가락의 각도

훼더(Feather) ⇨ 깃털과 같은 감각으로 끝마무리한 헤어 스타일

훼이스 라인(Face line) ⇨ 사이드 코너 포인트에서 반대 사이드 코너 포인트까지 연결하는 머리가 나기 시작하는 선

『G』

가이드 섹션(Guide section) ⇨ 헤어 커트시에 제일 처음에 커트하는 섹션으로 다음 섹션부터는 이 섹션이 기준이 된다.
가이드(Guide) ⇨ 커트시 기준이 되는 머릿단
골덴 포인트(Golden point) ⇨ 센터파트와 이어라인의 교차점
골덴 포인트(Golden point) ⇨ 턱을 시발점으로 귀옆 사이드에서 사선으로 그에 맞닿는 지점
그래쥬에이션 보브(Graduation bob) ⇨ 가벼움과 상쾌함을 구해서 어시미트리(asymmetry 비대칭)한 구성으로 어른스러운 이미지를 디자인 한 것
지오메트릭 쉐이프(Geometric shape) ⇨ 직선 또는 곡선의 닫힌 윤곽
지오메트릭 커트(Geometric cut) ⇨ 기하학적인 직선으로 구성된 스타일로 비달 사순커트의 기본 개념이 되어있다.
지오메트릭(Geometric) ⇨ 각도의 관련성에 따른 완성도를 이해하고, 잡아당긴 머리카락에 기하학적인 판단을 넣어서 커트하는 일

『H』

하드 라인(Hard line) ⇨ 딱딱한 선
헤드(Head) ⇨ 머리, 목의 윗부분, 정상, 면도날의 뒤쪽의 선단
헤드라인(Head line) ⇨ 두부의 표면의 외곽선
헤어 모드(Hair mode) ⇨ 헤어 스타일의 유행
헤어 쉐이핑(Hair shaping) ⇨ 정발 기술
내츄럴 쉐이프(natural shape) ⇨ 그 사람의 자연스런 머리흐름에 맞추어서 빗기는 것
다운 쉐이프(down shape) ⇨ 보브 스타일과 같이 머리흐름을 곧바로 아래로 향해 빗기는 것
라운드 쉐이프(round shape) ⇨ 패널에 방향성을 주기 위해서 빗을 둥글게 움직이면서 빗기는 것
아웃사이드 쉐이프(outside shape) ⇨ 머릿단의 바깥쪽에서부터 빗기는 것
인사이드 쉐이프(inside shape) ⇨ 머릿단의 안쪽에서부터 빗기는 것
헤어 웨프트(Hair weft) ⇨ 머리 조각, 헤어피스와 같다
헤어 코밍(Hair combing) ⇨ 모발을 빗기는 기술
헤어 트림(Hair trim) ⇨ 모발을 깎아 가지런히 정돈하는 것
헤어라인(Hair line) ⇨ 머리카락이 나기 시작한 선
헴 라인(Hem line) ⇨ 프론트, 사이드 네이프에서의 머리카락이 나기 시작한 라인
호리죤탈 슬라이스(Horizontal slice) ⇨ 수평 슬라이스

『I』

이미지(Image) ⇨ 사물의 모양을 묘사 한 스타일 등에 사용
인레이어드 커트(Inlayered cut) ⇨ 커트의 단면이 아래로 내려감에 따라 안에 들어있는 것으로 하여 그래쥬에이션 커트를 인레이어드 커트라한다.
인사이드 라인(Inside line) ⇨ 모발을 7 : 3 또는 4 : 6으로 갈라 나누었을 때 그 가르마는 별도로 모발이 많은 쪽에 만드는 가르마를 말한다.
인사이드 코너(Inside coner) ⇨ 2개의 선이 교차되는 가장 짧은 부분
인사이드 테이퍼(Inside taper) ⇨ 머리끝을 안쪽으로 향하게하고 싶을 때에는 레이져를 머릿단의 안쪽에서부터 넣어 테이퍼한다.
인사이드(Inside) ⇨ 내측, 안쪽

인크리싱 그래쥬에이션(Increasing graduation) ⇨ 두 개의 비평행선 사이의 그래쥬에이션, 얼굴 뒤쪽으로 가면서 그래쥬에이션 양이 증가한다.

인티어리어(Interior) ⇨ 두상의 크레스트선 위 또는 두상의 가장 넓은 부분

『L』

라인(Line) ⇨ 선, 외형

레이어 커트(Layer cut) ⇨ 상층부의 모발이 그 아래층이 되는 모발을 뒤덮어 숨겨지지 않는 상태로 단층을 붙여주는 커트방법이다.

레이어(Layer) ⇨ 위가 짧고 밑이 긴 상태로, 각도는 두피에 대해서 90° 이상으로 떠서 커트하는 스타일로 단차가 큼

『M』

머쉬룸 커팅(Mushroom cutting) ⇨ 1962년경부터 유행하여 버섯을 엎어놓은 것 같은 실루엣의 아주 짧은 보브. 머리끝의 안쪽 말이가 특징이다.

멀티풀 디자인 라인(Multiple design line) ⇨ 복수 디자인 라인, 전환 레이어링 테크닉과 함께 사용되는 둘 또는 그 이상의 고정 디자인 라인

모빌 디자인 라인(Mobile design line) ⇨ 커트시 사용되는 길이 가이드로서 특정 부분 전체에 걸쳐 이동하여 머리형을 만들 때 따라야 할 디자인 라인 역할을 한다.

모빌 스테이셔너리 디자인 라인(Mobile stationary design line) ⇨ 이동과 고정의 혼합형 디자인 라인

무브먼트(Movement) ⇨ 움직임, 운동, 행동, 이동

미디엄(Medium) ⇨ 30° 보다 크고 60° 보다 작은 각(45° 가 표준 시술각이다)

『N』

나칭(Notching) ⇨ 머리 길이를 불규칙하게 만들어 내어 두껍게 떨어지는 질감을 만드는데 사용되는 기법

내츄럴 루트 리프트(Natural root lift) ⇨ 모발의 뿌리가 자연스럽게 들려지게 하는 것

내츄럴 인버젼(Natural inversion) ⇨ 레이어 커트의 기법으로 센터 섹션에 대해서 평행의 슬라이스 섹션을 떠서 그 섹션을 전부 중앙에 끌어 모아 커트한다.

내츄럴 커트(Natural cut) ⇨ 자연 상태로 커트한다.

내츄럴 폴 포지션(Natural fall position) ⇨ 스타일을 예상하여 자연스럽게 머리를 빗질하여 둔 상태

내츄럴(Natural) ⇨ 모발의 자연성장 패턴과 관련한 머리의 방향

네이프 라인(Nape line) ⇨ 머리가 나기 시작하는 곳의 선. 목선

네이프 백 라인(Nape back line) ⇨ 이어 포인트에서 네이프 사이드 포인트까지 연결하는 선

넥 라인(Neck line) ⇨ 목, 옷깃

노멀 프로젝션(Normal projection) ⇨ 두상 위치에 따라 균일하게 90° 로 드는 머리. 일반 시술각은 커트의 구조를 분석하기 위해서 사용된다. 이 시술각은 유니폼 레이어형 시술 시에도 사용된다.

노멀테이퍼(Normal taper) ⇨ 머리 끝의 소부분을 가늘게 솎쳐내는 테이퍼 기법

논 섹스 커트(Non sex cut) ⇨ "머리칼이란 소재에 남녀의 차이는 없다." 라고 하는 원점으로 되돌아가 논 섹스 패션을 기점으로 하는 커트로 일종의 유니섹스 모드의 반영이다.

논패러럴 스컬프팅(Nonparallel sculpting) ⇨ 커팅시 기본 파팅에 평행하지 않게 잡는 모든 손가락 각도

뉴 비숍 커트(New bishop cut) ⇨ 전후로 연장되는 실루엣 안에서 원점을 구하고 목덜미의 깃 닿는 부분을 깎아 올리고 사이드의 직선을 강조한 스타일. 중세기의 비숍(승려) 커트를 기능적이고 예쁜 현대의 이미지로 표현한 것

『O』

아우트 라인 코너(Out line corner) ⇨ 2개의 선이 교차되는 가장 긴 부분

아우트사이드 라인(Outside line) ⇨ 머리칼의 바깥쪽의 둘레를 이루는 라인. 실루엣의 형을 만들어주는 라인

오리지널 가이드 라인(Original guide line) ⇨ 최초의 가이드 라인

오발 커트(Oval cut) ⇨ 타원형으로 깎아 올리는 머리형. 각진 둥근 단발머리

오버 다이렉트 섹션(Over direct section) ⇨ 어느 한쪽을 길게하기 위해 당기는 섹션

옥시피탈 본(Occipital bone) ⇨ 후부의 센터에서 툭 튀어나온 뼈

온더 베이스 커팅(On the base cutting) ⇨ 파팅된 모발을 좌우 같은 각도로 잡아 대는 방법. 잡아낸 모발의 양쪽의 길이가 같게 되도록 하기 위해서는 베이스의 중심이 직각이 되도록 잡아내지 않으면 안된다.

원 핑거 프로젝션(One-Finger projection) ⇨ 손가락 굵기 만큼 들어주는 시술각

원랭스 커트(One length cut) ⇨ '하나의 길이'란 뜻으로 모발을 가로로 동일선상에 같은 길이로 가지런히 해놓은 커트 방법

『P』

파트(Part) ⇨ 머리칼을 나누는 것. 사이드 파트(side part, 7 : 3의 비율), 센터 파트(center part, 중앙에서 가름)등이 있다. 가름선이 없는 스타일은 노 파트(no part)라고 한다.

파팅(Parting) ⇨ 나누는 것. 가르는 것. 그 기법. 분할

패널(Panel) ⇨ 장방형의 것. 커트에서는 슬라이스하여 손에 잡은 모발이 판 상태로 되어 있으므로 "패널"이라고 한다.

패러럴 그래쥬에이션(Parallel Graduation) ⇨ 두 개의 평행선 사이의 그래쥬에이션

패러럴(Parallel) ⇨ 다른 선이나 점으로부터 균일한 유지를 유지해 주는 것. 평행 그래쥬에이션. 두 개의 평행의 그래쥬에이션

퍼펜디큘러(Perpendicular) ⇨ 머리를 베이스 파팅에서 90°로 빗었을 때의 머리 방향

포인트 커트(Point cutting) ⇨ 자르는 테크닉은 45°의 각도로 시술한다. 모량을 감소하는 방법은 잡은 모발과 평행한 상태로 시술한다. 깊은 테크닉과 얇은 테크닉을 사용해 소프트함을 표현한다.

포인팅(Pointing) ⇨ 곧은 가위의 끝이 손가락에서 머리끝을 향해서 움직이는 머리질감만들기 기법

프레 커트(pre cut) ⇨ 미리 원하는 스타일로 커트하는 것

프레셔 스컬프팅(Pressure sculpting) ⇨ 머리가 말랐을 때 머리가 좀더 짧아지도록 젖은 머리에 텐션을 주어 시술하는 커팅 기법

프로그레션(Progression) ⇨ 진행

프로젝트(Projection) ⇨ 커트시 머리의 곡선과 베이스 파팅에 따라 머리를 뜨는 각도

프리씨즌 커트(Precision cut) ⇨ 정확한 커트

플래너 스컬프팅(Planar sculpting) ⇨ 평면을 따라서 머리를 커트하는 기법

『R』

라운드 사이드 파트(Round side part) ⇨ 사이드에서 가르는 선이 곡선인 경우

레이저 커팅(Razor cutting) ⇨ 레이져를 사용하여 헤어커트를 하는 테크닉. 이방법으로 머리끝을 가늘게 할 수 있고, 웨이트와 가벼움을 조정할 수 있음

렉탠큐러 파트(Rectangular part) ⇨ 두상을 가르는 방법의 일종. 일반적으로 스퀘어 파트라고 불리어진다.

릿지 라인(Ridge line) ⇨ 그래쥬에이션형에서 두 가지 머리질감을 나누어주는 선

『S』

사이드(Side) ⇨ 측두부, 두부의 옆

섹셔닝(Sectioning) ⇨ 조절을 위하여 두상을 시술하기 편한 구역으로 나누는 것

섹션(Section) ⇨ 구분, 구획, 가름의 구분 등의 의미로 교차점을 가리킨다. 커트 용어에서는 블록킹한 부분을 다시 적은 부분으로 갈라 나누어 잡는 것을 말한다.

쉐이프(Shape) ⇨ 어떤 물체의 윤곽

스컬프티드 텍스춰(Sculpted texture) ⇨ 커트를 통해서 얻어진 머리질감

스퀘어 파트(Square part) ⇨ 사각으로 나누는 것. 모발 나누기의 기본형의 하나. 이마의 양쪽각에서 사이드파트하고 두상의 정상 가까이에서 이마의 헴라인과 수평으로 나눈 것

스템 커트(Stem cut) ⇨ 헤어커트의 경우 잡아낸 모발의 밑뿌리에서 빗기고 또는 손가락으로 지탱할 수 있는 곳까지를 스템이라고 부른다.

슬라이드 커팅(Slide cutting) ⇨ 머리를 수직으로 커트하기 위해 가위를 머리가닥을 따라 미끄러뜨려 사용하는 커팅 기법. 종종 머리 길이 차를 급격히 할 필요가 있을 때 사용된다.

슬리더링(Slithering) ⇨ 가위를 사용해서 모발의 숱을 쳐내는 방법

실루엣(Silhouette) ⇨ 어떤 물체나 디자인의 외부 윤곽

『T』

테이퍼 커트(Taper cut) ⇨ 레이져로 머리끝을 붓끝과 같이 점차적으로 가늘게하는 커팅기법. 모발에 가벼움과 움직임을 표현하기 위해서 모든 모발을 간추려지지 않은 상태로 커트한다.
엔드테이퍼(end taper), 노멀 테이퍼(normal taper), 딥 테이퍼(deep taper)등으로 나뉜다.

톱(Top) ⇨ 두상의 제일 꼭대기. 선단. 정상

참고문헌

미용기초기술, 보성사

스트록컷을 마스터한다, 유타니준메이, 여성모드사

이바최신이미용시술용어사전, 도서출판이바

zone and section, 정상화영, 신미용출판사

PUBLICTION, OSAMUFURUSATO

씨쓰리 남성커트, 청구문화사

씨쓰리 베이직커트, 청구문화사

– 집필위원 –

김영미(씨스리미용아카데미)	강명주(명지전문대학교)	강미영(수성대학교)	곽형심(동원대학교)
국지연(전남과학대학교)	권태신(전주기전대학교)	김계순(대동대학교)	김만태(김만태미용학원)
김순희(동남보건대학교)	김춘일(제주한라대학교)	김혜정(동명대학교)	배 호(전주우석대학교)
손지연(한국영상대학교)	심선녀(경동대학교)	왕혜자(천안연암대학교)	유현주(원광보건대학교)
윤수용(마산대학교)	이대천(부산과학기술대학교)	이부형(창원문성대학교)	이수경(구미1대학교)
이재숙(광주여자대학교)	이정례(전남과학대학교)	이혜정(명지전문대학교)	이효숙(전주비전대학교)
장미라(목포과학대학교)	장진미(서정대학교)	전선정(강릉영동대학교)	정경숙(삼육보건대학교)
정년구(선린대학교)	정미숙(천안연암대학교)	정민자(경남도립거창대학교)	정숙희(경남정보대학교)
조성태(광주보건대학교)	지정훈(광주대학교)	진용미(서경대학교)	최소영(신성대학교)
최연희(오산대학교)	최영희(경원대학교)	함미영(인천재능대학교)	황 현(오산대학교)

C.C.C. 디자인커트

2011년 9월 20일 초판발행
2014년 10월 20일 재판발행

지은이 : 국제헤어디자인연구회
펴낸이 : 이상태
펴낸곳 : 청구문화사
주 소 : 120-831 서울특별시 서대문구 성산로 11길 15
전 화 : 02-332-0541(代) 전 송 : 02-337-9577
등 록 : 1990년 11월 2일 제9-247호

가격 35,000원

ISBN 978-89-5616-470-0 93590